全国技工院校制冷设备运用与维修专业教材（中/高级技能层级）

空气调节与中央空调装置

（第三版）

人力资源社会保障部教材办公室组织编写

中国劳动社会保障出版社

内容简介

本书主要内容包括：空气调节基础、中央空调系统、中央空调的空气处理设备、中央空调的冷（热）源装置、空调与制冷系统的测控装置、空调系统的自动控制、空调系统的使用与维护、冷水机组的运行管理。本书的主要特色是：在详细讲解中央空调系统组成的基础上，紧扣中央空调运行管理岗位职责要求来编写知识点和技能点，帮助学生快速掌握相关知识，以满足企业需求。

本书由朱彩兰担任主编，柯志华、李晶参加编写。

图书在版编目(CIP)数据

空气调节与中央空调装置/朱彩兰主编. -- 3版. -- 北京：中国劳动社会保障出版社，2019
全国技工院校制冷设备运用与维修专业教材. 中/高级技能层级
ISBN 978-7-5167-3827-6

Ⅰ.①空… Ⅱ.①朱… Ⅲ.①空气调节-中等专业学校-教材②集中空气调节系统-中等专业学校-教材 Ⅳ.①TU831②TB657.2

中国版本图书馆CIP数据核字(2019)第049020号

中国劳动社会保障出版社出版发行
(北京市惠新东街1号 邮政编码：100029)
*
北京市白帆印务有限公司印刷装订 新华书店经销
787毫米×1092毫米 16开本 12.75印张 298千字
2019年4月第3版 2023年12月第6次印刷
定价：24.00元

营销中心电话：400-606-6496
出版社网址：http://www.class.com.cn
http://jg.class.com.cn

前　言

为了更好地适应全国技工院校制冷设备运用与维修专业的教学要求，全面提升教学质量，人力资源社会保障部教材办公室组织有关学校的一线教师和行业、企业专家，在充分调研企业生产和学校教学情况、广泛听取教师对教材使用反馈意见的基础上，对全国技工院校制冷设备运用与维修专业教材进行了修订。本次修订后出版的教材包括：《制冷技术基础（第三版）》《制冷基本操作技能（第三版）》《空气调节与中央空调装置（第三版）》《小型制冷设备原理与维修（第三版）》《冷库技术（第三版）》，同时新增《户式中央空调结构原理与安装维修》及各教材的配套习题册。

本次教材修订工作的重点主要体现在以下几个方面：

第一，更新教材内容，体现时代发展。

根据制冷设备运用与维修专业毕业生工作岗位的实际需要和本专业教学实际情况的变化，合理确定学生应具备的能力与知识结构，对部分教材内容及其深度、难度做了适当调整；根据相关专业领域的最新发展，在教材中充实新知识、新技术、新设备、新材料等方面的内容，体现教材的先进性；采用最新国家技术标准，使教材更加科学和规范。

第二，改进表现形式，激发学习兴趣。

在教材内容的呈现形式上，较多地利用图片、实物照片和表格等形式将知识点生动地展示出来，力求让学生更直观地理解和掌握所学内容，在激发学生学习兴趣和自主学习积极性的同时，使教材“易教易学，易懂易用”。

第三，开发配套资源，提供教学服务。

本套教材增加了配套习题册和方便教师上课使用的多媒体电子课件。习题册的内容除常规设计之外，均附有2～3套模拟试卷，部分习题册还增加了与世界技能大赛制冷与空调项目相关的内容。多媒体电子课件可以通过职业教育教学资源和数字学习中心网站（http://zyjy.class.com.cn）下载。另外，在部分教材中使用了二维码技术，针对教材中的教学重点和难点制作了动画、视频、微课等多媒体资源，学生使用移动终端扫描二维码即可在线观看相应内容。

本次教材的修订工作得到了北京、江苏、浙江、广东等省人力资源社会保障厅及有关学校的大力支持，在此我们表示诚挚的谢意。

人力资源社会保障部教材办公室

2019年4月

目　录

第一章　空气调节基础

木章主要介绍空气参数和物理性质，提出人的舒适感和生产工艺对空气参数的要求，从而明确空气调节的目的和内容；在理解空气参数的基础上，要学会掌握焓—湿图的基本应用，利用焓-湿图对空气调节过程进行分析计算，所以学习掌握焓-湿图的应用成为本章学习的重点和难点。

第一节　空 气 调 节

一、空气调节的含义及分类

空气调节就是把经过处理的空气以一定方式送人室内，使室内空气的温度、相对湿度、气流速度和洁净度等参数控制在适当范围内。空气调节简称空调。图 1—1 所示为空调系统简图。此图表明影响室内温度、湿度等参数的干扰因素主要有两方面：一方面来自环境内部——人体和生产工艺过程所产生的热量、湿量；另一方面来自环境外部——太阳辐射和室外气候条件的变化。为了消除这两方面干扰因素的影响，通过空调机组向房间内送入经过处理的空气，使房间内的温度、湿度等参数保持在某一范围。

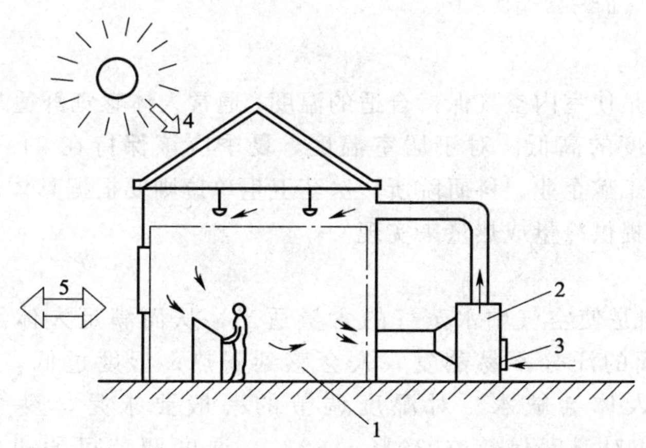

图 1—1　空调系统简图

1—室内气流　2—空调　3—新风进口　4—太阳辐射　5—室外气候

根据使用对象的不同，空调可分为舒适性空调系统和工艺性空调系统两大类。

舒适性空调系统指以室内人员为服务对象，目的是创造一个舒适的工作或生活环境，以利于人们提高工作效率或维持良好的健康水平的空调系统。舒适性空调广泛应用于公共建筑中，如商场、影剧院、体育馆、博物馆、火车站、机场、写字楼等。

工艺性空调系统是以满足工艺要求为主、室内人员舒适感为辅的空调系统，为制造业、产品储存或其他研发工艺提供所需的室内环境。如在纺织厂，天然纤维和人造纤维具有易吸湿性，在生产工艺中，湿度控制得当能增加纱线和织物的强度。空气相对湿度过高对纺纱过程造成影响；相对湿度过低又可能产生对生产工艺有害的静电。对于集成电路类的电子产品生产，需要洁净室，因为空气中的尘粒会对产品质量产生不利影响。相对湿度控制得当是消除静电和防腐蚀的重要保障。温度控制可以使材料和工具保持在稳定状况下。例如，电子厂的一个100级洁净室需要温度为（22.2±1.1)℃，相对湿度为45%±5%，每立方米空气中尘粒直径大于等于0.5 μm的尘粒数不超过3 500粒。在制造精密仪表、工具和设备时，需要准确控制车间温度。在制药工业需要控制温度、湿度和空气洁净度。

二、空气调节的任务及参数

空气调节的主要任务是空气温度调节、湿度调节、气流速度调节和空气洁净度调节。

根据《民用建筑供暖通风与空气调节设计规范》（GB 50736—2012）规定，在民用建筑中人员长期逗留区域空调室内设计参数见表1—1。

表1—1　人员长期逗留区域空调室内设计参数

参数	热舒适度等级	温度（℃）	相对湿度（%）	风速（m/s）
供热工况	Ⅰ级	22～24	≥30	≤0.2
	Ⅱ级	18～21	—	≤0.2
供冷工况	Ⅰ级	24～26	40～60	≤0.25
	Ⅱ级	27～28	≤70	≤0.3

注：Ⅰ级热舒适度较高，Ⅱ级热舒适度一般。

1. 温度调节

温度调节的目的是使室内空气保持合适的温度。通常人体感觉舒适与否的首要条件是空气的冷热程度，即温度的高低。对于居室温度，夏季应该保持在24～28℃；冬季保持在18～24℃比较适宜。工矿企业、科研院所、医药卫生单位则要根据具体需要确定温度值。温度调节可通过对房间提供冷量或热量来实现。

2. 湿度调节

湿度调节的目的是使空气中水蒸气的含量适当，从而满足人体舒适感或工艺要求。湿度过高，人体表面的汗分不易蒸发，人会感到闷热；湿度过低，人体表面的汗分蒸发过快，时间稍长人体会缺水。对湿度调节的一般要求是，夏季相对湿度保持在40%～70%，冬季相对湿度保持在30%～60%。湿度调节可通过加湿器或除湿机来实现。

3. 气流速度调节

空气温度、湿度的调节是依靠空气的流动和流量的控制来实现的。所以，对气流的调节和控制同样重要。同一温度下空气的流速不同，人体感到的冷热程度也不同，因此，气流调节与分配以及合理的空气流动循环路线将直接影响空调系统的使用效果。在空气调节设计规范中规定送风风速一般为3～5 m/s，按《民用建筑供暖通风与空气调节设计规范》（GB 50736—2012）

标准要求，空调房间空气回流速度夏季不大于 0.3 m/s，冬季不大于 0.2 m/s。

4. 空气洁净度调节

空气洁净度调节是指对空气中所含尘粒的大小和数量多少进行调节。空气中由于环境或工艺生产产生的有害气体和悬浮在空气中的灰尘很容易随着人的呼吸进入人体，传播各种疾病，因此，在空气调节过程中对空气滤清是十分必要的。通常采用的净化方法有通风过滤、吸附、吸收等。

三、空调基数和空调精度

空调基数是指空调房间所要求的连续时间内温度、湿度等参数稳定在一定的数值上，这个数值称为空调基数。空调精度是指空调房间的温度、湿度等参数在所要求的连续时间内允许波动的幅度。例如某房间内温度 $t=$ (22±3)℃，相对湿度 $\varphi=$ (50±5)%，那么此房间的空调基数 $t=22$℃，$\varphi=50\%$，空调精度为 $\Delta t=\pm 3$℃，$\Delta\varphi=\pm 5\%$，即空调房间的温度应为 19～25℃，相对湿度应为 45%～55%。只要在这个范围内，空调系统的运行即为合格。空调基数直接关系到空调装置系统的投资和运行费用，空调精度与自动控制系统有关。精度在 1℃以上的空调系统，称为一般精度的空调系统，可通过手动进行控制。精度在 1℃以下的空调系统，称为高精度空调系统，应采用自动控制。

第二节　湿空气的组成和状态参数

一、湿空气的组成

自然界中的空气是由干空气和水蒸气组成的混合物，这种混合物称为湿空气，人们习惯上称为空气。

1. 干空气

干空气是湿空气的主要组成部分，干空气的组成相对比较稳定，它是由氮气、氧气、二氧化碳及其他稀有气体（如氩、氖等）按一定比例组成的混合物，各组成成分的比例见表 1—2。

表 1—2　　干空气各组成成分的比例

气体名称	质量分数（%）	体积分数（%）
氮气（N_2）	75.55	78.13
氧气（O_2）	23.1	20.90
二氧化碳（CO_2）	0.05	0.03
其他稀有气体	1.30	0.94

2. 水蒸气

自然界中的空气或多或少地含有一些水蒸气，空气中水蒸气的含量是经常变化的，通常占空气质量的千分之几到千分之二十几。空调的任务是进行温度、相对湿度、空气流动速度、洁净度这“四度”的调节，湿度调节就是通过改变空气中水蒸气的含量来实现的。

3. 饱和空气

干空气具有吸收和容纳水蒸气的能力。饱和空气是指在一定温度下水蒸气的含量达到最大值时的空气，此时所对应的温度为空气的饱和温度。相对湿度达到最大值100%，此时无论采用哪种加湿器，水蒸气都不会被吸收进去。

二、湿空气的状态参数

表征湿空气物理性质的一些参数，比如压力、温度、湿度、密度与比体积、焓等称为湿空气的状态参数，湿空气的物理性质与其组成成分和状态参数均有关系。

1. 压力

空气是由干空气与水蒸气组成的混合物，所以空气的压力就是干空气分压力与水蒸气分压力之和，即大气压力。显然，空气中水蒸气含量越大，水蒸气分压力就越大。在一定温度下，水蒸气分压力是反映空气中水蒸气含量的一个重要参数。

常用压力单位有：kPa或MPa，kgf/cm^2，psi，毫米汞柱（mmHg）等。压力单位换算关系见表1—3。

表1—3　　　　压力单位换算关系

序号	千帕（kPa）	标准大气压（atm）	工程大气压 at（kgf/cm^2）	psi	毫米汞柱（mmHg）
1	1	9.87×10^{-3}	0.01	0.145	7.5
2	101.325	1	1.033	14.696	760
3	98.1	0.97	1	14.2	736
4	6.895	6.80×10^{-2}	7.03×10^{-2}	1	51.71
5	0.133	1.32×10^{-3}	1.36×10^{-3}	1.93×10^{-2}	1

2. 温度

空气的温度是表示空气冷热程度的物理量。温度的高低用温标来衡量。国际上常用的有三种温标，三种温标的换算关系见表1—4。

表1—4　　　　三种温标的换算关系

温标名称	符号	单位	换算公式
摄氏温标	t	℃	$t=\frac{5}{9}(t_F-32)$
热力学温标	T	K	$T=t+273.15$
华氏温标	t_F	℉	$t_F=\frac{9}{5}t+32$

（1）干球温度（t_g）

空气的温度通常用水银温度计或酒精温度计测出。取两只相同的温度计，其中一只温度计的感温包包裹上纱布，纱布下端浸入盛有蒸馏水的小杯中，在毛细作用下，纱布会经常处于湿润状态，将此温度计称为湿球温度计，其测得的温度称为湿球温度 t_s。另一只未包裹纱布的温度计相应地称为干球温度计，测得的温度称为干球温度 t_g，也就是日常生活中所测得的空气温度。如图 1—2 所示为干湿球温度计的结构示意图。

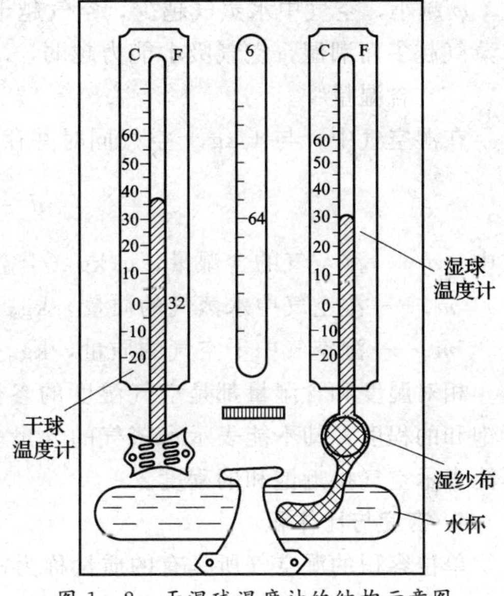

图 1—2　干湿球温度计的结构示意图

(2) 湿球温度 (t_s)

干湿球温度计中湿球温度计稳定时所测得的空气温度称为湿球温度 t_s。湿球温度计的感温包裹上纱布，并将纱布浸在盛有蒸馏水的容器内，当空气处于未饱和状态时，湿纱布上的水不断吸热汽化，因此，温度计上的温度会下降，且空气未饱和时湿球温度低于干球温度。干、湿球温度的温差越大，说明空气越干燥，相对湿度越小；温差越小，空气越潮湿，相对湿度越大。

(3) 露点温度 (t_1)

在一定大气压下，对于未饱和空气，空气的含湿量不变，使其温度下降，当下降到相应于该含湿量的饱和空气温度时，它就变成饱和空气。如果温度再下降，空气中的一部分水蒸气就会凝结成露珠而析出，这一临界温度称为露点温度 t_1。

如果将某表面的温度降低到周围空气的露点温度以下，空气中的一部分水蒸气会立即在冷表面上凝结成水珠，这就是结露现象。在空调技术中，根据结露现象来判断保温材料厚度是否选择适当，如夏季送风管道和制冷设备保温材料表面是否结露。根据结露现象来判断空气是进行干式冷却或减湿冷却。在空调工程实践中经常用到机器露点，国家标准《供暖通风与空气调节术语标准》(GB/T 50155—2015) 中对机器露点有如下定义：空气经喷水室或表冷器处理后接近饱和状态时的终状态点。经验表明，对于空气冷却器，空气终状态的相对湿度一般取 90%；对于喷水室，空气终状态的相对湿度一般取 90%～95%。而对于双级喷水室，相对湿度可接近 100%。

3. 湿度

空气湿度是指空气中所含水蒸气量的多少，有以下几种表示方法：

(1) 绝对湿度

在每立方米空气中含有水蒸气的质量，称为空气的绝对湿度，用符号 γ_z 表示，单位为kg/m^3。

绝对湿度虽能够反映单位容积空气中水蒸气含量的大小，但不能反映湿空气的干湿程度。

(2) 相对湿度

把湿空气中水蒸气接近饱和状态的程度称为相对湿度，也就是在同一温度下，空气中实际水蒸气的含量与饱和空气所能含水蒸气量的比值，用 φ 表示。即：

$$\varphi = \frac{P_v}{P_{vs}} \times 100\%$$

式中　φ——相对湿度，%；

P_v——水蒸气分压力，Pa；

P_{vs}——饱和水蒸气分压力，Pa。

φ 越小，空气中水蒸气越少，空气越干燥，空气吸水能力越强；相反，φ 越大，空气中水蒸气越多而潮湿，空气吸水能力越弱。

（3）含湿量

在湿空气中，与 1 kg 干空气同时并存的水蒸气的质量，称为湿空气的含湿量。

$$d=\frac{m_{\mathrm{v}}}{m_{\mathrm{a}}}\times 1\ 000$$

式中 d——湿空气的含湿量，g/kg（干空气）；

m_{v}——湿空气中水蒸气的质量，kg；

m_{a}——湿空气中干空气的质量，kg。

相对湿度和含湿量都是空气湿度的参数，但意义却不相同；相对湿度 φ 能表示空气接近饱和的程度，却不能表示水蒸气的含量多少。而含湿量 d 能表示水蒸气的含量多少，却不能表示空气接近饱和的程度。

4. 密度与比体积

单位容积的湿空气所具有的质量称为密度。

$$\rho=\frac{m}{V}$$

式中 ρ——密度，kg/m^3；

m——湿空气的质量，kg；

V——湿空气所占的容积，m^3。

单位质量的湿空气所占有的容积称为比体积，用符号 v（单位为 m^3/kg）表示，即 $v=V/m=1/\rho$。

在空调制冷工程中，空气比体积是重要的状态参数之一，湿空气的密度和比体积在不同地区是不相同的，计算这些数值时，可从制冷手册中查阅该地区的空气密度或比体积。

5. 焓

焓是热力学中表示物质某状态下所具有内能总和的物理量。空气中的焓表示单位质量空气所含有的总热量，用符号 h 表示，单位为 kJ/kg。湿空气的焓为一千克干空气的焓与 d 千克水蒸气的焓的总和，称为（$1+d$）千克湿空气的焓。

对空气进行调节时，在计算湿空气吸收或释放的热量时，可以用调节前后空气的焓差来计算。焓差就是湿空气得到或失去的热量。湿空气的焓计算公式为：

$$h=(1.01+1.84d)t+2\ 500d$$

式中，$(1.01+1.84d)t$ 是随温度而变化的热量，称为显热；$2\ 500d$ 是 0℃时 d 千克水的汽化热，它仅随含湿量变化，与湿度无关，称为潜热。

第三节 空气的焓—湿图

一、焓—湿图的构成

在前两节中介绍了空气的状态参数，在实际工作中，为了避免用公式烦琐地计算这些参数，人们把一定大气压下空气各参数间的关系用图线表示出来，这就是焓—湿图（即 h—d

图），如图 1—3 所示。这样所有计算工作都可转化为查图工作。

为了使图面开阔，线条清晰，一般将两坐标轴之间的夹角由常用的 90°扩展设定为等于或大于 135°夹角。但实际应用中，为避免图面过长，常取一条水平轴代替含湿量 d 轴，如图 1—3 所示。

二、焓—湿图上的等参数线

1. 等焓线

等焓线是一系列与纵坐标成 135°夹角的平行线。每条线代表一焓值且每条线上各点焓值都相等，如图 1—4 所示。

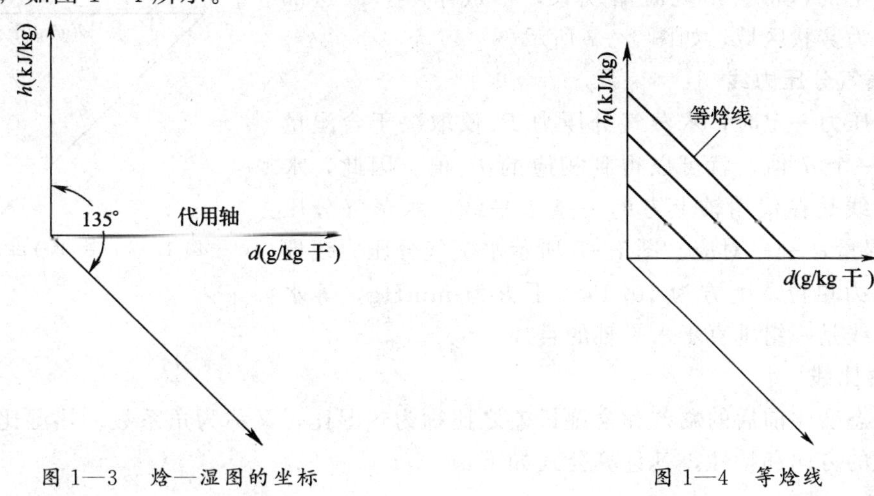

图 1—3　焓—湿图的坐标　　图 1—4　等焓线

2. 等含湿量线

等含湿量线是一组垂直于水平轴的直线。每条线代表一含湿量且每条线上各点的含湿量值都相等，如图 1—5 所示。

3. 等温线

等温线是一组斜线。每条线代表一温度且每条线上各点的温度都相等。但仔细看，可以发现这些等温线彼此间并不平行，温度越高的等温线斜率越大，即越向右上方倾斜。实际绘图中可近似将其看成一组平行线，如图 1—6 所示。

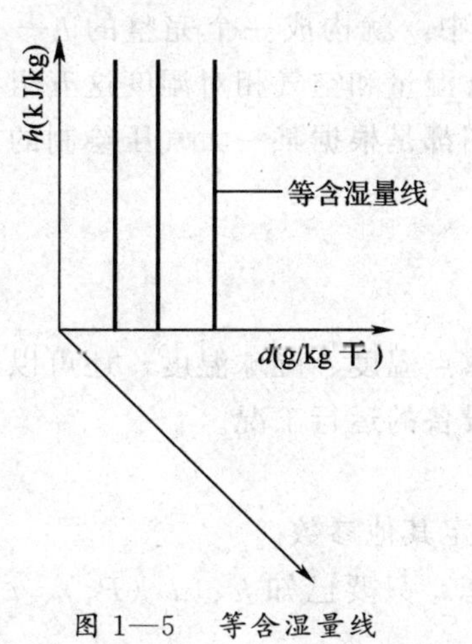

图 1—5　等含湿量线

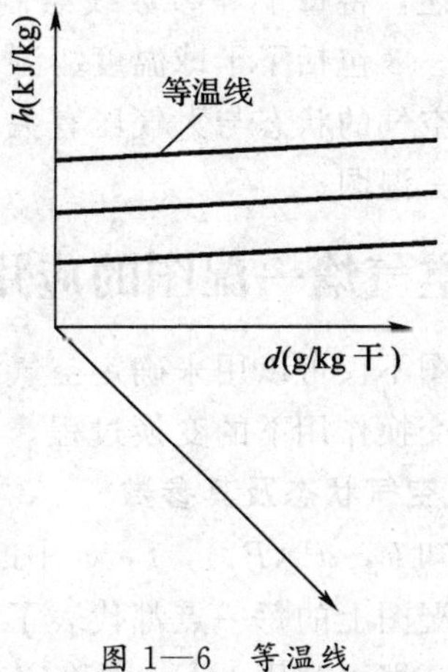

图 1—6　等温线

4. 等相对湿度线

等相对湿度线是一组向上凸的曲线。每条线代表一相对湿度且每条线上各点的相对湿度值都相等。其中 $\varphi=0$ 的曲线，说明空气的含湿量 $d=0$，即为图中的纵坐标；$\varphi=100\%$，说明空气的含湿量达到饱和状态。$\varphi=100\%$的饱和状态曲线把 h—d 图分成两部分：饱和线的上方为空气的未饱和状态部分，即水蒸气的过热状态区；饱和线下方为空气的过饱和状态区，过饱和状态的空气是不稳定的，常会出现凝露现象，形成水雾，故这部分区域也称为雾状区域，如图 1—7 所示。

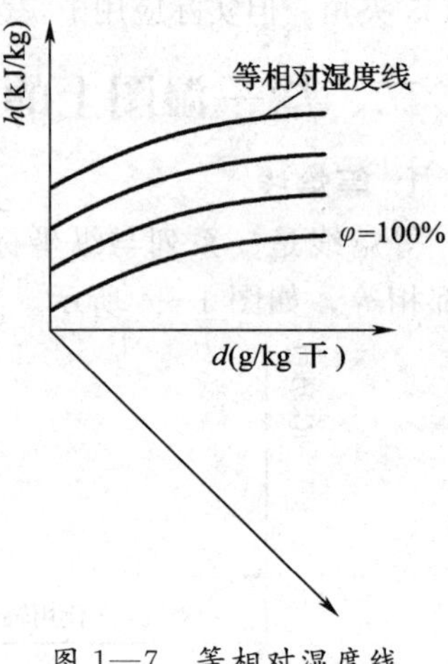

图 1—7　等相对湿度线

5. 水蒸气分压力线

当大气压力一定时，水蒸气分压力 P_v 仅取决于含湿量 d，每给定一个 d 值，就可以得到相应的 P_v 值。因此，水蒸气分压力线是在代用轴上方的一条水平线，水蒸气分压力 P_v 与含湿量 d 一一对应。图 1—8 所示水蒸气分压力线提供了两种压力单位，上方为 10^2 Pa，下方为 mmHg。等水蒸气分压力线是一组垂直于水平轴的直线。

6. 热湿比线

空气状态变化前后的焓差和含湿量差之比称为热湿比，又称为角系数。热湿比 ε 表示空气状态变化的方向和特性。其计算公式如下：

$$\varepsilon=\frac{\Delta h}{\Delta d}\times 1\,000$$

式中　Δh——空气状态变化前后的焓差，kJ/kg；

Δd——空气状态变化前后的含湿量差，g/kg 干空气；

ε——热湿比，kJ/kg。

对于起始状态不同的空气，只要热湿比相同，其状态变化过程线就相互平行。根据这一特性，在实际使用时，在图 1—8 所示右下方找到所需的 ε 线，然后将其平移到空气状态点，就可绘制出该空气的状态变化过程。

综上所述，将每个等参数线绘制在同一坐标轴中，就构成一个完整的 h—d 图（见图 1—8）。图 1—8 包括了干球温度、湿球温度、焓、含湿量和空气相对湿度这五组参数。需要强调的是：空气的状态与大气压有关，每张焓—湿图都是根据某一大气压绘制的，查图应选取合适的焓—湿图。

三、空气焓—湿图的应用

焓—湿图不仅可以用来确定空气的状态参数、露点温度、湿球温度，还可以表示空气状态在热、湿交换作用下的变换过程，以及分析空调设备的运行工况。

1. 确定空气状态及其参数

(1) 已知 h，d（P_v），t，φ 中的任意两个，确定其他参数。

在焓—湿图上的每一点都代表了空气的一个状态，只要已知 h、d（P_v）、t、φ 中的任意两个参数，即可利用 h—d 图确定其他参数。

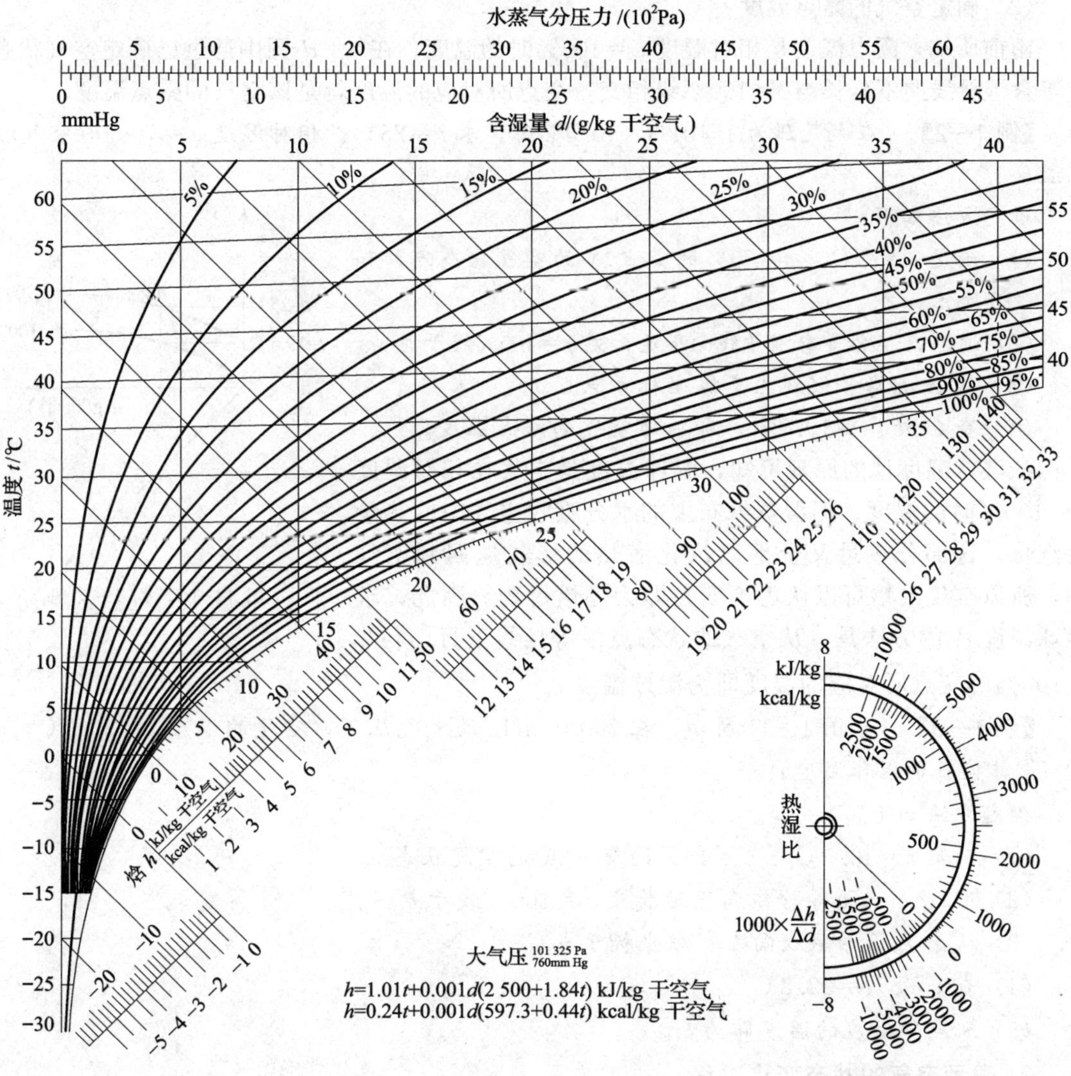

图 1—8　一个标准大气压下的 h—d 图

【例 1—1】　在 0.101 33 MPa（760 mmHg）的大气压下，空气的温度 $t=20$℃，相对湿度 $\varphi=70\%$。求空气的 h、d、P_v。

确定方法如下：

（1）首先根据已知条件，找到 $t=20$℃、$\varphi=70\%$ 的交点，确定空气状态点 A，如图 1—9 所示。

（2）过点 A 分别沿等焓线、等含湿量线查出 $h=46$ kJ/kg，$d=10.2$ g/kg 干空气。

（3）过点 A 作等含湿量线与焓—湿图上方的水蒸气分压力 P_v 交于一点，可查出 $P_v=$ 1 626.7 Pa。

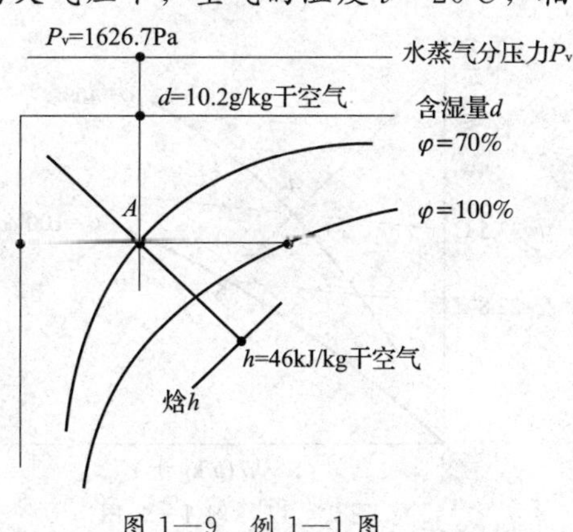

图 1—9　例 1—1 图

（2）确定空气的露点温度 t_L

由前所知，露点温度是相对湿度 $\varphi=100\%$时的温度。在 $h—d$ 图中通过已确定空气状态点沿等含湿量线向下延长与$\varphi=100\%$线相交，交点所对应的温度就是该空气的露点温度。

【例 1—2】 在大气压为 $1.101\ 3\times10^5$ Pa 时，求 $t=25$℃、相对湿度 $\varphi=70\%$时空气的露点温度。

确定方法如下：

（1）确定 $t=25$℃，$\varphi=70\%$的交点 A 的空气状态点，如图 1—10 所示。

（2）通过 A 点沿等含湿量线向下延长交 $\varphi=100\%$线于 L 点。

（3）从 L 点沿等温线左交纵坐标于点 C。

（4）查 C 处 $t_L=19.5$℃，即为该空气的露点温度。

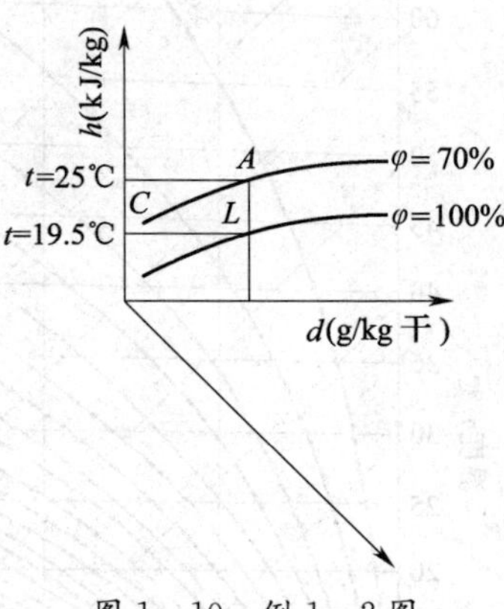

图 1—10　例 1—2 图

从湿球温度计的原理可知，湿球温度是空气在相对湿度 $\varphi=100\%$时的温度。但湿球纱布上的水分吸收空气中的热量而汽化，这部分热量又全部以汽化潜热的形式返回到空气中，所以空气的焓可以认为不变，即为等焓过程。因此，求湿球温度 t_s 的方法是：从空气的状态点沿等焓线下行，与 $\varphi=100\%$的交点所对应的温度即为湿球温度 t_s。

【例 1—3】 如图 1—11 所示，在 760 mmHg 的大气压下，空气的温度 $t=33.5$℃，$\varphi=40\%$，求空气的湿球温度 t_s。

确定方法如下：

（1）确定 $t=33.5$℃与 $\varphi=40\%$的交点 A 的空气状态点。

（2）通过 A 点沿等焓线向下延长交 $\varphi=100\%$线于点 S。

（3）从 S 点沿等温线向左交纵坐标于点 C。

（4）查 C 处 $t_s=22.8$℃。

（5）S 点所对应的温度即为 t_s。

2. 表示空气的状态变化过程

对空气采取不同的处理方法，空气状态将发生不同的变化。在空气调节中，常对空气进行加热、冷却、加湿和去湿等各种处理，如图 1—12 所示为几种典型的空气处理过程。

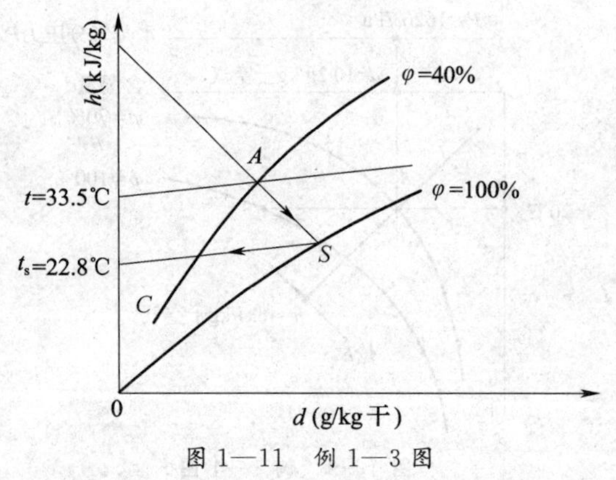

图 1—11　例 1—3 图

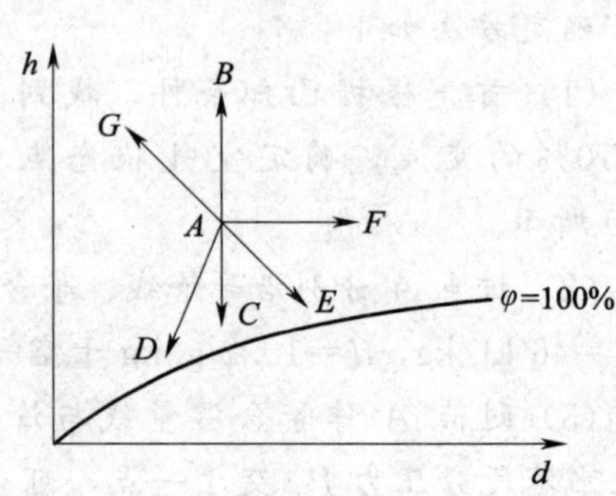

图 1—12　几种典型的空气处理过程

（1）加热处理

这个过程通常是通过加热器对空气进行加热处理。空气获得热量，温度升高，焓增加，含湿量没有变化，所以加热处理空气是等湿升温过程。过程线如图 1—12 中 $A\rightarrow B$。

（2）冷却处理

与加热过程相反，空气在含湿量不变的情况下冷却，焓值减小、温度降低，是等湿降温过程，又称干式冷却。过程线如图 1—12 中 $A\rightarrow C$。也有去湿冷却处理，过程线如图 1—12 中 $A\rightarrow D$。此时，表面式冷却器表面的温度低于空气的露点温度，空气温度下降，并有多余的水分析出，使含湿量不断减小。这种冷却过程又称为湿式冷却。

（3）除湿处理

一般通过固体吸湿剂（如硅胶等）吸附空气的水蒸气，降低空气的相对湿度，空气处于等焓、减湿、升温过程，过程线如图 1—12 中 $A\rightarrow G$。

（4）加湿处理

一般采用喷水对空气进行喷淋加湿，也可采用向空气喷水蒸气而实现．喷水加湿时，空气中的含湿量将增加，空气传给水的热量仍然由于水分的蒸发返回到空气中，因此空气的焓不变；而采用水蒸气加湿，温度 t 近似不变。两者过程线如图 1—12 中 $A\rightarrow F$（喷水加湿）和 $A\rightarrow E$（水蒸气加湿）。

实际上，在空气调节中，只有功能齐全的集中式空调才能够做到符合各种需要的处理过程。由于功能所限，一般家用小型空调器往往只能实现某些参数的个别调整。

3．两种不同状态空气混合过程的计算

在空气调节中，经常遇到不同状态空气的混合情况，可以用 h—d 图来确定混合后的空气状态点。现有状态 1（h_1，d_1）和状态 2（h_2，d_2）两种空气进行混合，其流量分别为 G_1 和 G_2，混合后的空气状态为 3（h_3，d_3），d_3 可由 h—d 图中求出，如图 1—13 所示。状态 3 将连线线段 1—2 分为两段 1—3 和 3—2，状态 1 的空气量为 G_1，状态 2 的空气量为 G_2，混合后的状态 3 满足如下关系：

$$\frac{\overline{3-1}}{\overline{3-2}}=\frac{G_2}{G_1}$$

即两段长度之比和参与混合的两种空气的量成反比。利用以上关系，可以确定中央空调的一次回风或二次回风的空气状态点。

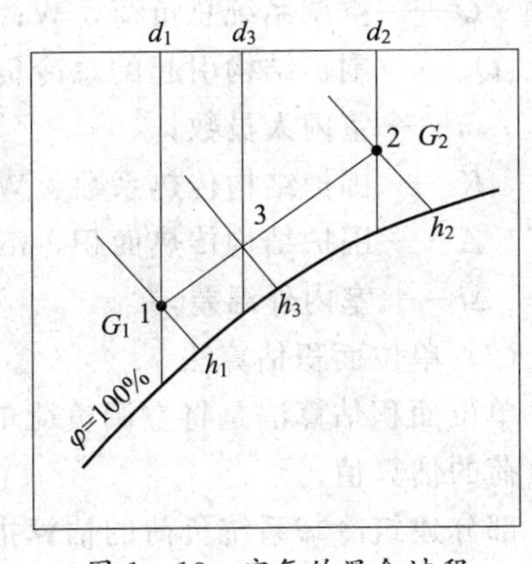

图 1—13　空气的混合过程

第四节　空气调节负荷的估算

一、空气调节负荷的基本构成

在空调技术中，将干扰因素对室内造成的影响称为负荷，负荷分为冷、热负荷和湿负荷。在某一时刻为保持空调房间内一定的温度条件而向房间内提供的冷量或热量称为空调系统的冷、热负荷；而为维持房间内的相对湿度所需要除去的湿量称为空调系统的湿负荷。

空调房间的冷、热负荷和湿负荷是由诸多因素构成的。

1. 冷、热负荷的影响因素

（1）太阳辐射的热量。

（2）人体的散热量。

（3）房间照明设备、电气设备或其他热源的散热量。

（4）室外空气渗入房间的热量。

（5）伴随各种散湿过程产生的潜热量。

2. 湿负荷的影响因素

（1）人体散湿量。

（2）各种设备、器具的散湿量。

（3）食物、饮料等的散湿量。

二、房间负荷的估算

1. 夏季冷负荷的估算

（1）简单计算法

估算时，把整个建筑物看成一个空间，按各面朝向计算负荷。室内人员散热量按每人116.3 W计算，最后将各项数量的和乘以新风负荷系数1.5即为估算的空调系统总负荷。

可按下式进行计算：

$$Q=(Q_w+116.3n)\times 1.5$$

$$Q_w=KA\Delta t$$

式中 Q——空调系统总负荷，W；

Q_w——围护结构引起的总冷负荷，W；

n——室内人员数；

K——围护结构传热系数，W/(m^2·℃)；

A——围护结构传热面积，m^2；

Δt——室内外温差，℃。

（2）单位面积估算法

单位面积估算法是将空调负荷单位面积上的指标乘以建筑物内的空调面积，得出制冷系统负荷的估算值。

部分建筑冷却系统负荷的估算指标如下：

酒吧、咖啡厅	100～180	W/m^2
小会议室	200～300	W/m^2
办公室	90～120	W/m^2
旅馆房间	80～110	W/m^2
百货商场	210～240	W/m^2
医院	105～130	W/m^2
客房（标准层）	80～110	W/m^2
健身房	100～200	W/m^2
剧场	230～350	W/m^2

舞厅	200～300	W/m^2

2. 冬季热负荷的估算

部分建筑供暖系统负荷的估算指标如下：

办公楼、学校	60～80	W/m^2
餐厅	115～140	W/m^2
剧场	95～115	W/m^2
医院	65～80	W/m^2
旅馆	60～70	W/m^2
商店	64～87	W/m^2
图书馆	46～70	W/m^2
影院	93～116	W/m^2

第二章　中央空调系统

本章主要介绍中央空调系统的组成、分类及其应用特点，着重阐述集中式空调系统、风机盘管空调系统的特点适用条件及空气调节过程。掌握中央空调系统各组成部分的功能和中央空调系统工作原理是本章的重点和难点。

中央空调简单地说就是若干个房间使用一台主机的空气调节系统。中央空调的冷热源集中设置，一般在机房设置制冷机作为冷源，设置锅炉作为热源，通过设置在房间侧的空气处理末端进行空气处理，如图 2—1 所示。

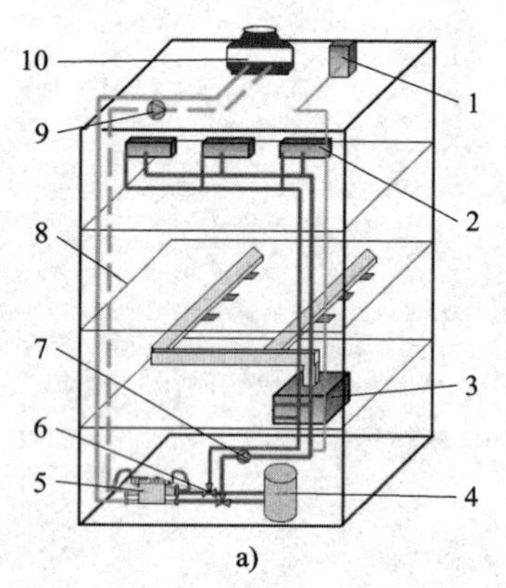

a)

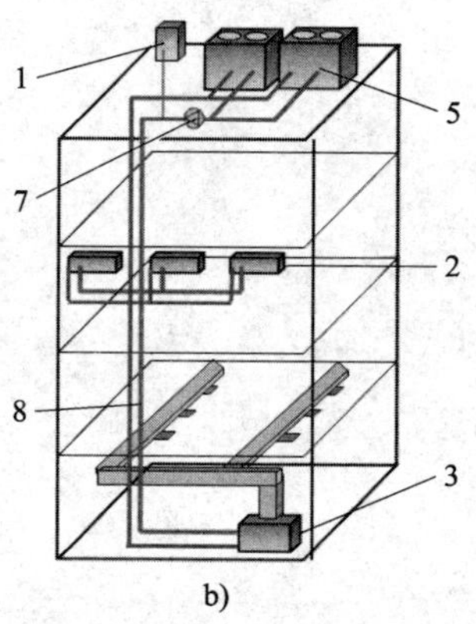

b)

图 2—1　中央空调系统示意图

a）水冷冷水机组空调系统示意图　b）风冷冷水机组空调系统示意图

1—膨胀水箱　2—末端：风机盘管　3—末端：空调箱　4—锅炉　5—主机

6—换向阀　7—冷热水泵　8——水管　9—冷却水泵　10—冷却塔

第一节　中央空调系统的概述

一、中央空调系统的组成

目前对中央空调系统没有统一的定义，其组成一般包括被调节对象、空气处理设备、空气输送和分配设备、冷（热）源设备及自动控制部分。一个典型的中央空调系统如图 2—2 所示。

被调节对象：指各类建筑物中不同功能和作用的房间和空间以及人（群）等，如商场、写字楼、医院、餐厅等。

空气处理设备：是完成对空气进行降温、加热、加湿和除湿以及过滤等处理过程所采用设备的组合，如喷水室、过滤器等。

空气输送和分配设备：由引入室外新风、输送处理过的空气通风管和各类送风口及通风机等组成。空气处理和输送分配设备有时称为末端。

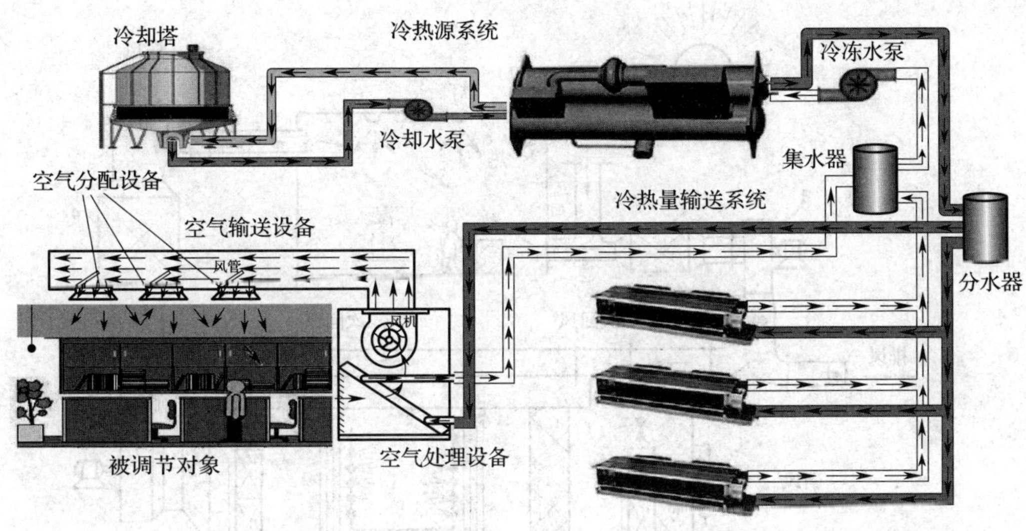

图 2—2　中央空调系统的组成

冷（热）源设备：提供需要的冷、热水的设备，如各种冷、热水机组等。这部分常称为主机。冷水机组的名义工况为冷水进出水温度 12℃/7℃，冷却水进出水温度 32℃/37℃。冬季热水供回水温度多为 55～60℃/45～50℃。

自动控制部分：保证各个运行参数的偏差在空调精度范围内的各种敏感元件、调节器、执行机构和调节机构等。

二、中央空调系统的分类

1. 根据空气处理设备的集中程度分类

（1）集中式空调系统

集中式空调系统所有的空气处理设备（加热器、冷却器、过滤器、加湿器等）以及风机等都集中在空调机房内，处理后的空气经风管输送到各空调房间。如图 2—3 所示为集中式空调系统示意图。通常，把由空气处理设备及通风机组成的箱体称为空调机组或空调箱，把不包括通风机的箱体称为空气处理箱或空气处理室。

集中式空调系统的冷、热源一般也是集中的，集中在冷冻站和锅炉房或热交换站。单风道空调系统（由单一风道将经过集中处理的空气分送至空调房间的空调系统）、双风道空调系统（将经过集中加热和集中冷却处理的两种状态的空气分别由两条独立风管送至各末端装置，按照要求经混合后送入空调房间的空调系统）均属于集中式空调系统。

（2）半集中式空调系统

半集中式空调系统除由集中在空调机房的空气处理设备处理一部分空气外，还有分散在被调房间内的空气处理设备（称为末端装置），它们对室内空气进行就地处理或对来自集中处理设备的空气再进行补充处理。诱导器空调系统（以诱导器作为末端装置的空调系统）、风机盘管空调系统（以风机盘管作为末端装置的空调系统）均属此类。图 2—4 所示是半集中式空调系统示意图，是以风机盘管机组作为各房间的末端装置，对室内空气进行就地处理，同时用经过集中处理的新风满足各房间新风量需求。

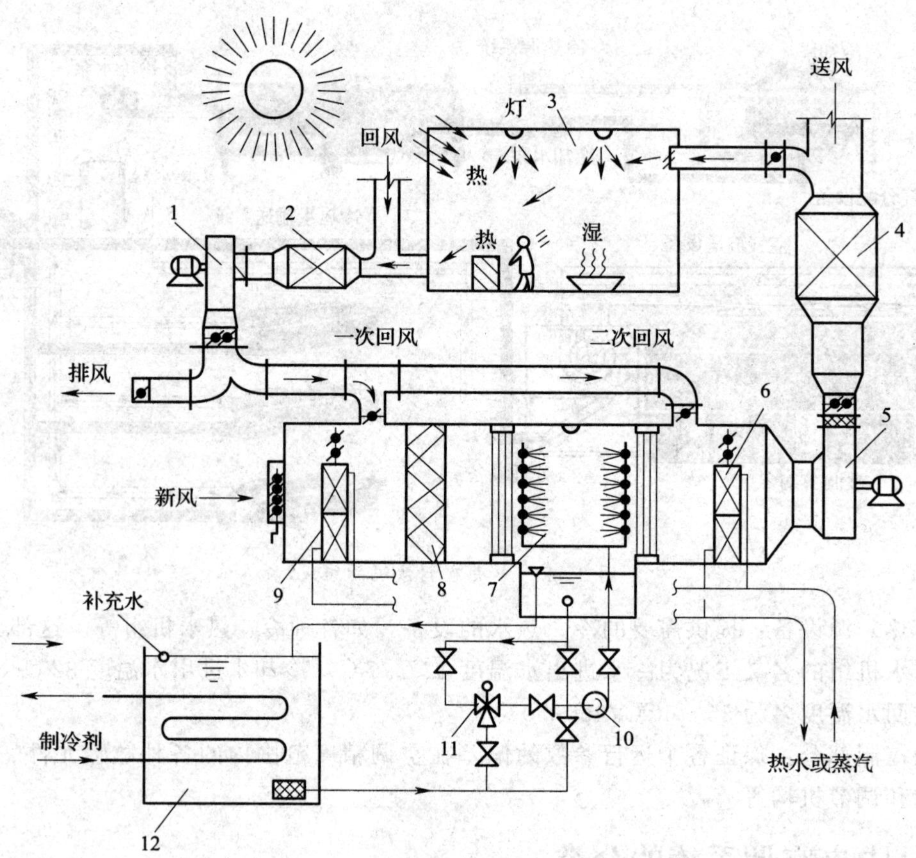

图 2—3　集中式空调系统示意图

1—回风机　2、4—消声器　3—空调空间　5—送风机　6—再热器　7—喷水室

8—空气过滤器　9—预热器　10—水泵　11—电动三通阀　12—蒸发水箱

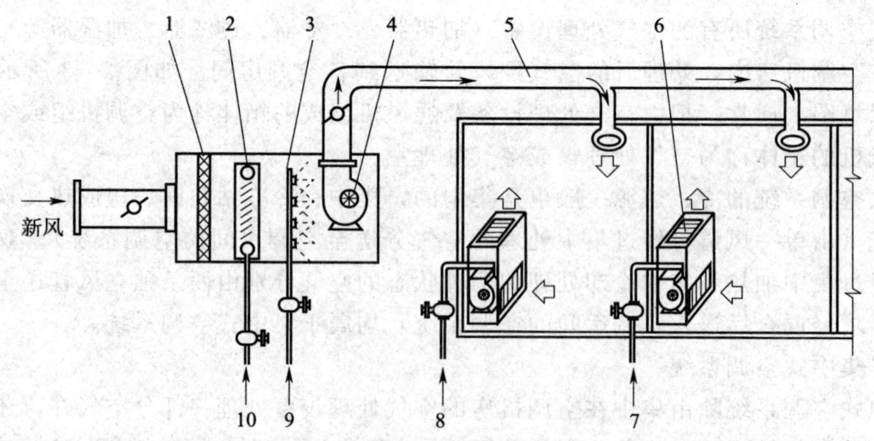

图 2—4　半集中式空调系统示意图

1—过滤网　2—冷却器　3—加湿器　4—通风机　5—风管　6—风机盘管

7、8—冷冻水或热水　9—蒸汽加湿　10—冷冻水

（3）分散式空调系统

分散式空调系统又称为局部空调系统，它是把空气处理设备、风机以及冷热源、控制装

置都集中在一个箱体内，形成了一个非常紧凑的空调系统，只要接上电源就能对房间进行空气调节。这种系统不需要空调机房，它具有使用灵活、安装简单、节省风管的特点。窗式空调器、分体式空调器均属于此类。

在工程上，把空调机组安装在空调房间的邻室，使用少量风道与空调房间相连的系统也称为局部空调系统。

2. 根据负担室内热湿负荷所用的介质分类

(1) 全空气空调系统

全空气空调系统是指空调房间内的热湿负荷全部由经过处理的空气来负担的空调系统。集中式空调系统就是全空气空调系统。因空气的比热容和密度较小，系统需要较大的风量、风管截面和较高的风速。

(2) 全水空调系统

全水空调系统是指空调房间内的热湿负荷全部由水来负担的空调系统。水的比热容和密度较大，该系统的体积较全空气空调系统小。因空调房间内空气有新鲜度的要求，通常情况下不独立采用这种空调系统。

(3) 空气-水空调系统

空气-水空调系统是指由经过处理的空气和水共同负担空调房间内的热湿负荷的空调系统。其典型装置是风机盘管＋新风空调系统。

(4) 制冷剂空调系统

制冷剂空调系统就是空调房间的热湿负荷直接由制冷剂的蒸发来负担的空调系统。分散式空调系统和集中式空调系统中的直接蒸发式表冷器就属于此类空调系统。机组蒸发器中的制冷剂直接与被处理空气进行热交换，以达到控制室内空气温度和湿度的目的。

根据上面两种分类原则，可将各种空调系统分类如下：

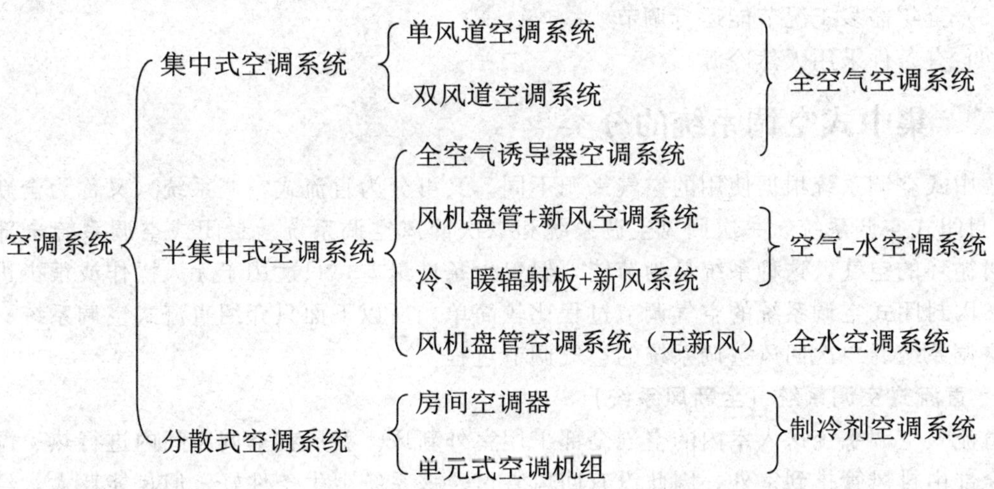

上面列举了两种主要的分类方法，空调系统还可以根据另外一些原则进行分类。如根据系统的风量固定与否，可分为定风量空调系统和变风量空调系统。根据系统风道内空气流速高低，可分为低速空调系统（风速在 10～15 m/s 之间）和高速空调系统（风速在 20～30 m/s 之间）。在以下章节中主要介绍现在广泛使用的集中式空调系统和风机盘管空调系统。

第二节　集中式空调系统

集中式空调系统就是低速、单风道、典型的全空气空调系统。该系统的服务面积大，处理空气多，便于集中管理，在一些大型公共建筑如体育馆、剧场、火车站候车室、机场等场所中采用较多。

一、集中式空调系统的特点及适用条件

1. 集中式空调系统的特点

（1）空气处理设备和制冷设备集中布置在机房，便于管理和调节。

（2）过渡季节可充分利用室外新风，减少制冷机组运行时间。

（3）可以严格控制室内温度、湿度和空气洁净度。

（4）空调系统可以采取有效的防振消声措施。

（5）机房面积较大，层高较高。风管布置复杂，占用建筑空间较多，安装工作量大，施工周期较长。

（6）如果房间热湿负荷变化不一致或运行时间不一致，系统运行不经济。

（7）风管系统各支路和风口的风量不易平衡。各房间之间由风管连通，不利于防火。

2. 集中式空调系统的适用条件

（1）空调房间面积大，适于布置风管系统。

（2）多层、多室建筑，热湿负荷变化情况类似。

（3）空调新风量要求变化大。

（4）房间温湿度、清洁度、噪声、振动要求严格控制。

（5）全年需多工况节能运行调节。

（6）有条件采用天然冷源。

二、集中式空调系统的分类

集中式空调系统根据使用的空气来源不同，又可分为直流式空调系统（又称为全新风系统）、封闭式空调系统、一次回风空调系统和二次回风空调系统。封闭式空调系统全部使用室内再循环的空气，这种系统最为节能，但卫生条件最差，只适用于无人操作或很少进人的场所。因封闭式空调系统的空气调节过程比较简单，所以下面只介绍直流式空调系统、一次回风空调系统、二次回风空调系统的空气调节过程。

1. 直流式空调系统（全新风系统）

直流式空调系统送入室内的空气全部采用室外新风。新风在空调房间内进行热、湿交换后，全部由排风管排到室外，因此没有回风管道。该系统卫生条件好，但是能耗大，经济性差。直流式空调系统如图 2—5 所示。

（1）夏季空气调节过程（见图 2—6a）

室外空气状态点为 W 的新风经空气过滤器过滤后，进入喷水室冷却减湿，达到机器露点状态点 L，然后经过加热器加热至所需的送风状态点 P 送入室内，在空调房间吸热吸湿后达到状态点 N，然后全部排出室外。整个处理过程可表示为：

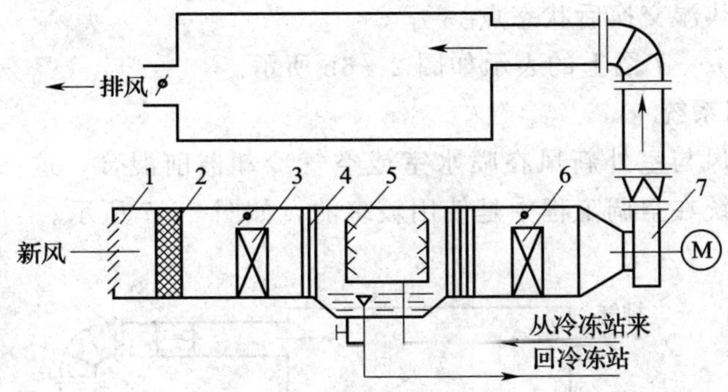

图 2—5　直流式空调系统

1—百叶窗　2—空气过滤器　3—预加热器　4—前挡水板

5—喷水室　6—再加热器　7—风机

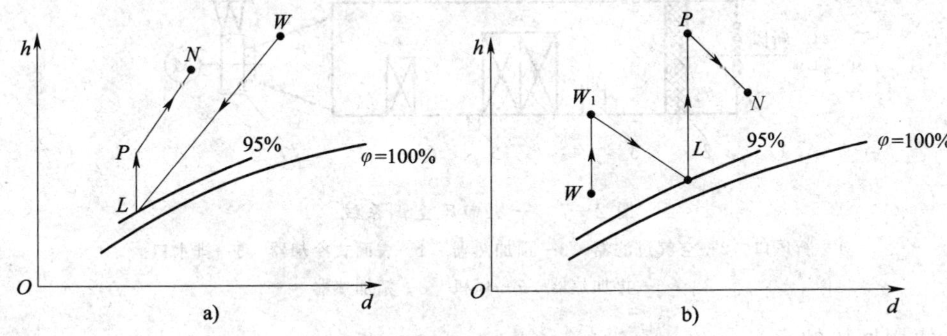

图 2—6　直流式空调系统空气调节过程

a）夏季处理过程　b）冬季处理过程

$$W \xrightarrow[\text{经喷水室}]{\text{冷却减湿}} L \xrightarrow[\text{经加热器}]{\text{加热}} P \xrightarrow[\text{送入室内}]{\text{吸热、吸湿}} N \longrightarrow \text{排出室外}$$

W——室外空气状态点；

L——机器露点状态点；

P——室内送风空气状态点；

N——室内空气状态点。

上述处理过程在 h—d 图上的表示如图 2—6a 所示。

（2）冬季空气调节过程（见图 2—6b）

冬季气温较低且空气干燥，因此送入的新风一般要进行预热和再加热。室外空气状态点为 W 的新风经空气过滤器过滤后，由预加热器等湿加热到 W_1 点，然后进入喷水室绝热加湿处理到 L 点，再从 L 点经再加热器加热至所需的送风状态点 P 送入室内，在空调房间放热达到状态点 N 后被排出室外。整个处理过程可表示为：

$$W \xrightarrow[\text{经预加热器}]{\text{预加热}} W_1 \xrightarrow[\text{经喷水室}]{\text{绝热加湿}} L \xrightarrow[\text{经再加热器}]{\text{等湿加热}} P \xrightarrow[\text{送入室内}]{\text{加热、加湿}} N \longrightarrow \text{排出室外}$$

W——室外空气状态点；

W_1——预加热器加热后空气状态点；

L——机器露点状态点；

P——室内送风空气状态点；

N——空气发生热湿交换后状态点。

上述处理过程在 $h—d$ 图上的表示如图 2—6b 所示。

2. 一次回风空调系统

将来自房间的回风与室外新风在喷水室或空气冷却器前混合，这部分回风称为一次回风。一次回风空调系统在空调工程中是使用较多的，如图 2—7 所示。

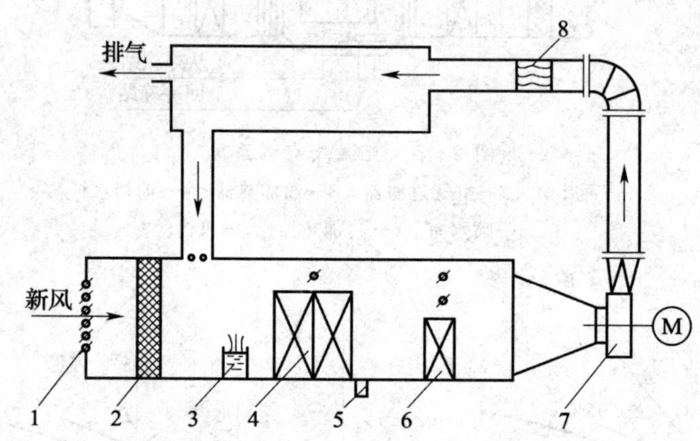

图 2—7　一次回风空调系统

1—新风口　2—空气过滤器　3—预加热器　4—表面式冷却器　5—排水口　6—再加热器　7—风机　8—精加热器

(1) 使用回风的意义

夏季采用一次回风，可以节约一部分冷量；冬季采用一部分回风，可以节约一部分热量。系统运行比较经济。

(2) 新风量确定方法

一个完善的空调系统，除了满足对室内温度、湿度的控制外，还必须给房间提供足够的新鲜空气（简称新风）。从改善室内空气品质角度考虑，新风量越多越好；从消耗能量角度考虑，使用的新风量越少越经济，但是不能无限制地减少新风量。

《公共建筑节能设计标准》（GB 50189—2015）规定：在人员密度相对较大且变化较大的房间，宜根据室内 CO_2 浓度检测值进行新风需求控制，排风量也宜适应新风量的变化，以保持房间的正压。因此，最小新风量的确定通常需满足以下三个要求：

1) 满足人员卫生安全。根据国家标准《民用建筑供暖通风与空气调节设计规范》（GB 50736—2012），人员所需新风量应根据人员的活动和工作性质以及在室内的停留时间等确定，并符合表 2—1 和表 2—2 的规定。

表 2—1　　公共建筑主要房间每人所需最小新风量　　m^3/（h·人）

建筑房间类型	新风量
办公室	30
客房	30
大堂、四季厅	10

表 2—2　　高密人群建筑每人所需最小新风量　　$m^3/(h \cdot 人)$

建筑类型	人员密度 P_F（人/m²）		
	$P_F \leqslant 0.4$	$0.4 < P_F \leqslant 1.0$	$P_F > 1.0$
影剧院、音乐厅、大会厅、多功能厅、会议室	14	12	11
商场、超市	19	16	15
博物馆、展览厅	19	16	15
公共交通等候室	19	16	15
歌厅	23	20	19
酒吧、咖啡厅、宴会厅、餐厅	30	25	23
游艺厅、保龄球房	30	25	23
体育馆	19	16	15
健身房	40	38	37
教室	28	24	22
图书馆	20	17	16
幼儿园	30	25	23

2）补充局部排风要求。空调系统的新风量应按不小于人员所需新风量，补偿排风和保持空调区空气压力所需新风量之和以及新风除湿所需新风量中的最大值确定。

3）保证空调房间的正压要求。为了防止外界未经处理的空气渗入空调房间，有利于保证房间清洁度和室内参数少受外界干扰，需要使空调区保持一定的正压值。对于舒适性空调，一般采用 5 Pa 的正压值就可满足要求。对于工艺性空调，因与其相通房间的压力差有特殊要求，其压差值应按工艺要求确定。

在全空调系统中，通常按照上述三条要求确定新风量中的最大值作为系统的最小新风量。若以上三项中的最大值仍不足系统送风量的 10%，则新风量应按总送风量的 10%计算，以确保卫生和安全。对于温度、湿度波动范围要求很小或净化程度要求很高，房间换气次数特别大的系统不在此列。因为温度、湿度波动范围小或洁净度要求高，空调区送风量一般都很大，如果要求最小新风量达到送风量的 10%，新风量也会很大，不仅不节能，室外空气还会影响室内温湿度的稳定，增加过滤器的负荷。

（3）夏季空气调节过程（见图 2—8a）

室外空气状态点为 W 的新风与来自空调房间状态点为 N 的回风混合后（C 点），进入喷水室冷却减湿，达到机器露点状态点 L，然后经过加热器加热至所需的送风状态点 P，送入室内吸热吸湿，当达到状态点 N 后部分排出室外，部分进入空气处理系统与室外新鲜空气混合，如此循环。整个处理过程可表示为：

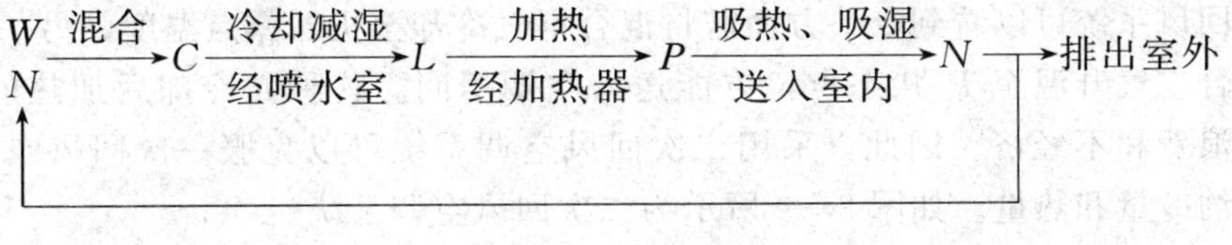

$$\left.\begin{matrix}W\\N\end{matrix}\right\}\xrightarrow{混合}C\xrightarrow[经喷水室]{冷却减湿}L\xrightarrow[经加热器]{加热}P\xrightarrow[送入室内]{吸热、吸湿}N\to 排出室外$$

（N 部分回流至混合）

W——室外空气状态点；

L——机器露点状态点；

P——送风空气状态点；

N——空气发生热湿交换后状态点；

C——N 与 W 混合状态点。

上述处理过程在 h—d 图上的表示如图 2—8a 所示。

（4）冬季空气调节过程（见图 2—8b）

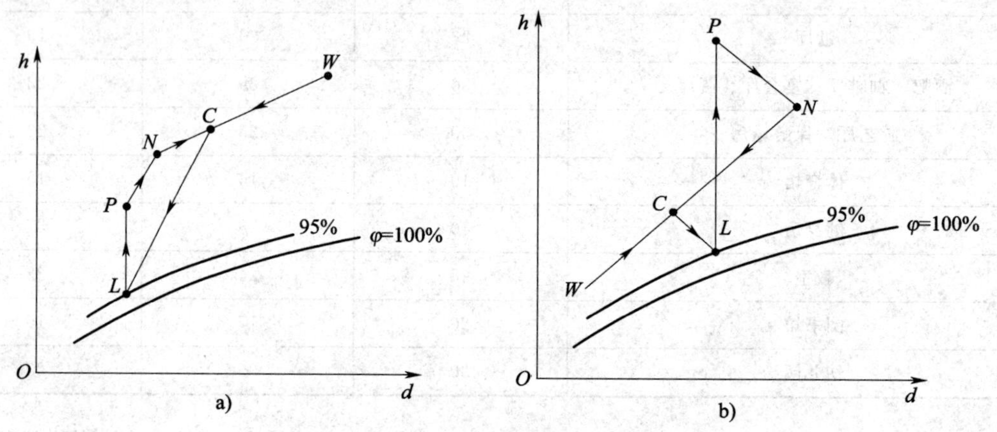

图 2—8　一次回风空调系统

a）夏季处理过程　b）冬季处理过程

冬季室外空气状态点为 W 的新风与室内空气状态点为 N 的回风混合至状态点 C，进入喷水室绝热加湿到状态点 L，再经加热器等湿加热至所需的送风状态点 P 送入室内。在室内放热、放湿达到室内设计的空气状态点 N 后，一部分被排出室外，另一部分进入空气处理系统与室外新鲜空气混合，如此循环。整个处理过程可表示为：

W、N —混合→ C —绝热加湿（经喷水室）→ L —等湿加热（经加热器）→ P —放热、放湿（送入室内）→ N → 排出室外；N —回风→ 与 W 混合

W——室外空气状态点；

L——机器露点状态点；

P——送风空气状态点；

N——室内空气状态点；

C——N 与 W 混合状态点。

上述处理过程在 h—d 图上的表示如图 2—8b 所示。

3. 二次回风空调系统

由一次回风系统可以看到，一方面需将混合空气冷却至机器露点温度，另一方面又要用加热器将混合空气升温至 P 状态点，方能送入空调房间。这种先冷却后加热的处理方法，必然会造成浪费和不经济。因此，采用二次回风空调系统可以克服一次回风空调系统的缺点，从而节约冷量和热量。如图 2—9 所示为二次回风空调系统。

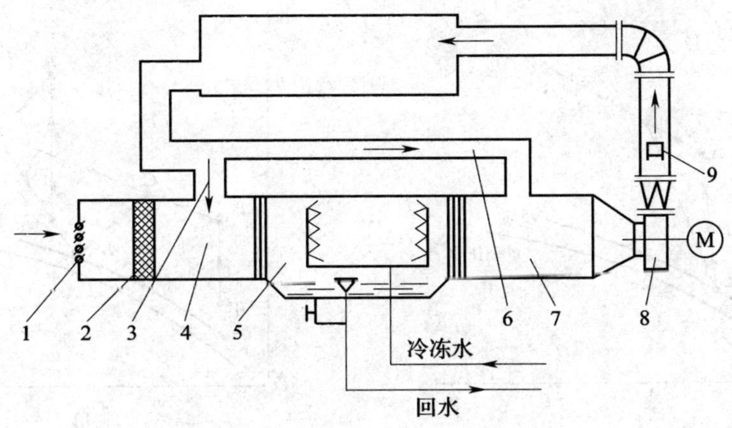

图 2—9　二次回风空调系统

1—新风口　2—过滤器　3—一次回风管　4—一次混合室　5—喷水室
6　二次回风管　7—二次混合室　8—风机　9—电加热器

(1) 夏季空气调节过程（见图 2—10a）

夏季室外空气状态点为 W 的新风与室内空气状态点为 N 的第一次回风混合至状态点 C，进入喷水室冷却减湿后，到达机器露点状态点 L，然后再与状态点为 N 的第二次回风混合至送风状态点 P，送入空调房间吸热吸湿，达到状态点 N 后部分排出室外，部分进入空气处理系统进行混合，如此循环。整个处理过程可表示为：

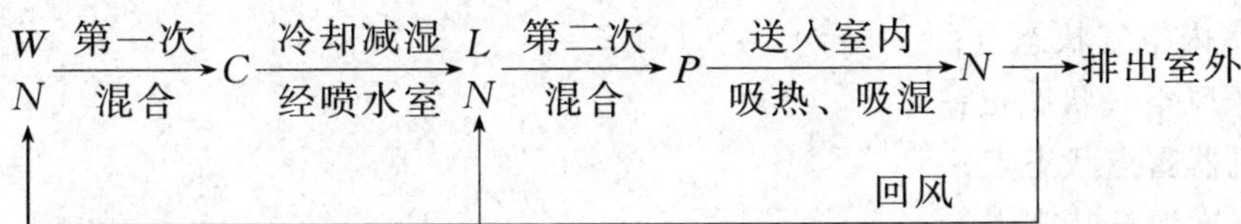

C——N 与 W 混合状态点；

W——室外空气状态点；

N——室内空气状态点；

P——送风空气状态点；

L——机器露点状态点。

上述处理过程在 h—d 图上的表示如图 2—10a 所示。

(2) 冬季空气调节过程（见图 2—10b）

冬季气温较低且空气干燥，因此送入的新风一般要进行预热和再加热。室外空气状态点为 W 的新风经预热后达到状态点 W_1，与室内空气状态点为 N 的第一次回风混合至状态点 C，进入喷水室绝热加湿后，到机器露点状态点 L，然后再与状态点为 N 的第二次回风混合至状态点 C_1，再加热后至送风状态点 P，送入空调房间加热加湿，达到状态点 N 后部分排出室外，部分进入空气处理系统进行混合，如此循环。整个处理过程可表示为：

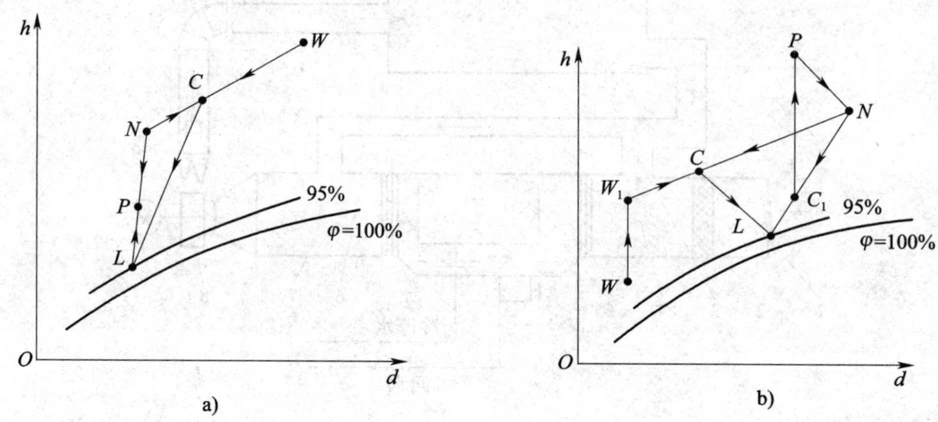

图 2—10　二次回风空调系统

a）夏季处理过程　b）冬季处理过程

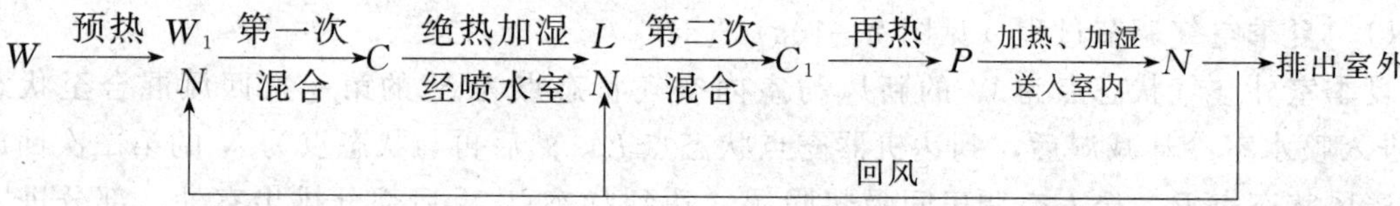

W——室外空气状态点；

N——室内空气状态点；

P——送风空气状态点；

L——机器露点状态点；

C——一次混合状态点；

C_1——二次混合状态点。

上述处理过程在 $h—d$ 图上的表示如图 2—10b 所示。

第三节　风机盘管空调系统

风机盘管空调系统是指以风机盘管作为末端装置的空调系统。风机盘管是指将风机、盘管、过滤器等部件组装成一体的空调设备，是一种末端装置，广泛应用于旅馆、公寓、医院和办公区域等高档多房间的建筑中。风机盘管的结构如图 2—11 所示。

一、风机盘管空调系统的特点与组成

1. 风机盘管空调系统的特点

（1）运行灵活，可自行调节各房间负荷，节能效果好。

（2）仅需新风系统，风管截面积较小，容易布置。

（3）难以满足温度、湿度、洁净度的严格要求。

（4）管线布置较复杂，水系统易漏水，维护管理较烦琐。

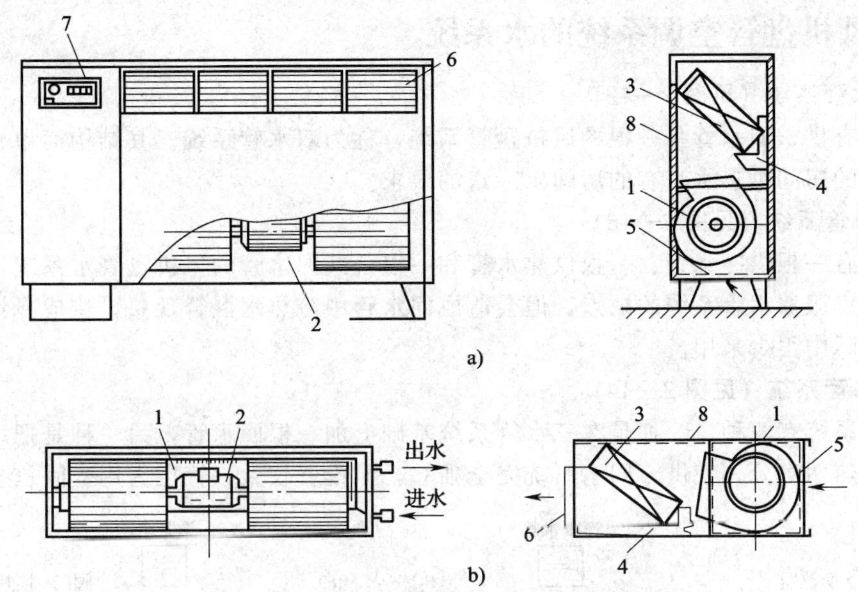

图 2—11 风机盘管的结构

a）立式风机盘管 b）卧式风机盘管

1—风机 2—电动机 3—盘管 4—凝水盘 5—循环风进口 6—出风格栅 7—控制器 8—吸声材料

2. 风机盘管的组成

风机盘管机组主要由风机、电动机、盘管、空气过滤器、凝水盘和箱体组成，还配有室温自动调节装置。

（1）盘管

盘管一般采用纯铜管肋片式，有两排、三排等类型。

（2）风机

风机一般采用离心式和贯流式两种形式。风量为 250～2 500 m^3/h。

（3）空气过滤器

空气过滤器常设在机组下部或侧部，采用粗孔泡沫塑料、金属编织物、纤维织物等制作。

（4）风机电动机

风机电动机一般采用单相电容运转式电动机，可实现风量调节。

二、风机盘管空调系统的新风供给方式

1. 用房间缝隙自然渗入供给新风

这种方式机组处理的空气是室内循环空气，空气新风供给难以保证。

2. 房间外墙打洞引新风直接进入风机盘管机组

这种方式虽然新风能得到较好的保证，但室内温度、湿度会受外界气候影响，噪声及污染还会增大。

3. 由独立的新风系统供给新风

将经过集中处理的新风通过风管送入各空调房间。这是一种比较理想的处理方式，但会增加风机盘管的负荷，盘管的数目要相应增加。

三、风机盘管空调系统的水系统

1. **双水管系统（见图 2—12）**

它是具有供、回水管各一根的风机盘管系统，称为双水管系统。其结构简单、经济。但不能满足有的房间供热水、有的房间供冷水的要求。

2. **三水管系统（见图 2—13）**

它是具有一根供冷水管、一根供热水管和一根公共回水管的风机盘管水系统，称为三水管系统。可克服双水管系统的缺点，但会造成回水管中冷热水混合现象，造成冷量和热量的损失，故实际中很少采用。

3. **四水管系统（见图 2—14）**

四水管系统有两种，一种是在三水管系统基础上加一根回水管，另一种是把风机盘管分为冷却和加热两部分，使供、回水系统完全独立，但投资较大，管道占用空间较多。

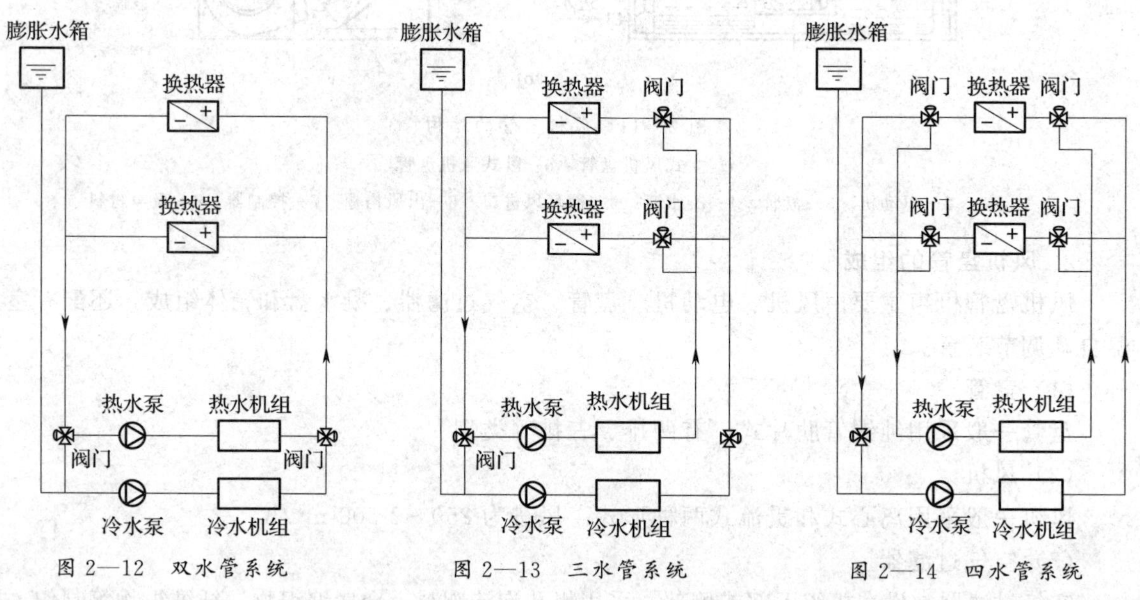

图 2—12 双水管系统　　图 2—13 三水管系统　　图 2—14 四水管系统

第三章　中央空调的空气处理设备

本章主要介绍实现空气温度、湿度、洁净度、气流速度调节的设备。着重介绍了这些处理设备的结构、工作原理及适用场合。掌握喷水室、表面式换热器处理空气的过程和特点及各种加湿器、空气过滤器的特点及适用场合是本章的重点和难点。

空调的核心任务是将空气处理到所要求的送风状态，送入空调房间，以满足人体舒适标准对室内温湿度的要求或工艺对室内温湿度、洁净度的要求。对空气的处理主要通过加热、冷却、加湿、减湿、净化以及灭菌等处理过程实现。按照被处理的空气是否与进行热湿交换的冷、热媒流体进行接触分为直接接触式和间接接触式两类空气处理设备。两类空气处理设备的特点见表 3—1。

表 3—1　　两类空气处理设备的特点

类型	设备	特点
直接接触式 空气处理设备	喷水室 蒸汽加湿器 液体吸湿装置	热湿交换的介质直接与空气接触，被处理的空气流过热湿交换介质表面
间接接触式 空气处理设备	光管式空气换热器 肋管式空气换热器	与空气进行热湿交换的介质不与空气接触，两者之间的热湿交换通过分隔壁面进行

喷水室、蒸汽加湿器和液体吸湿装置属于直接接触式空气处理设备。空气换热器和表面式冷却器通过设备金属表面与空气进行热湿交换，属于间接式空气处理设备。

第一节　喷　水　室

喷水室空气处理装置具有多种热工处理功能，尤其是在要求保证较严格的露点温度控制时，显示出较大的优越性。在要求的空气出口露点温度相等的情况下，喷水室所需冷水的供水温度比间接式冷却器高，因为喷水室采用的是空气与水直接接触，进行热湿交换的工作原理。同时喷水室对空气具有一定的净化能力，能洗涤并吸附空气中的尘埃和可溶性有害气体。在以调节湿度为主的纺织厂、烟草厂以及去除有害气体为目的的净化车间等得到广泛应用。喷水室设备制造比较容易，金属材料消耗量少，造价便宜。喷水室特有的功能是实现蒸发冷却的绝热加湿过程。这是其他空气冷却处理装置所不能代替的。当采用地下水、江水、湖水等做冷源时，其水温相对来说是比较高的，此时，若采用间接冷却方式处理空气，一般不易满足要求。采用直接接触冷却的双级喷水室或直接蒸发冷却器比较容易满足要求，还可以节省水资源。采用喷水室的空气处理设备，因水系统做成开式系统，回水依靠重力作用，需设置中间水箱，增加水泵，水系统比较复杂，应用受到一定的影响。

一、喷水室中空气的热湿处理过程

在喷水室内布满了很多的小水滴，在水滴的近壁面形成一层薄饱和空气层。当空气流经水滴周围时，就会把饱和空气带走一部分，而补充新的空气使之继续达到饱和，因而饱和空气层将不断与流过的未饱和空气相混合，使整个空气状态发生变化，如图 3—1 所示。在喷水室中，用不同温度的水喷淋空气时，形成了 7 种典型的空气状态变化过程，如图 3—2 所示。在图 3—2 中，t_g、t_s、t_l、t_{sh} 分别代表空气的干球温度、湿球温度、露点温度及喷淋水温。

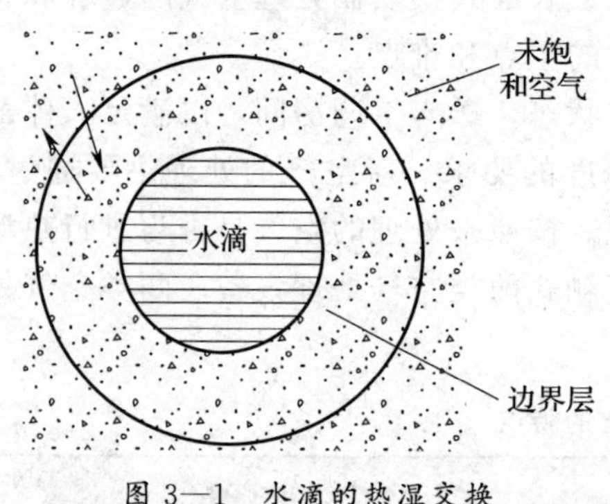

图 3—1　水滴的热湿交换

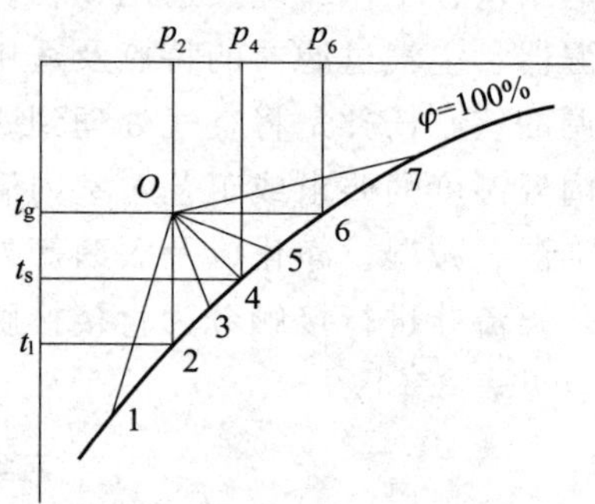

图 3—2　喷水室中空气的处理过程

1. $t_{sh}<t_l$，用水温低于空气露点温度的冷水喷淋空气，过程线为 O—1。空气的温度、焓和含湿量均下降，该过程称为冷却去湿过程。

2. $t_{sh}=t_l$，喷淋水的水温等于空气露点温度，过程线为 O—2。由于空气温度高于水温，空气失去显热而冷却，同时由于空气水汽分压力与水滴表面饱和水汽分压力相等，空气与水间没有湿交换，所以该过程中空气的含湿量不变，而温度和焓均降低。

3. $t_s>t_{sh}>t_l$，水温介于空气湿球温度和露点温度之间，过程线为 O—3。在此变化过程中，空气的温度、焓降低而含湿量增加。

4. $t_{sh}=t_s$，水温等于空气的湿球温度，过程线为 O—4。空气温度下降，状态变化沿等焓线进行而含湿量增加，因此该过程称为等焓加湿过程。在该过程中，由于水分蒸发所需的汽化潜热来自空气，后又由水汽带到空气中去，空气没有使水升温，又未使水温降低，因此，空气被水处理时焓不变。

5. $t_g>t_{sh}>t_s$，水温介于空气的干球温度和湿球温度之间，过程线为 O—5，空气的温度下降而焓和含湿量均增加。产生这种现象，主要是空气温度高于水温，热量由空气传给水，空气失去显热而本身温度降低，但在水滴表面饱和空气层中，水汽压力大于空气中的水汽压力，大量水分蒸发到空气中，使空气加热并得到相应潜热。由于空气潜热增加大于其显热的减少，因而空气焓增加而温度降低。

6. $t_{sh}=t_g$，水温和空气的干球温度相等，过程线为 O—6，在此过程中，空气的含湿量、焓均增加而温度保持不变。

7. $t_{sh}>t_g$，水温高于空气的干球温度，过程线为 O—7。在此过程中，处理后的空气温度、含湿量、焓均增加。

表 3—2 列出了 7 种过程的特点。

表 3—2 空气与水直接接触时各种过程的特点

过程线	水温特点	温度或显热	相对湿度或潜热	焓或总热量	过程名称
O—1	$t_{sh}<t_1$	减小	减小	减小	冷却去湿
O—2	$t_{sh}=t_1$	减小	不变	减小	等湿冷却
O—3	$t_s>t_{sh}>t_1$	减小	增加	减小	减焓加湿
O—4	$t_{sh}=t_s$	减小	增加	不变	等焓加湿
O—5	$t_g>t_{sh}>t_s$	减小	增加	增加	增焓加湿
O—6	$t_{sh}=t_g$	不变	增加	增加	等温加湿
O—7	$t_{sh}>t_g$	增加	增加	增加	升温加湿

在上述 7 种过程中，前三种过程中空气的焓均降低，称为冷水处理空气；后三种过程中空气的焓均升高，通常称为热水处理空气；第四种过程，空气的焓不变，水温也不变，等于空气的湿球温度。

在工程应用中，夏季喷水室对空气的处理通常采用 O—1 冷却去湿过程，此时，水温低于被处理空气的露点温度，被处理空气的水蒸气分压力高于边界层中水蒸气分压力，空气中的水分子冷凝成水滴析出，空气被冷却干燥。

冬季，喷水室对空气的处理通常采用 O—4 等焓加湿过程，此时，水温等于空气的湿球温度，被处理空气的水蒸气分压力低于边界层中水蒸气分压力，水分子蒸发进入被处理空气中，空气的显热减少，同时水蒸气蒸发的潜热来自空气后又带入空气，所以空气的焓近似不变。

二、喷水室的结构和类型

1. 喷水室的基本结构

喷水室由喷嘴、排管、挡水板、水池、滤水器以及喷水室外壳组成，如图 3—3 所示。在喷水室横断面上均匀地布置着许多喷嘴。在喷水室里，具有一定温度和压力的水经过喷嘴喷成无数小水滴，充满整个喷水室空间，当被处理的空气经前挡水板进入喷水室后，全面与

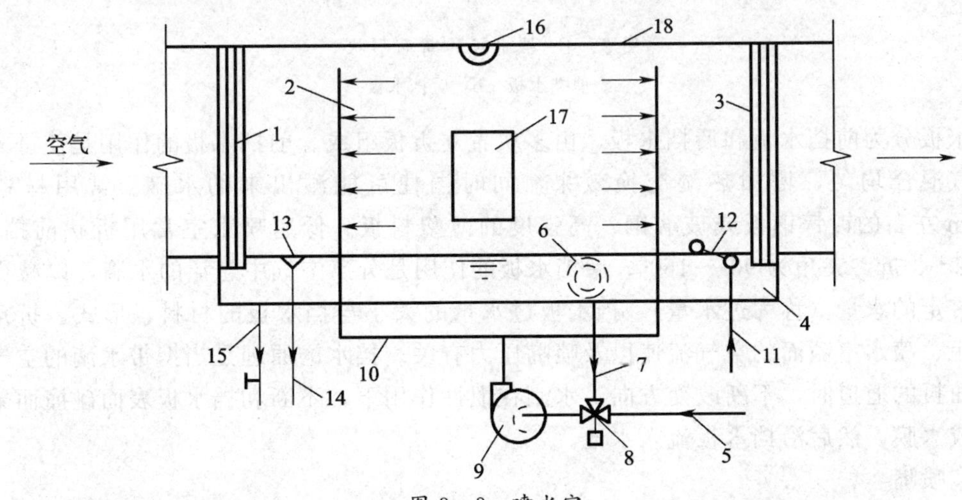

图 3—3 喷水室

1—前挡水板 2—喷嘴与排管 3—后挡水板 4—水池 5—冷水管 6—滤水器 7—循环水管 8—三通混合阀 9—水泵 10—供水管 11—补水管 12—浮球阀 13—溢水口 14—溢水管 15—泄水管 16—防水灯 17—检查门 18—外壳

水滴直接接触，由于水滴与空气的温度不同，在它们之间发生了热交换和湿交换，改变了空气的状态。经水处理后的空气由后挡水板析出所夹带的水滴，再经其他处理，最后经通风机送入空调房间。与空气进行热湿交换后落到喷水室底部水池中的水，或者让其中的一部分排往冷水机组，其余部分根据喷水温度的要求，与来自冷水机组的冷媒水混合（由三通阀调节）后再经水泵送往喷嘴，或者全部再循环使用。

在喷水室的工作过程中，有时因为水的蒸发和管的漏损使水量减少，可由补水浮球阀补充一部分水分。在水池底部设泄水管，是为了检修和防冻，必要时可将水池中的水排尽。喷水室上的防水灯和检查门是考虑到观察和检修的需要。

2. 喷水室的分类

喷水室按照喷水级数分为单级喷水室和双级喷水室。按照喷水室的空气流动方向分为立式喷水室和卧式喷水室。在立式喷水室中，空气由下向上流动，水由上向下喷出，处理空气量小时常采用立式喷水室。在卧式喷水室中，空气沿水平方向流动，水以顺时针或逆时针方向喷出，处理空气量大时常采用卧式喷水室。按照喷水室的空气流动速度分为低速喷水室和高速喷水室，低速喷水室的风速为 2～3 m/s，高速喷水室的风速为 3.5～6.5 m/s。目前多采用低速喷水室。按照风机置于喷水室的前后位置分为吸入式喷水室和压入式喷水室。按照喷水室的外壳材料分为金属喷水室和非金属喷水室。金属喷水室外壳材料可采用钢板，非金属喷水室外壳材料可采用玻璃钢、钢筋混凝土、砖等。

3. 喷水室的主要部件

（1）挡水板（见图 3—4）

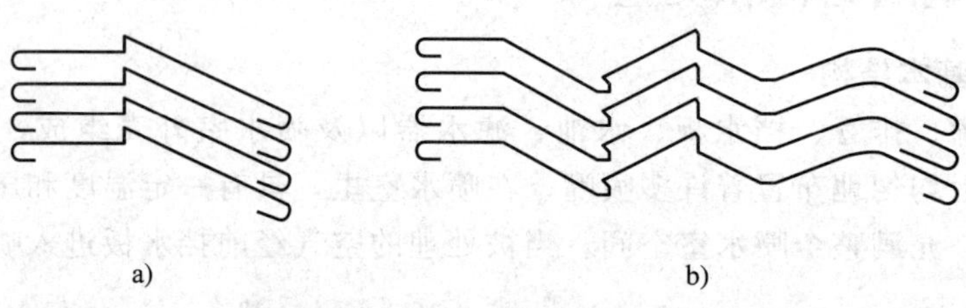

a)　　b)

图 3—4　挡水板的断面形状

a）前挡水板　b）后挡水板

挡水板分为前挡水板和后挡水板，由多块直立折板组成。前挡水板的作用是使进入喷水室的空气混合均匀，增加热湿交换效果，同时挡住可能溅出来的水滴。常用材料有厚 0.75 mm 左右的镀锌钢板或玻璃钢、高强度的薄塑料板。低速喷水室常用折状前挡水板，一般为 2～3 折，夹角为 90°～150°。后挡水板的作用是分离空气中悬浮的水滴，以减少被处理空气带走的水量（称为过水量）。挡水板过水量的大小与挡水板的材料、形式、折角、折数、间距、喷水室截面的空气流速以及喷嘴压力有关。挡水的原理是当携带水滴的空气经过挡水板曲折的通道时，不断改变方向，水滴在惯性作用下，不断和挡水板表面碰撞而聚集在板面形成水膜，然后沿挡水板流入水池。

（2）喷嘴

喷嘴是喷水室的核心配件，作用是使喷出的水雾化，增加水与空气的接触面积。

PX－1 型喷嘴的结构如图 3—5 所示。该喷嘴的出口孔径为 6～8 mm，喷嘴采用 ABS 工程塑料制成。喷嘴的特点是喷出的水滴颗粒细小均匀，雾化效果良好。水的雾化压力较低，一般水压为 0.06 MPa 时即可成雾，当水压增加到 0.20 MPa 时，雾化角在 120°以上。喷嘴密度通常为 6～12 只（m^2・排）。

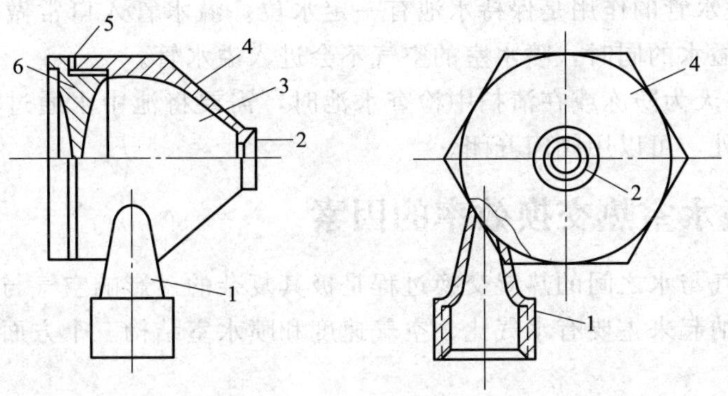

图 3—5　PX-1 型喷嘴的结构

1—进水管　2—出口导流扩散管　3—旋流室　4—出口端盖　5—橡胶密封圈　6—后盖

图 3—6 所示为撞击流式喷嘴，水流通过两个直流短管喷嘴相向喷射，由于水流的惯性作用，一侧水流穿过撞击面渗入相向水流，并往复做减幅振荡运动产生一个高度湍流区，在这个区域中，渗透水流与相向水流间的最大速度可达两倍流体速度，往返渗透作用使撞击区的平均停留时间延长。另外，撞击可造成液滴的破碎和磨损，从而达到水流的雾化作用。撞击流式喷嘴的特点是水膜雾化角可达 180°，覆盖面更宽且分散度均匀，雾化水压低，喷水量少，能降低风机和水泵的能耗。

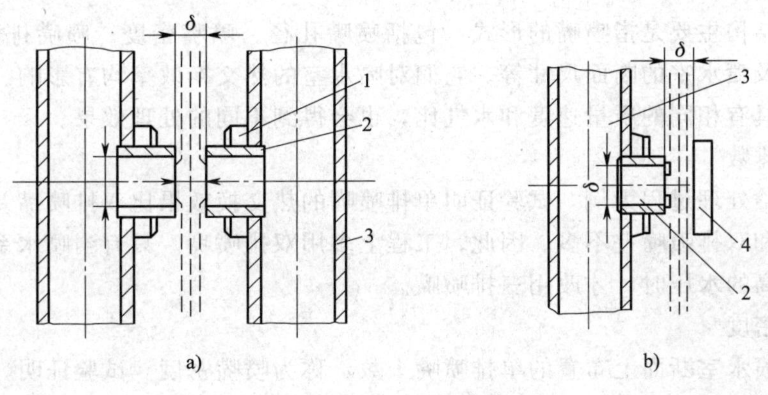

图 3—6　撞击流式喷嘴

a）对喷式　b）靶式

1—紧固螺母　2—喷嘴　3—供水立管　4—靶板

（3）底池及连接管路

底池是喷水室的容水设备，又称为水槽，一般按照能容纳 2～3 min 的总喷水量设计，深度一般取 0.4～0.7 m。材料用彩钢、混凝土或砖砌。在修建水池时，应考虑管道的预埋和防水问题。与底池相连的有补水管、循环水管、溢水管、泄水管 4 根管道。

1）补水管。在喷淋循环水时，由于空气被加湿或通过挡水板时带走了水滴，水池水位将降低。为了保持池中的水量一定，必须设有补水管。通常用浮球阀来控制水位。

2）循环水管。落入底池的水经滤水器进入循环水管，供循环喷水使用。为保证水质，防止杂质堵塞喷嘴孔口，在循环水管前设置有滤水器。滤水器通常做成圆筒形，有时把滤水网做成隔板状插入水池中。滤水网常用铜丝网。

3）溢水管。溢水管的作用是保持水池有一定水位。溢水管入口常做成喇叭形，上加水封存罩，以保证在溢水的同时，喷水室的空气不会进入溢水管。

4）泄水管。冬天为防冻或在清扫中检查水池时，需要将池中水通过泄水管放掉。泄水管应装在池底最低处，可以用阀门开闭。

三、影响喷水室热交换效率的因素

在喷水室内空气与水之间的热湿交换过程是极其复杂的。影响空气与水之间热交换效率的因素很多，但归纳起来主要有水气比、空气速度和喷水室结构三个方面。

1. 水气比（μ）

当被处理的空气量 G 一定时，μ 越大耗用的水量越多，水和空气间的热交换效率 η 越高。如 $\mu=\infty$，则喷水量无限大，喷水室内的水温近乎不变，空气的终态可达到饱和状态，温度与水温相等，这时水和空气的热交换效率 $\eta=1$，即趋近于理想过程。但水气比过大，不仅设备增大，耗水量和耗电量也要增加。对于不同的处理过程，水气比的数值有一定的范围。

2. 空气速度

由于空气的导热性能比较差，空气与水之间的热交换主要依靠对流方式。风速大，对流换热量大。在喷水室中，空气的流动速度常采用空气的质量速度，实际应用中质量速度为 2.5～3.5 kg/(m^2·s)。

3. 喷水室结构

喷水室的结构主要是指喷嘴的形式，包括喷嘴孔径、喷嘴密度、喷嘴排数、排管间距、喷水方向，以及喷水室的断面尺寸等。它们对喷水室的热交换效率均有影响。结构特性不同的喷水室即使具有相同的质量速度和水气比，也会得到不同的处理效果。

（1）喷嘴排数

以各种减焓处理过程为例，试验证明单排喷嘴的热交换效果比双排喷嘴差，而三排喷嘴的热交换效果和双排喷嘴差不多。因此，工程上多用双排喷嘴。只有当喷水系数较大，双排喷嘴必须用较高的水压时，才改用三排喷嘴。

（2）喷嘴密度

每平方米喷水室断面上布置的单排喷嘴个数，称为喷嘴密度。试验证明，喷嘴密度过大时，水苗互相叠加，不能充分发挥各自的作用；喷嘴密度过小时，则因水苗不能覆盖整个喷水室断面，致使部分空气旁通而过，引起热交换效果变差。当需要较大的喷水系数时，通常靠保持喷嘴密度不变、提高喷嘴前水压的办法来解决。但是，喷嘴前的水压也不宜大于 0.25 MPa（工作压力）。为防止水压过大，可以增加喷嘴排数。

（3）喷水方向

在单排喷嘴的喷水室中，逆喷比顺喷热交换效果好。在双排喷嘴的喷水室中，对喷比两排喷嘴均逆喷效果更好。显然，这是因为单排逆喷和双排对喷时水苗能更好地覆盖喷水室断面的缘故。如果采用三排喷嘴的喷水室，则以应用一顺两逆的喷水方式为好。

（4）排管间距

对于使用 Y-1 型喷嘴的喷水室，无论是顺喷还是对喷，排管间距均可为 60 mm。加大排管间距对增加热交换效果并无益处。所以，从节约占地面积考虑，排管间距以取 60 mm 为宜。

（5）喷嘴孔径

实验证明，在其他条件相同时，喷嘴孔径小则喷出的水滴细，增加了与空气的接触面积，所以热交换效果好。但是孔径小易堵塞，需要的喷嘴数量多，而且对冷却干燥过程不利。所以，在实际工作中应优先采用孔径较大的喷嘴。

通过以上分析可以看出，影响喷水室热交换效果的因素是很复杂的，不能用纯数学方法确定热交换效率系数和接触系数，而只能用试验的方法，为各种结构特性不同的喷水室提供各种空气处理过程下的热交换效率值。

第二节　表面式换热器

与喷水室相比，表面式换热器具有结构简单、占地面积小、对水质卫生要求不高、水系统阻力小等特点，因此，广泛应用在空调工程中。

一、表面式换热器处理空气的基本过程

如图 3—7 所示为表面式换热器处理空气的基本过程。表面式换热器的热湿交换是在被处理空气与紧贴换热器外表面的边界层空气之间的温差和水蒸气分压力差的作用下进行的。表面式换热器可以实现以下三种空气处理过程。

1. 等湿加热过程

在空调工程中，经常需要对空气加热，采用表面式换热器的空气加热过程如图 3—7 中 A—1 所示，在这个过程中，空气的含湿量不变，焓增大，温度升高，相对湿度减小。

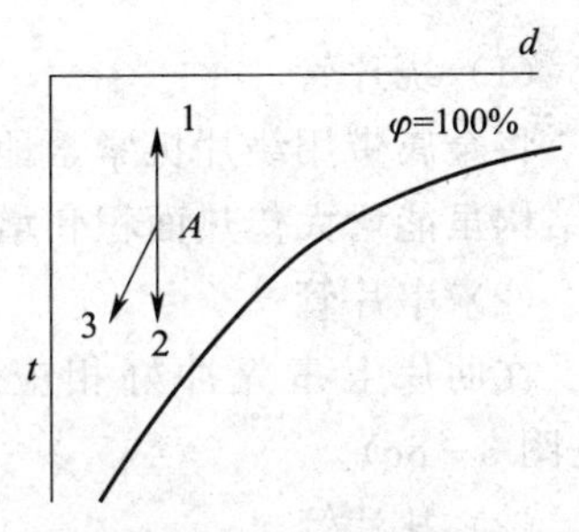

图 3—7　表面式换热器处理空气的基本过程

2. 等湿冷却过程

在空调工程中，需要对空气冷却不除湿时，可以让表面式换热器表面温度低于空气的干球温度但高于空气的露点温度，空气被冷却但不会在表面式冷却器表面结露，过程如图 3—7 中 A—2 所示。在这个过程中，空气的含湿量不变，焓减小，温度降低，相对湿度增大。

3. 减湿冷却过程

在空调工程中，需要对空气进行冷却并除湿时，可以让表面式换热器表面温度低于空气的露点温度，空气被冷却，同时空气中的水蒸气也会在冷却器表面凝结成水析出来，空气就被干燥了。在 h—d 图上表示为图 3—7 中 A—3 所示，空气的含湿量减小，温度降低，焓减小，相对湿度也减小。空调的除湿冷却就是利用这个过程实现的。

二、表面式换热器的分类

根据换热介质不同，表面式换热器分为空气加热器和空气冷却器两大类，空气加热器的介质有蒸汽和热水两种，空气冷却器的介质有冷水（冷盐水、乙二醇）和制冷剂两种。采用冷水作为介质的空气冷却器简称为表冷器。采用制冷剂作为介质的空气冷却器简称为直冷器。

三、表面式换热器的结构与安装

1. 表面式换热器的结构

为了提高表面式换热器的传热性能，应提高管内侧及管外侧的传热系数。强化管内侧换热的主要措施是采用内螺纹管增加冷水的扰动。强化管外侧换热的主要措施是减小管与肋片间的接触热阻，采用翅片等增强空气的扰动，加强换热效果，如图 3—8 所示为几种常用翅片结构。

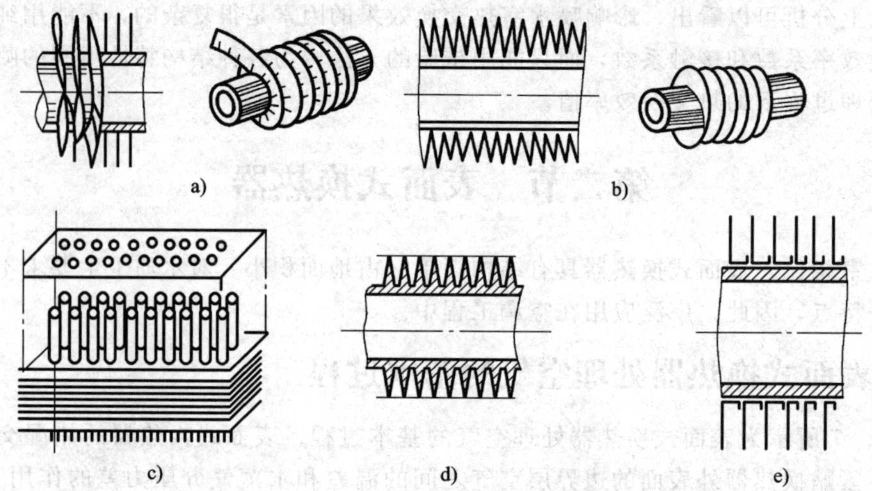

图 3—8 几种常用翅片结构

a）皱褶绕片 b）光滑绕片 c）串片 d）扎片 e）二次翻边片

（1）绕片管

将金属带用绕片机紧紧地绕制在管子上制成绕片管，再用绕片管组成绕片式换热器。这种结构虽能增大传热面积和增强空气扰动，但空气阻力增加，且易积灰（见图 3—8a、b）。

（2）串片管

在肋片上事先冲好相应的孔，然后再将肋片与管束串在一起，可以加工出串片管（见图 3—8c）。

（3）扎片管

用扎片机在光滑的铜管或铝管外表面直接扎出肋片，从而制成扎片管。由于扎片与管子是一个整体，因此传热效果更好（见图 3—8d）。

（4）二次翻边片管

如图 3—8e 所示，由于翻了两次边，既保证了肋片的间距，又增加了肋片与管壁的接触强度，从而增强了传热效果。

提高空气的流速，也会增强换热效果。据测定，当风速在 1.5～3.0 m/s 范围内，风速每增加 0.5 m/s 时，相应的放热系数递增在 10%左右，但提高风速会使空气侧的阻力增加，且会吹走凝结水，增加带水量。常温空调系统空气冷却器迎面风速宜在 2.5～3.5 kg/（m^2·s），当迎面风速大于 3.0 kg/（m^2·s）时，应在冷却器后设置挡水板。为了保证空气冷却器有一定的热质交换能力，规定冷媒水的进口温度比空气的出口干球温度至少低 3.5℃。从减少冷量、降低输送能耗的角度考虑，冷媒水温升为 5～10℃。从冷却器传热效果和水流阻力两者综合考虑，冷媒水流速宜取 0.6～1.5 m/s。

2. 表面式换热器的安装

表面式换热器可以竖直、水平、倾斜安装，但必须使冷凝水能顺着肋片往下流，避免肋片积水，降低传热性能和增加空气阻力。

根据空气流动的方向，表面式换热器可以串联、并联和串并联，如图 3—9a 所示。并联时水通过换热器的阻力小，有利于减少水泵的能量消耗。串联时水通过换热器的阻力大，提高了进入换热器的水流速，传热系数和水力稳定性都有所提高。通常，空气量多时，采用并联；要求空气温差大时，采用串联。采用并联、串联的换热器，其冷媒路也要求相应并联、串联。以蒸汽为热媒的空气加热器称为蒸汽加热器。蒸汽加热器的供蒸汽管只能并联，如图 3—9b 所示。为了利于凝结水的排出，以蒸汽为热媒的空气加热器水平安装时坡度应不小于 0.01。在蒸汽加热器的蒸汽管入口处应安装压力表和调节阀，在凝结水管路上应安装疏水器。疏水器前后必须安装截止阀，疏水器后还要安装检查管。热水加热器的供、回水管路上应安装调节阀和温度计。在空气加热器管路的最高点应安装放气阀，而在最低点设置泄水和排污阀门。对于表面式冷却器，其下部应安装凝水盘和泄水管。泄水管应设水封，以利排水和空气处理机组外空气隔绝。

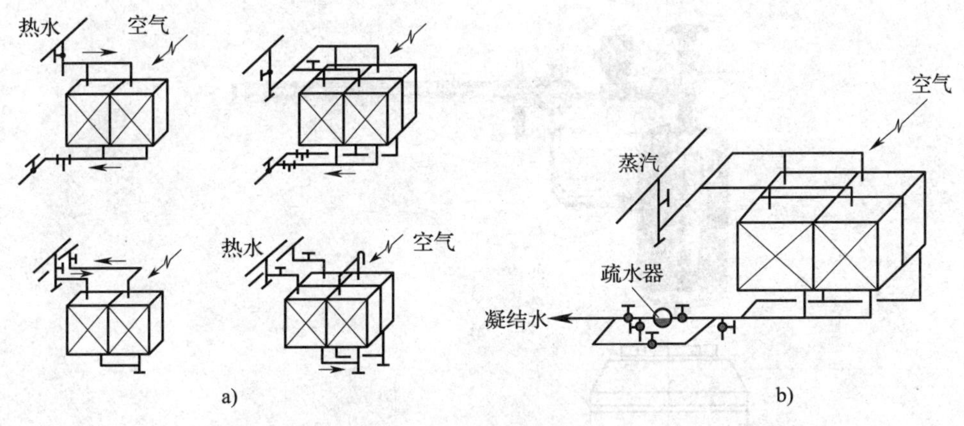

图 3—9　表面式换热器的管路连接

a）热水管路与表面式换热器并联、串联连接　b）蒸汽管路与表面式换热器并联连接

第三节　加　湿　器

在空调工程中，北方干燥地区民用建筑的空调系统应有加湿措施，否则室内相对湿度太低，容易产生静电。室内太干燥也易导致人呼吸道感染，带来身体上的不适。某些生产车间如纺织车间、烟草车间也需要增加空气的含湿量和相对湿度，以满足生产工艺的要求。

一、加湿器的类型

1. 根据加湿器对空气的处理方式分类

（1）集中式加湿器

集中式加湿器放在空气处理机或送风风管内，对送入房间的空气进行集中加湿。

（2）局部式加湿器

局部式加湿器放在房间内，对空气进行局部补充加湿。

2. 根据加湿器对空气处理的工作过程分类

加湿器处理空气的过程有等温加湿和等焓加湿两种。

等温加湿是利用外界热源产生蒸汽，然后再将蒸汽混入空气中进行加湿。在这个过程中，因蒸汽温度与空气温度相等，是等温过程，空气的焓、含湿量、相对湿度都增加。干蒸汽加湿器、电极式加湿器、电热式加湿器等属于等温加湿器。

向空气中直接喷水滴的过程近似为等焓加湿过程，因水吸收空气中的显热而蒸发成蒸汽，又以潜热的形式将热量传递给空气。在空气处理过程中空气的焓不变、含湿量增加、温度降低、相对湿度增加。离心式喷雾加湿器、高压喷雾加湿器、湿膜加湿器、超声波加湿器等属于等焓加湿器。

二、加湿器的结构和工作原理

1. 等温加湿器

（1）干蒸汽加湿器（见图 3—10）

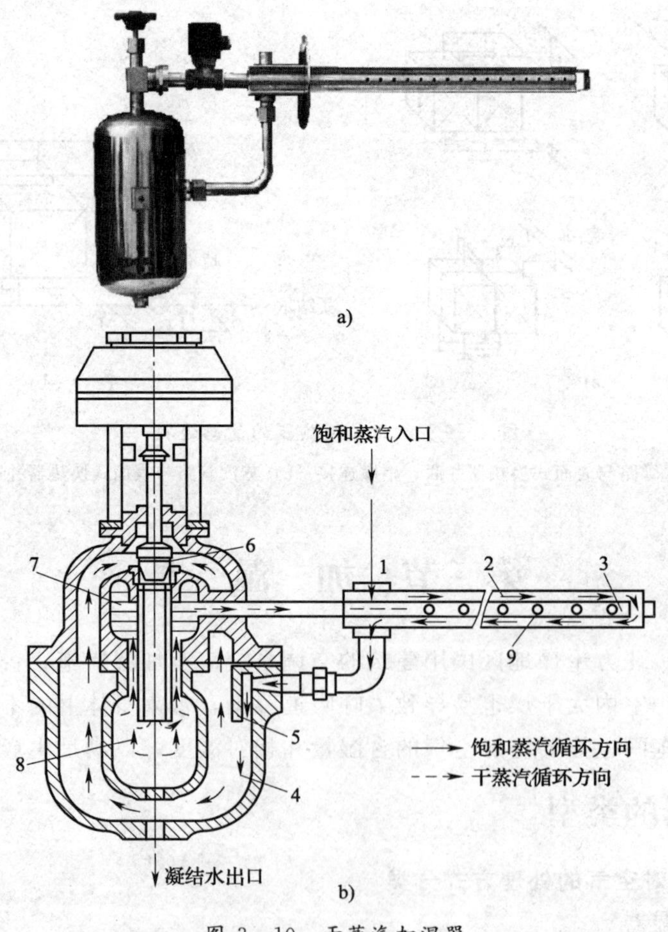

图 3—10　干蒸汽加湿器

a）实物照片　b）结构示意

1—接蒸汽管　2—套管　3—喷管　4—分离室　5—分离板

6—节流阀　7—消声材料　8—干燥室　9—小孔

干蒸汽加湿器的工作原理如下：蒸汽由蒸汽管 1 进入套管 2 夹层，对喷管 3 内的蒸汽加热、保温，防止喷管 3 内的蒸汽凝结。外套管处于被处理的空气中，向空气放热而使部分蒸汽在套管 2 夹层中凝结成水，与蒸汽一起进入分离室 4，凝结水滴撞到分离板 5 附着器上面并向下流。干蒸汽向上到分离室顶部，经节流阀 6 节流降压后进入干燥室 8 并折转 180°，在离心力的作用下二次脱水并吸热汽化。干蒸汽继续通过金属消音材料 7 进入喷管 3，由喷管 3 上小孔 9 喷出，分离室 4 下部的凝结水经过加湿器壳体底部流至疏水器排出。

（2）电极式加湿器（见图 3—11）

电极式加湿器是利用三极不锈钢棒或镀铬的铜棒做电极，将其插入盛水的容器中，水作为电阻，金属容器接地。接通三相电源后，水被加热产生蒸汽，蒸汽经排出管道送到待加湿的空气中。水位越高，导电面积越大，通过的电流越强，所产生的蒸汽越多。因此，可以通过改变溢流管的位置来调节水位高低，从而达到调节加湿量的目的。

a)

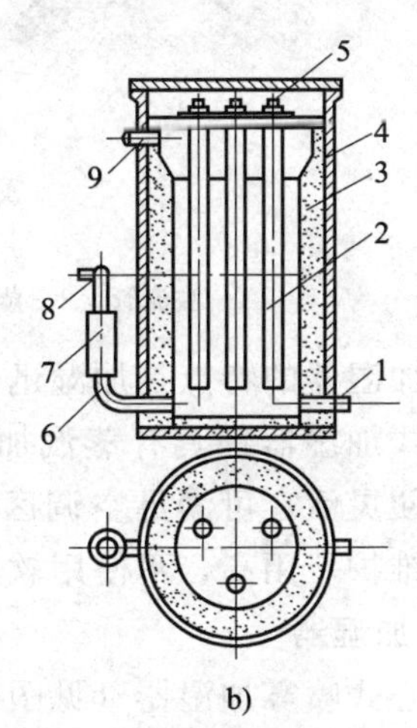

b)

图 3—11 电极式加湿器

a）实物照片 b）结构示意

1—进水管 2—电极 3—保温层 4—外壳 5—接线柱 6—溢出管 7—橡皮管 8—溢水嘴 9—蒸汽管

（3）电热式加湿器

电热式加湿器是把 U 形、蛇形或螺旋形管状电热元件放在水槽或水箱内，通电后将水加热至沸腾并产生蒸汽的加湿设备。根据箱体是否与大气相通，电热式加湿器分为开式电热式加湿器和闭式电热式加湿器。

开式电热式加湿器如图 3—12 所示，其产生的蒸汽压力与大气压力相同，由于水槽内存在一定体积的水，从开始通电到产生蒸汽需要较长时间，因而热惰性大，存在滞后的问题。开式电热式加湿器常与小型恒温恒湿空调配套使用。

闭式电热式加湿器如图 3—13 所示。装有电热元件的水箱不与大气直接相通，所产生的蒸汽压力经常高于大气压力，加湿器内充满 0.01～0.03 MPa 的低压蒸汽。需要加湿时，打开蒸汽管道上的调节阀即可。与开式电热式加湿器相比，闭式电热式加湿器减少了加湿器的热惰性和滞后，提高了湿度调节的精度，常用于无蒸汽源并要求恒温恒湿的空调系统中。

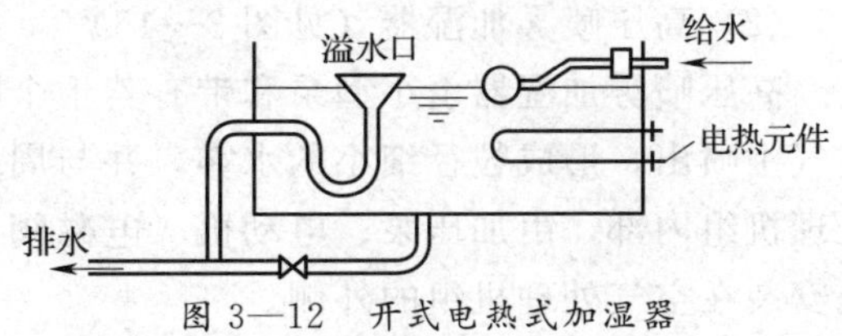

图 3—12 开式电热式加湿器

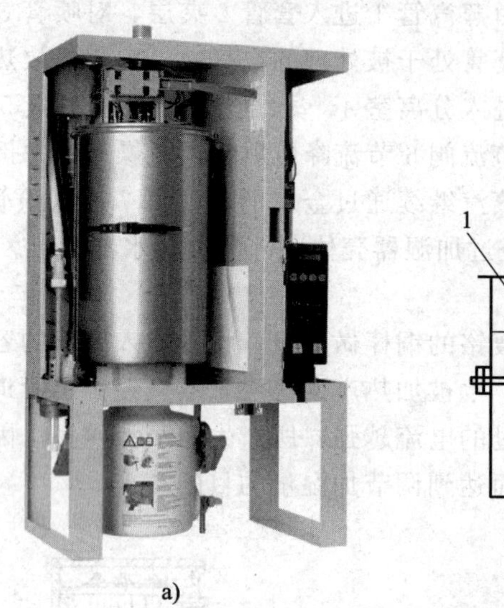

a)

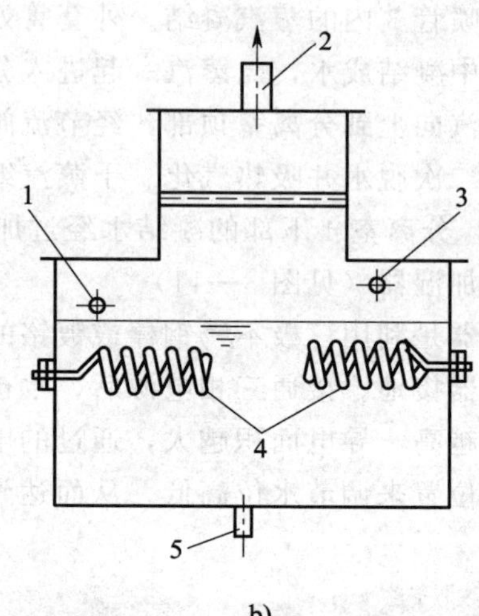

b)

图 3—13 闭式电热式加湿器

a）实物照片 b）结构示意

1—溢流管 2—蒸汽出口 3—进水管 4—电热元件 5—排水管

干蒸汽加湿器的特点是加湿迅速、均匀、稳定，不带水滴，有利于抑制细菌。电极式加湿器和电热式加湿器都具有蒸汽加湿的优点，加湿迅速、均匀、稳定，不带水滴，不带细菌。控制方便灵活，可满足空调区域对湿度较高的控制精度要求，但这两种加湿器耗电量大，运行、维护费用高，不使用软化水或蒸馏水时，内部易结垢，清洗较困难。

2. 等焓加湿器

（1）离心式喷雾加湿器（见图 3—14）

离心式喷雾加湿器是靠离心力作用将水雾化成细微水滴，水滴在空气中蒸发来进行加湿的。

其工作原理如下：在电动机的作用下，水被吸入管口喷雾环中心，在离心力作用下，从喷雾环四周排出，与小孔碰撞雾化并被继续提升至喷雾口，随风送入室内，以达到加湿的目的。

离心式喷雾加湿器的特点是：节省电能，安装维修方便，体积小，使用寿命长，可用于较大型空调系统中。但水滴颗粒较大，不能完全蒸发，因此，放置加湿器的地方需要排水。加湿器用的水最好是软化水或纯净水。

空气入口

图 3—14 离心式喷雾加湿器

1—吸管 2—喷雾环 3—电动机

4—喷雾口 5—调节开关

（2）高压喷雾加湿器（见图 3—15）

高压喷雾加湿器由小型泵和带有若干个喷嘴的集管构成，用泵加压的水，从喷嘴小孔向空气中喷出，形成粒径细小的水雾，并与周围空气进行热湿交换而蒸发加湿。集管设在空气处理机组内部，由加压泵、电动机、电磁阀、压力表、压力开关、给水滤网等部件组成的主机安装在空气处理机组的外侧。

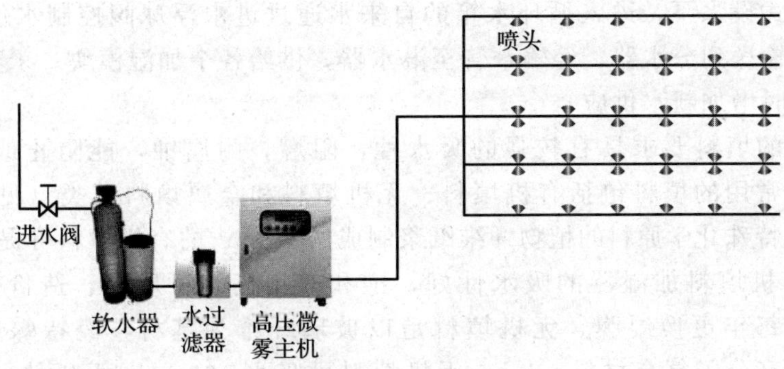

图 3—15 高压喷雾加湿器

高压喷雾加湿器的体积小，质量轻，耗电量少，加湿量大，雾粒细，效率高。水未经有效过滤时，喷嘴易堵塞，最好用软化水。

(3) 湿膜加湿器

湿膜加湿器将水送到用吸水材料做成的填料（即湿膜）顶部，水在重力作用下沿湿膜表面往下流，从而将湿膜表面润湿。当空气穿过潮湿的湿膜时，水与空气发生热交换而汽化蒸发，因而加湿空气，同时使空气降温。湿膜加湿器由填料、布水器组件、输水管、水泵、水箱、进水管、排水管等组成。

湿膜加湿器的供水方式有直接供水和循环供水两种（见图 3—16）。直接供水不设水泵，它要求供水管路提供足够的流量和压头，并设定流量阀，以使水流量保持在相对稳定的水平。没有蒸发的水流回水箱，通过排水管直接放掉。直接供水时，加湿器的供水通过电磁阀进行开关控制。

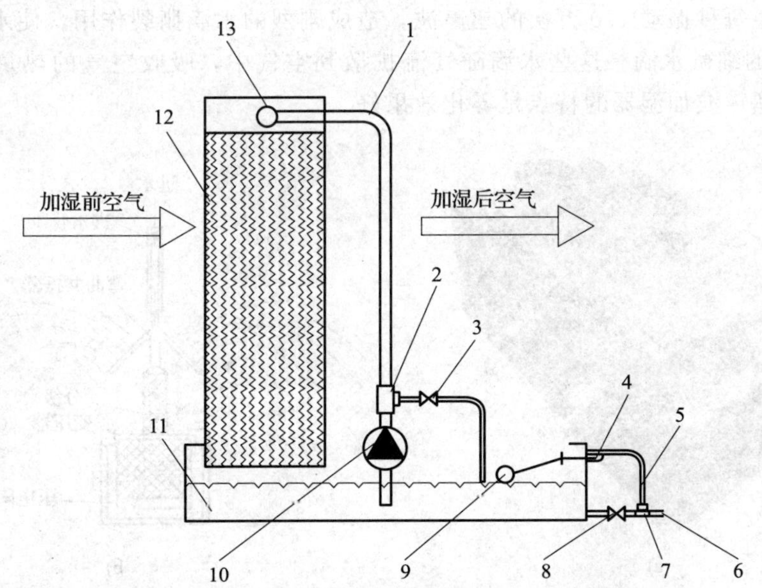

图 3—16 循环供水系统

1—进水管 2、7—三通接头体 3—流量调节阀 4—总进水管 5—循环水箱溢水管
6—放水管 8—放水球阀 9—进水浮球阀 10—循环水泵
11—循环水总成 12—湿膜加湿器总成 13—淋水器总成

循环供水方式设水泵，进入循环水箱的自来水通过进水浮球阀控制水位。加湿器工作时，由水泵将水输送到分水器，经输水管至淋水器，供给各个加湿模块。未蒸发的水流回水箱循环使用，同时增加新水供应。

湿膜加湿器的填料要求具有较强的吸水性，阻燃，耐腐蚀，能阻止或减少藻类在其表面滋生。目前常用的填料包括有机填料、无机填料和金属填料三类（见图 3—17）。有机填料是由加入特殊化学原料的植物纤维纸浆制成的。1 m³ 的有机填料可提供 440～660 m² 的接触面积。有机填料加湿器的吸水性好，饱和效率高，材质轻，造价低，容易腐烂，易滋生细菌，需每年更换湿膜。无机填料是以玻璃纤维为基材，经特殊成分树脂浸泡，再经烧结处理的高分子复合材料。1 m³ 无机填料可吸水 100 kg。无机填料加湿器吸水性好，饱和效率高，易碎，不便于安装搬运，现使用较少。金属填料主要有铝合金填料和不锈钢填料两种。金属填料饱和效率低，造价高，不易腐烂，可反复清洗，适用于循环水加湿系统。

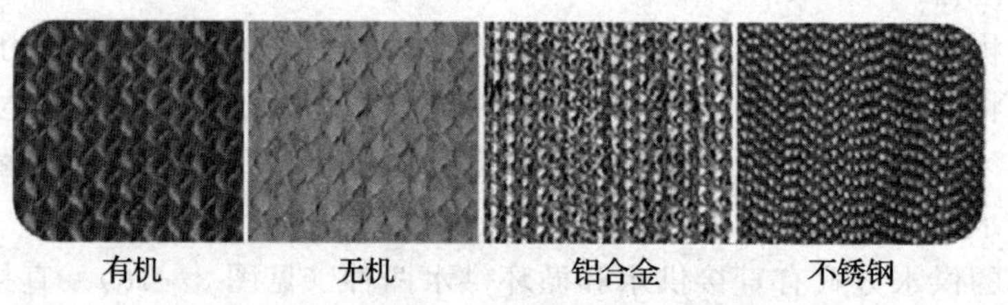

图 3—17　湿膜加湿器常用的填料

（4）超声波加湿器（见图 3—18）

超声波加湿器利用压电换能片将高频（1.7 MHz）电能转化成超声波机械能。超声波加湿器在水中产生每秒振动 170 万次的超声波，造成剧烈的水滴撕裂作用，使水直接雾化成直径为 1～2 μm 的细微水滴。这些水滴随气流扩散到空气中，吸收空气的热量并蒸发，从而对空气加湿。超声波加湿器的特点是雾化效果好。

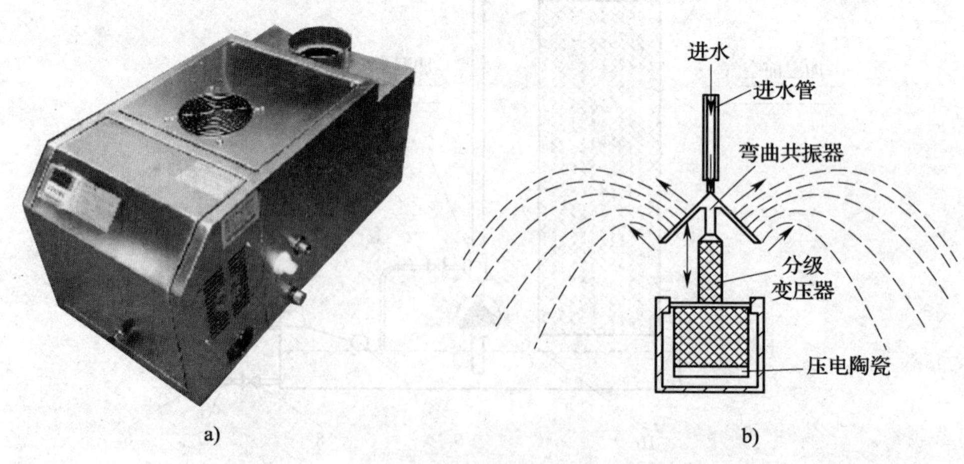

图 3—18　超声波加湿器

a）实物照片　b）结构示意

综上所述，各种加湿器的性能比较见表 3—3。根据加湿量、加湿控制精度、一次投资费用、耗电量、节水、卫生等要求，可进行综合比较，确定加湿方式。当有蒸汽源可以利用时，首选干蒸汽加湿器，医院洁净室、手术室净化空调系统宜采用干蒸汽加湿器。当无蒸汽源，又对湿度及控制精度有严格要求时，可采用电极式或电热式加湿器。对空气湿度及其控制精度要求不高时可采用高压喷雾加湿器和湿膜加湿器。对医院等卫生要求较高的空调系统，不采用高压喷雾加湿器和湿膜加湿器。

表 3—3　　各种加湿器的性能比较

加湿器类型		加湿能力（kg/h）	耗电量（W/kg）	优点	缺点
等温加湿器	干蒸汽加湿器	100～300		加湿迅速、均匀、稳定；不带水滴，不带细菌；节省电能，运行费用低；可以满足湿度控制精度要求较高的场所	需要蒸汽源及输汽管道；设备结构复杂，初期投资高
	电极式加湿器	4～20	780	加湿迅速、均匀、稳定；不带水滴，不带细菌；控制方便灵活，可满足空调区域对湿度较高的控制精度要求	耗电量大，运行、维护费用高；不使用软化水或蒸馏水时，内部易结垢，清洗较困难
	电热式加湿器	可设定			
等焓加湿器	离心式喷雾加湿器	2～5	50	安装方便，使用寿命长，耗电量低	水滴颗粒较大，不能完全蒸发，需要排水，加湿后需升温
	高压喷雾加湿器	6～600	890	加湿量大，雾粒细，效率高，运行可靠，耗电量低	可能带菌，喷嘴易堵塞
	湿膜加湿器	可设定	小	饱和效率高，节电、省水，初期投资和运行费用较低	易产生微生物污染
	超声波加湿器	1.2～20	20	体积小，加湿强度大，加湿迅速，耗电量小，使用灵活，控制性能好，雾粒小而均匀，加湿效率高	可能带菌，单价较高，加湿后需升温

第四节　空气除湿设备

一．空气除湿的方法

夏季天气炎热，空气含湿量和相对湿度都很大，这时就要对空气进行除湿处理，以减小其相对湿度，满足人体的舒适度要求。常用的空气除湿方法有：通风、升温、降温除湿和吸附或吸收除湿等。

各种除湿方法性能比较见表 3—4。

表 3—4　　各种除湿方法性能比较

除湿方法		除湿机理	优点	缺点	备注
通风、升温、降温除湿	通风除湿	向潮湿空间输入含湿量小的室外空气，同时排出等量潮湿空气	经济、简单	保证率较低	适用于室外空气较干燥的地区
	升温除湿	湿空气通过加热器，在含湿量不变的条件下，使温度升高，相对湿度相应降低	简单易行，投资和运行费用低	空气温度升高，空气不新鲜	适用于对室温无要求的场合
	冷冻除湿	湿空气流经低温表面，空气温度降至露点温度以下，湿空气中的水汽冷凝析出	性能稳定，工作可靠，能连续工作	设备费用和运行费用较高，有噪声	适用于空气的露点温度高于 4℃ 的场合
吸附或吸收除湿	液体除湿	依靠空气的水蒸气分压力与除湿溶液表面的饱和蒸汽分压力之差进行，水蒸气由气相向液相传递，空气中的含湿量减少	除湿效果好，能连续工作，兼有清洁空气的功能	设备复杂，初投资高；需要高温热源；冷却水耗量大	适用于除湿量大，出口露点温度低于 5℃的场合
	固体除湿	利用某些固体物质表面的毛细管作用，或相变时的蒸汽分压力差，吸附或吸收空气中的水分	设备简单，投资与运行费较低	除湿性能不稳定，并随使用时间的加长而下降；需再生	适用于除湿量小、要求露点温度低于 4℃的场合
	干式除湿	湿空气通过吸湿材料加工的载体，如氯化锂转轮，在水蒸气分压力差的作用下，水分被吸湿剂吸收或吸附	除湿量大，湿度可调，能连续除湿，可全自动运行	设备较复杂，且需加热再生	适用于低温低湿状态

二、常用除湿机的结构和工作原理

1. 加热通风除湿机

加热通风除湿机由加热器、送风机、排风机组成，它将室内相对湿度较高的空气排出室外，而将室外空气吸入并加热后送入室内，以达到对室内空气除湿的目的。这种除湿方法采用设备简单，运行费用较低，但受自然条件限制，工作可靠性差。

2. 冷冻除湿机

（1）普通冷冻除湿机（见图 3—19）

普通冷冻除湿机由制冷系统、通风系统及控制系统组成，通过压缩机 7 使蒸发器 5 表面温度降到空气露点温度以下，这样当空气在通风作用下经过蒸发器时，空气中的水蒸气就凝结成水而析出，空气的含湿量降低，之后，空气经冷凝器 2 吸收其散发的热量后，温度升高，相对湿度下降，后经通风系统返回室内，而达到除湿的目的。

普通冷冻除湿机性能在常温下比较稳定，运行可靠，能连续除湿，常用于温度为15～35℃，相对湿度小于90%的既需除湿又需加热的场合。其在低温下运行性能较差。当空气温度低于15℃时，其性能逐渐下降，空气露点温度低于4℃时，普通冷冻除湿机有可能产生湿行程。

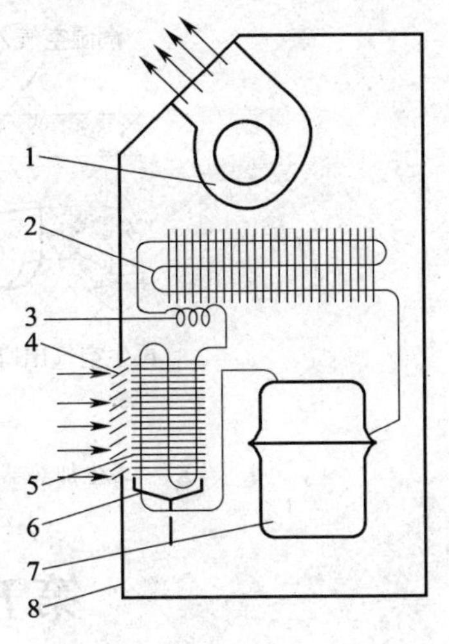

图 3—19　普通冷冻除湿机

1—风机　2—冷凝器　3—节流管　4—空气过滤器　5—蒸发器　6—集水盘　7—压缩机　8—机壳

普通冷冻除湿机不适宜用在室内散湿量大而又有余热的房间，对于既需要除湿又需要降温的场合，可采用具有调温能力的冷冻除湿机。

（2）调温冷冻除湿机

调温冷冻除湿机属于露点式除湿机，其同样采用制冷系统进行除湿。与普通冷冻除湿机不同的是，调温冷冻除湿机同时配有水冷式冷凝器和风冷式冷凝器，若按升温除湿运行时，水冷式冷凝器停用。若按降温除湿运行时，风冷式冷凝器停用，让水冷式冷凝器投入工作。若按调温除湿过程运行时，则让高温高压的氟利昂蒸气部分进入水冷式冷凝器进行冷凝，部分进入风冷式冷凝器进行冷凝。这样给被处理空气升温的只是部分冷凝热，空气温升不大，达到调节除湿机出口的空气湿度的目的。

3. 氯化锂除湿机

氯化锂除湿机主要由除湿系统、再生系统和控制系统三部分组成。除湿系统由干燥（吸湿）转轮、减速传动装置、风机和空气过滤器等组成。吸湿转轮是以石棉纸等为载体，将氯化锂吸湿剂和保护加强剂等液体均匀地吸附在滤纸上烘干而成的，再将纸卷成具有蜂窝通道的圆柱体。再生系统除转轮箱体外，还有加热器（蒸汽加热或电加热）、风机、过滤器和调节风阀。控制系统由电气设备、再生温度控制装置（再热空气加热至120℃）和电热设备的保护装置组成。

氯化锂吸收空气中的水分后成为结晶水，而不是变成水溶液，是典型的干式除湿过程。因此，氯化锂转轮除湿不会产生氯化锂溶液而对设备造成腐蚀，不需添加和补充除湿剂，是一种理想的除湿设备。

其工作原理如图3—20所示。载有吸湿剂的转轮被密封分隔成两个扇形区域：圆心角为270°的处理区和圆心角为90°的再生区。空气进入转轮的处理区后，由于在常温下转轮中吸湿剂的水蒸气分压力低于湿空气的水蒸气分压力，空气的水分被转轮中的吸湿剂吸附，处理后的空气由处理风机送出。与此同时，再生空气经加热后进入转轮的再生区，由于在高温下空气的水蒸气分压力低于转轮中吸湿剂的水蒸气分压力，因此，原先吸附的水分被脱附，并随湿空气排至室外，转轮又恢复了除湿能力。

氯化锂除湿机既可作为潮湿房间单独除湿用，也可与其他空气处理设备组装在一起使用。按照使用功能的不同，有单独除湿型、恒温低湿型、恒温低湿净化型、大湿差型（采用多级组合式除湿机）、空气-空气热回收装置节能型。

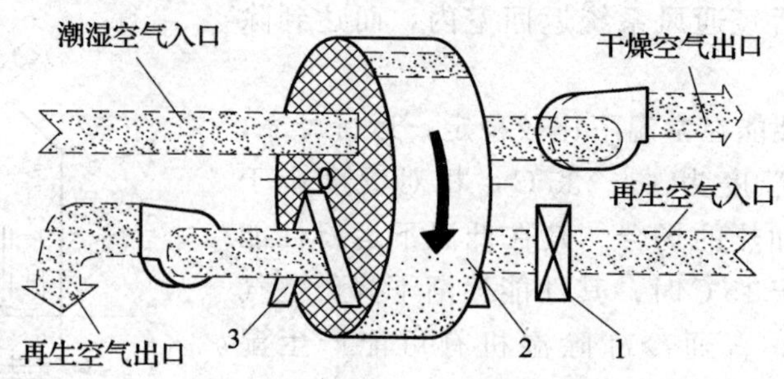

图 3—20　氯化锂除湿机
1—再生加热器　2—蜂窝状孔道　3—潮湿空气与再生空气隔离片

第五节　空气的净化设备

一、空气的净化

1. 空气中含有污尘的种类及粒径范围

室外大气污尘的粒径主要在 30 μm 以下，质量比例为粒径在 10～30 μm 占 28%，粒径在 10 μm 以下占 72%。室内污尘粒径在 10～44 μm 占 35%，粒径在 44 μm 以上占 35%，粒径在 10 μm 以下占 30%。

空气中含有污尘的种类及粒径范围见表 3—5。

表 3—5　　空气中含有污尘的种类及粒径范围

分类	名称	粒径范围	备注
固体	粉尘	＜100 μm	在静电力的影响下会凝聚，在重力作用下沉降
	烟气	＜1 μm	
	烟尘	＜1 μm	由升华或蒸汽冷凝及随后的融合所组成，在常温常压下会冷凝成固态
液体	水雾及烟雾	15～35 μm	
	气溶胶		气体中未稳定分散的细小液态或固态粒子，它们可能凝聚或在重力、惯性力的作用下，沉降在一些表面上
有机物	有机粒子	细菌（0.2～0.5 μm） 花粉（5～150 μm） 真菌孢子（1～20 μm） 病毒孢子（≪1 μm）	

2. 空气的含尘浓度表示方法

空气的含尘浓度是指单位体积空气中所含的灰尘量。根据室内空气净化的要求不同，其采用下面三种方法表示。

（1）质量浓度：单位体积空气中含有的灰尘质量（kg/m^3）。

（2）计数浓度：单位体积空气中含有的灰尘颗粒数（粒/m³或粒/L）。

（3）粒径颗粒浓度：单位体积空气中所含的某一粒径范围的灰尘颗粒数（粒/m³或粒/L）。

一般的室内空气允许含尘标准采用质量浓度表示，而洁净室的洁净标准（洁净度）则采用粒径颗粒浓度（每升空气中大于等于某一粒径的尘粒总数）表示。

3. 室内空气的净化要求

室内空气的净化要求是以含尘浓度来划分的。根据生产要求和人们工作生活的要求，通常将空气净化要求分为三类。

（1）一般净化

只要求做一般净化处理，保持空气清洁即可，对室内含尘浓度无确定控制指标要求，以调节温度和湿度为主的大多数民用与工业建筑空调均属此类。

（2）中等净化

对室内空气含尘浓度有一定的要求，通常提出质量浓度指标，例如，一级宾馆的客房、办公室、接待室要求含尘量不超过 0.15 mg/m³，宾馆的商店、餐厅、门厅及二、三级宾馆的客房、办公室等要求含尘量不超过 0.3 mg/m³。

（3）超净净化

对室内空气含尘浓度提出严格要求。由于尘粒对生产工艺的有害程度与尘粒的大小和数量有关，所以均以粒径浓度作为控制指标。空气洁净等级是以空气含尘浓度的高低来划分的。根据 GB/T 25915.1—2010《洁净室及相关受控环境　第 1 部分：空气洁净度等级》规定，表 3—6 中列出了各洁净度等级的含尘浓度限定值，该含尘浓度是室内空气含尘浓度的平均值，是指工作人员进行正常操作时，在工作区平面上边连续一段时间内测得的计数含尘浓度的平均值。

表 3—6　　空气洁净度等级

ISO 等级	大于或等于关注粒径的粒子最大浓度限值（个/m³）					
	0.1 μm	0.2 μm	0.3 μm	0.5 μm	1 μm	5 μm
ISO 1 级	10	2	—	—	—	—
ISO 2 级	100	24	10	4	—	—
ISO 3 级	1 000	237	102	35	8	—
ISO 4 级	10 000	2 370	1 020	352	83	—
ISO 5 级	100 000	23 700	10 200	3 520	832	29
ISO 6 级	1 000 000	237 000	102 000	35 200	8 320	293
ISO 7 级	—	—	—	352 000	83 200	2 930
ISO 8 级	—	—	—	3 520 000	832 000	29 300
ISO 9 级	—	—	—	35 200 000	8 320 000	293 000

注：按测量方法相关的不确定度要求，确定等级水平的浓度数据的有效数字不超过 3 位。

二、空气过滤器的工作原理及性能指标

1. 空气过滤器的工作原理

空气过滤器可分为处理悬浮颗粒物的除尘式过滤器和处理气态污染物的除气式过滤器两大类。在除尘式过滤器中，以纤维过滤器为核心，还有驻极体静电过滤器等。除气式过滤器主要有活性炭过滤器、光催化过滤器等，主要特点是利用吸附技术、光催化技术及离子技术来处理气态污染物。除尘式过滤器的滤尘机理一般有以下几种：

（1）拦截作用

尘粒随气流流线运动，当流线靠近纤维表面时，尘粒由于与纤维表面接触而被拦截（阻留）下来，这种作用称为拦截作用，或称接触阻留作用。另外，尘粒因粒径大于纤维网眼而被阻留下来的筛滤作用也是一种拦截作用。

（2）惯性作用

空气穿越网层时，其流向要多次转弯、变向，使尘粒受惯性作用不能随意保持原有运动方向而附着在网格上，这种作用称为惯性作用。

（3）扩散作用

随主气流掠过纤维表面的小粒子，可能在类似布朗运动的位移时与纤维表面接触，这种作用称为扩散作用。

（4）重力作用

尘粒在重力作用下，产生脱离流线的位移而沉降到纤维表面上。这种作用只有在尘粒较大（粒径>5 μm）时才存在。

（5）静电作用

当含尘气流通过纤维滤料时，由于气流摩擦使纤维和尘粒都可能带上静电荷，从而增加了纤维吸附尘粒的能力，这种作用称为静电作用。

在除尘式过滤器内，尘粒被捕获，可能是上述5种滤尘机理共同作用的结果，也可能是其中一种或几种作用的结果，它们由尘粒径、纤维的直径、纤维层的填充率以及气流等条件决定。

2. 空气过滤器的性能指标

各种空气过滤器在不同条件下的工作性能是不同的，表征空气过滤器的性能指标有：

（1）过滤效率 η

计算公式如下：

$$\eta=\frac{n_1-n_2}{n_1}\times 100\%=\left(1-\frac{n_2}{n_1}\right)\times 100\%$$

式中 n_1——过滤前质量浓度、计数浓度、粒径颗粒浓度；

n_2——过滤后质量浓度、计数浓度、粒径颗粒浓度；

η——质量效率、计数效率、粒径分组效率。

（2）过滤器阻力

通常把过滤器开始使用时的阻力称为初阻力，而把必须更换时的阻力称为终阻力。终阻力约等于两倍初阻力。

（3）过滤器容尘量。在额定风量下，过滤器由初阻力变化至终阻力的过程中，所截留与容纳的灰尘数量称为过滤器的容尘量。过滤器的容尘量越大，使用周期就越长。

（4）过滤器的面速和滤速。过滤器的面速和滤速可以反映过滤器通过风量的能力，面速是指过滤器迎风面通过的气流速度，滤速是指滤料面积上气流通过的速度。阻力与面速和滤速有关。面速或滤速越高，阻力越大。

三、常用空气过滤器的种类

1. 初效空气过滤器

初效空气过滤器用于空调系统的初级过滤，以保护中效空气过滤器。其结构形式有平板式、袋式和自动卷绕式。自动卷绕式初效空气过滤器结构相对复杂，占用空间大，更换滤料不方便，在集中式空调系统中一般不用。初效空气过滤器滤料有金属丝网、无纺布、玻璃纤维等。平板式初效空气过滤器的特点是结构简单、阻力小、风量大、使用寿命长。其过滤面积小，容尘量小。袋式初效空气过滤器的过滤面积大，容尘量大，强度高，使用无纺布滤料，可以清洗。图 3—21 和图 3—22 所示为两种初效板式过滤器的外形。

图 3—21　初效板式尼龙网过滤器

图 3—22　初效板式无纺布过滤器

2. 中效空气过滤器

中效空气过滤器主要用于过滤粒径为 1～10 μm 的尘埃。过滤材料有无纺布、玻璃纤维、中细孔聚氨酯泡沫塑料等。其结构形式有平板式、袋式、分隔板式。

图 3—23 所示为采用玻璃纤维滤料的中效过滤器外形。其滤料采用玻璃纤维制成，颜色为淡黄色，滤料的平均效率为 95%，适用于制药、医疗机构、化妆品、半导体电子、精密机械、食品等行业。

图 3—23　玻璃纤维中效过滤器

3. 高效空气过滤器

高效空气过滤器主要用于过滤粒径小于 1 μm 的尘粒，用于普通 100 级以上洁净室送风的末级过滤。滤料有超细玻璃纤维纸、超细石棉纤维纸、超细聚丙烯纤维纸等。结构形式有无隔板式、有隔板式，还有特殊环境下使用的耐高温或耐高湿空气过滤器。图 3—24 所示为有隔板高效空气过滤器。

该有隔板高效空气过滤器采用超细玻璃纤维纸作为原料，胶版纸作为分隔板，与镀锌框、铝合金框胶合而成。具有过滤效率高、阻力小、容量大等特点，广泛应用于各种局部净化设备和洁净厂房在常温常压常湿环境下的空气净化。

图 3—25 所示为无隔板高效空气过滤器。

图 3—24　有隔板高效空气过滤器

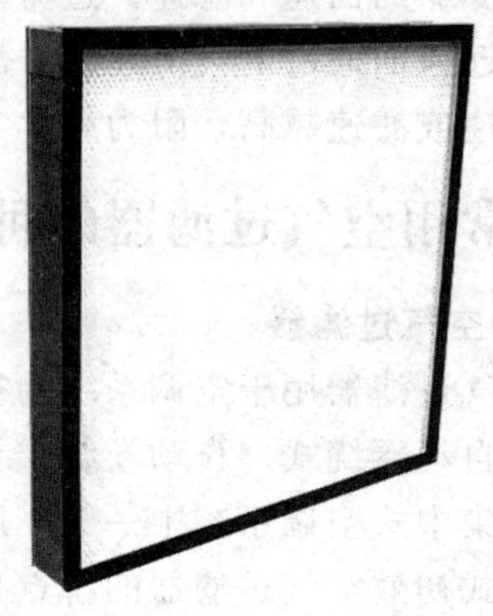

图 3—25　无隔板高效空气过滤器

该过滤器采用低阻力滤料制成，具有低阻高效、轻质、可降低建筑层高、缩小净化设备体积等优点，适用于常温常压条件下环境空气的净化，尤其适用于需要高效空气过滤器覆盖率高的净化厂房。

各种过滤器的性能比较见表 3—7。

表 3—7　　各种过滤器的性能比较

分类	形式	滤料	功能	作用
初效空气过滤器	平板式 稀褶式 卷绕式 袋式	锦纶尼龙编织 无纺布 玻璃纤维 金属	去除粒径≥5 μm 的尘埃粒子，初阻力≤50 Pa	在空调净化系统中作为预过滤器保护中效过滤器和高效过滤器及空调箱内的其他配件，以延长其使用寿命
中效空气过滤器	扁带组合式	无纺布 玻璃纤维	去除粒径≥1.0 μm 的尘埃粒子 初阻力≤80 Pa	在空调净化系统中作为中间过滤器，减小高效过滤器的负荷，延长高效过滤器和空调箱内配件的使用寿命
亚高效空气过滤器	密褶形（有隔板） 多管形	聚丙烯	去除粒径≥0.5 μm 的尘埃粒子，初阻力≤120 Pa	在空调净化系统中作为中间过滤器，在低级别净化系统中作为终端过滤器使用
高效空气过滤器	密褶形	超细玻璃纤维	去除粒径≥0.3 μm 的尘埃粒子 初阻力≤220 Pa	是空调净化系统中的终端过滤器以及高级别洁净室（0.3 μm）必须使用的终端净化设备
超高效空气过滤器	密褶形	超细玻璃纤维	去除粒径≥0.1 μm 的尘埃粒子，初阻力≤280 Pa	是空调净化系统中的终端过滤器以及高级别洁净室（0.1 μm）中必须使用的终端净化设备

第六节 中央空调的水系统

一、中央空调的水系统形式

中央空调的水系统包括冷水系统、冷却水系统和冷凝水系统。中央空调冷水系统又称冷媒水或冷冻水系统，是指冷水进入制冷系统的蒸发器，经制冷剂吸热降温后经水泵加压送至空气处理设备，与室内空气换热后又回到蒸发器的循环水系统。冷水系统的主要设备有：冷冻水泵、膨胀水箱、分水器、集水器、自动排气阀、水过滤器、水量调节阀、排污阀和控制仪表等。对于冷媒水要求高的冷水机组，还需要相应的软化水设备、补水水箱和补水水泵等。

冷水系统根据配管形式、水泵布置情况以及调节方式的不同，可以分为不同的形式，见表 3—8。

表 3—8　　中央空调冷水系统的形式

系统分类		图示	系统特征	使用特点
分类依据	类型			
与空气接触与否	开式	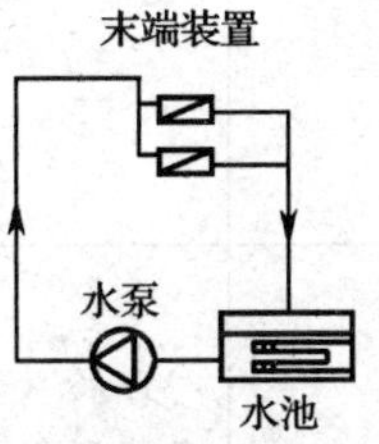 末端装置 水泵 水池 开式冷水系统示意图	1. 管路系统与大气相通 2. 带敞开式水箱	1. 容易腐蚀管路和设备 2. 水泵耗能较大
	闭式	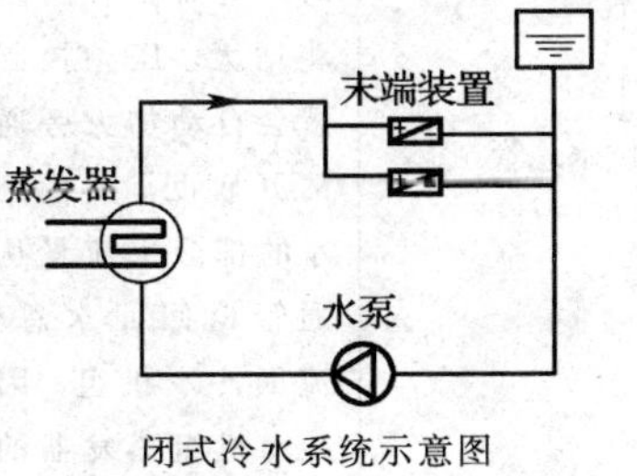 膨胀水箱 末端装置 蒸发器 水泵 闭式冷水系统示意图	1. 管路系统与大气隔绝 2. 系统最高处设有膨胀水箱	1. 管道与设备腐蚀机会少 2. 水泵耗能较少 3. 系统设施简单

续表

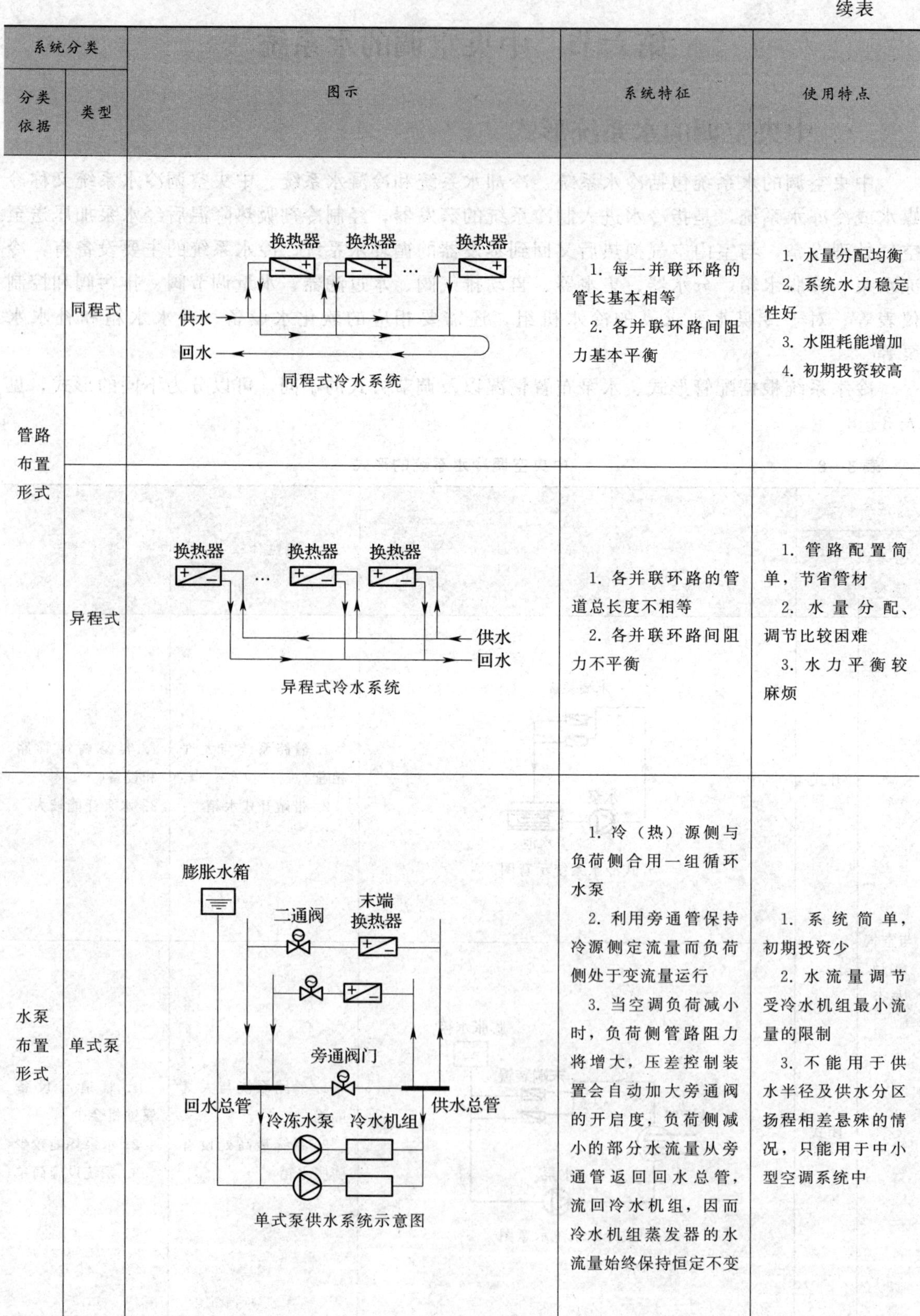

系统分类		图示	系统特征	使用特点
分类依据	类型			
管路布置形式	同程式	同程式冷水系统	1. 每一并联环路的管长基本相等 2. 各并联环路间阻力基本平衡	1. 水量分配均衡 2. 系统水力稳定性好 3. 水阻耗能增加 4. 初期投资较高
	异程式	异程式冷水系统	1. 各并联环路的管道总长度不相等 2. 各并联环路间阻力不平衡	1. 管路配置简单，节省管材 2. 水量分配、调节比较困难 3. 水力平衡较麻烦
水泵布置形式	单式泵	单式泵供水系统示意图	1. 冷（热）源侧与负荷侧合用一组循环水泵 2. 利用旁通管保持冷源侧定流量而负荷侧处于变流量运行 3. 当空调负荷减小时，负荷侧管路阻力将增大，压差控制装置会自动加大旁通阀的开启度，负荷侧减小的部分水流量从旁通管返回回水总管，流回冷水机组，因而冷水机组蒸发器的水流量始终保持恒定不变	1. 系统简单，初期投资少 2. 水流量调节受冷水机组最小流量的限制 3. 不能用于供水半径及供水分区扬程相差悬殊的情况，只能用于中小型空调系统中

续表

系统分类		图示	系统特征	使用特点
分类依据	类型			
水泵布置形式	复式泵	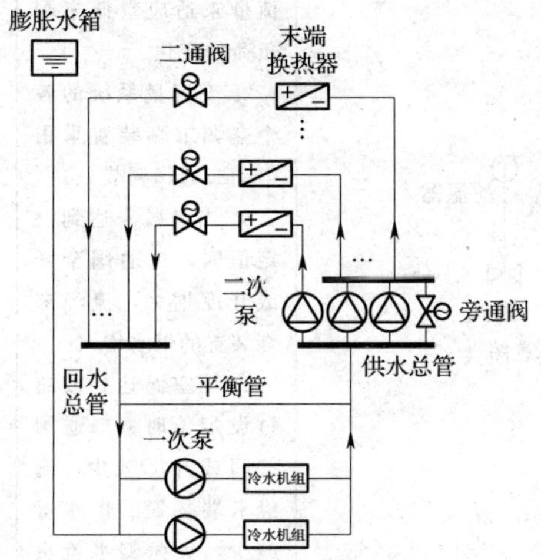 膨胀水箱 二通阀 末端换热器 二次泵 旁通阀 回水总管 供水总管 平衡管 一次泵 冷水机组 冷水机组 复式泵供水系统示意图	1. 冷（热）源侧与负荷侧分别配备循环水泵 2. 设在冷源侧的水泵常称为一次泵，一次回路负责冷冻水的制备 设在负荷侧的水泵常称为二次泵，二次回路负责冷冻水的输配	1. 可实现水泵变流量 2. 能适应空调分区负荷变化 3. 对控制设备要求较高，机房占地面积较大，初期投资较大
系统流量变化	定流量	 感温器 末端装置 三通阀 定流量冷水系统示意图	1. 定流量系统水流量恒定不变，通过改变供、回水温差来适应末端负荷的变化 2. 定流量系统的各个空调末端装置采用电动三通阀调节 3. 当室温未达到设定值时，三通阀的直通管开启、旁通管关闭，供水全部流经末端装置 4. 当室温达到或超过设定值时，直通管关闭、旁通管开启，供水全部经旁通管流入回水管	1. 系统简单，操作简便，不需要较复杂的自控设备 2. 用户端采用三通阀调节水量，各用户之间互不干扰，系统运行较稳定 3. 系统水流量按最大负荷确定，输送能耗处于设计的最大值，水泵的无效能耗大

续表

系统分类		图示	系统特征	使用特点
分类依据	类型			
系统流量变化	变流量	感温器 末端装置 二通阀 变流量冷水系统示意图	1. 变流量系统供回水温差不变，改变水流量来适应空调末端负荷的变化 2. 变流量系统的各个空调末端装置采用电动二通阀调节 3. 当室温未达到设定值时，二通阀全开或开度增大，流经末端装置的供水增大 4. 当室温达到或超过设定值时，二通阀关闭或开度减少，流经末端装置的供水量减少，负荷侧水流量是变化的	1. 水泵的能耗随负荷的减小而降低；设计配管时，可考虑同时使用系数，管径相应较小，水泵和管道的初期投资降低 2. 对变流量系统的控制设备要求较高，比较复杂

中央空调的冷却水系统是指从制冷系统的冷凝器出来的冷却水经水泵送至冷却塔，冷却后的水在重力作用下流至冷凝器的循环水系统。如图 3—26 所示为冷却水系统示意图。冷却水系统常用的水源有地面水、地下水、海水、自来水等。

中央空调的冷凝水是空调表冷器表面温度低于空气的露点温度，在表冷器表面结露形成的冷凝水。用水管将表冷器底部的接水盘与下水管或地沟连接，以排放接水盘所接的冷凝水。这些水管就组成了冷凝水排放系统。中央空调的冷凝水系统用镀锌钢管将接水盘所收集的凝结水排放至邻近的下水管中或地沟内。冷凝水管的管径应与接水盘接管管径一致，管径可从产品样本中查得。冷凝水管的水平段坡度应不小于 0.01，坡向与水流方向一致。冷凝水管也应包上保温层，以防冷凝水温低于空气露点温度时管外结露滴水。

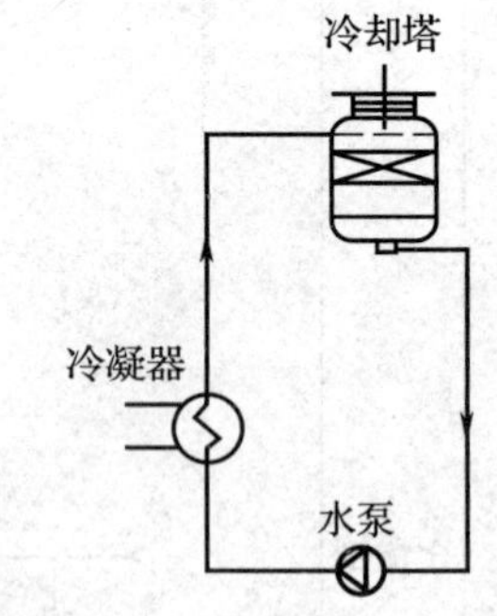

图 3—26　冷却水系统示意图

二、水系统的主要部件

水系统的主要部件有冷却塔、水泵、管道、分水器、集水器、阀门及水流量保护装置等。

1. 冷却塔

冷却塔的作用是使从冷凝器出来的冷却水在塔内与空气进行热湿交换而得到降温，它是依靠水与空气进行直接接触换热使水降温的设备。

冷却塔有自然通风和机械通风两种不同形式。自然通风冷却塔是利用空气自然对流使水冷却。由于这种通风形式受自然状态的影响，因而冷却效率和降温效果差，且体积和占地面积大，因此，目前应用较多的是机械通风式冷却塔。

根据水和空气流动方向的不同，机械通风式冷却塔分为逆流式冷却塔和横流式冷却塔。

(1) 机械通风式冷却塔的分类

1) 逆流式冷却塔。逆流式冷却塔按风机放置位置不同，分为逆流引风式和逆流鼓风式两种，如图 3—27 所示。

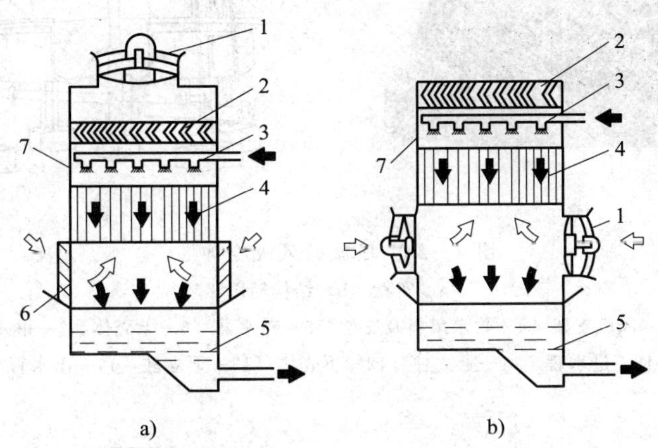

图 3—27　逆流式冷却塔的结构示意图

a) 逆流引风式　b) 逆流鼓风式

1—风机　2—挡水板　3—布水装置　4—填料层　5—下部水槽

6—导风板　7—塔体

逆流引风式冷却塔的特点为：气流分布均匀，占地面积小，风筒对空气有一定的抽吸作用，可减少风机的动力消耗。

逆流鼓风式冷却塔的特点为：结构简单，便于维护，但气流分布不均匀，压力损失较大，且有热风再循环的可能，使冷却效果较差。

逆流引风式冷却塔使用较多，如图 3—28 所示，主要由塔体、风机、填料、布水器、进出水管、支架及立柱等部件组成。

塔体由玻璃钢制成，质量轻、耐腐蚀；填料用厚 0.3～0.5 mm 硬质改性聚氯乙烯或聚丙烯等塑料片压制成双面凸凹的波纹形；配水系统是一种旋转式布水器，利用水的反冲力自动旋转布水，使水均匀地向下喷洒，与向上或横向流动的气流充分接触。大型冷却塔为了布水均匀和旋转灵活，在布水器的转轴上安装有轴承。风机采用轴流式，设置在塔顶，风量大，风压小。

2) 横流式冷却塔。冷却塔的引风机位于塔顶。冷却水由塔上端进入，自上而下流动。空气自进风百叶窗横向进入，同水的流向呈夹角交叉形式，其冷却效果比逆流式冷却塔差，回气量也较大，但配水系统简单，易于维护，动力消耗低。常用在对噪声等级要求严格的居民区内，是空调行业中使用较多的冷却塔。其优点有：节能，水压低，风阻小，配置低速电动机，无滴水噪声和风动噪声，填料和配水系统检修方便。其缺点有：填料易老化，配水孔易堵塞，防结冰效果不好，湿气回流大。

横流式冷却塔如图 3—29 所示，主要由塔体、风机、配水部分及淋水部分组成。

a）

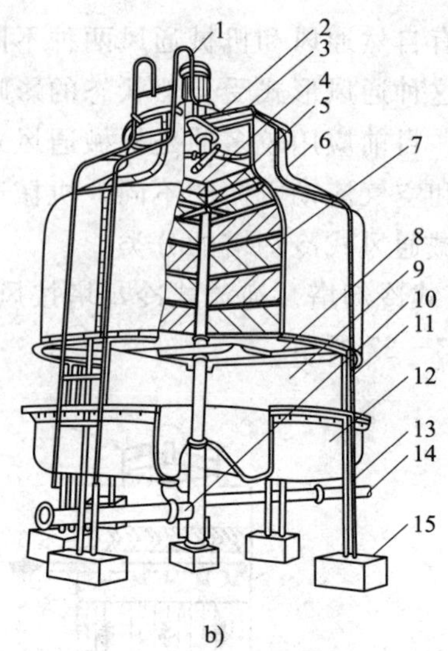

b）

图 3—28　逆流引风式冷却塔

a）实物　b）结构简图

1—扶梯　2—风机　3—风机支架　4—收水填料及支架　5—布水器　6—上壳体　7—淋水填料　8—填料支架　9—挡风板　10—进水管　11—上立柱　12—下壳体　13—下立柱　14—出水管　15—基础

a）

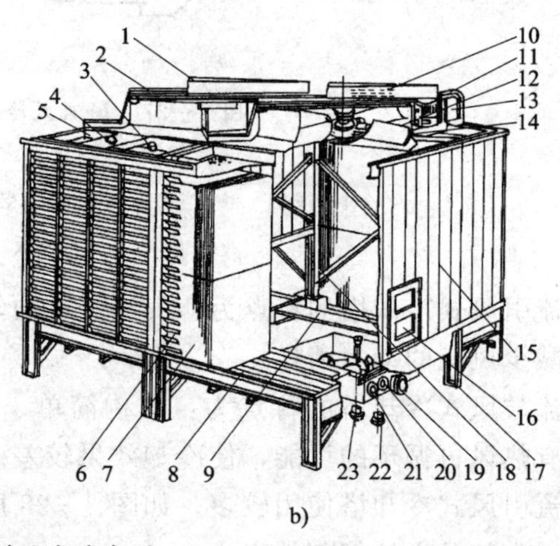

b）

图 3—29　横流式冷却塔

a）实物　b）结构简图

1—带防护盖　2—鼓风机导管　3—过流管　4—循环水输入口　5—散水槽　6—进风百叶窗　7—填料　8—水槽　9—内部踏板　10—V 带　11—钢梯　12—鼓风机叶片　13—电动机　14—鼓风机外壳　15—外板　16—检查口　17—台架　18—塔体骨架　19—循环水输出口　20—手动供水管　21—自动控水管　22—排水管　23—溢流管

（2）冷却塔的技术指标（见表 3—9）

表 3—9　冷却塔的技术指标

技术指标	说明
热负荷	冷却塔每平方米有效面积上单位时间内所吸收的热量，单位是 kJ/（m^2·h）
水负荷	冷却塔每平方米有效面积上单位时间内所能冷却的水量，单位是 m^3/（m^2·h）。热负荷或水负荷越大，冷却量越大

续表

技术指标	说明
冷却温差 Δt	进冷却塔水温 t_1 与出冷却塔水温 t_2 之差，反映了温降绝对值的大小，但不反映冷却效果与外界气象条件的关系。Δt 很大，说明散热量很大，但不说明冷却后水温很低。逆流式冷却塔按水的冷却温差可分为低温差（5℃）及中温差（10℃）两种。中央空调用的各种电制冷设备（活塞式、螺杆式、离心式），其冷凝器冷却水的进出水温差约为 5℃，采用低温差逆流式冷却塔；对热力制冷设备（溴化锂吸收式），其冷凝器冷却水的进出水温差约为 9℃，故采用中温差逆流式冷却塔，或采用两台低温差冷却塔分级冷却
冷幅高 $\Delta t'$	是出冷却塔水温 t_2 与当地当时湿球温度 t_s 之差。t_s 是水所能冷却的极限水温。$\Delta t'$ 越小，t_2 越接近 t_s，冷却效果越佳，一般 $\Delta t'$ 在 5℃左右

2. 水泵

水泵是中央空调及采暖系统的主要动力设备之一，是在空调的供、回水系统中输送冷、热媒水和冷却水的系统，目前普遍使用的水泵是单级单吸离心式水泵（见图 3—30）和单级双吸离心式水泵。离心式水泵是通过叶轮的旋转对液体做功，从而使液体获得能量的。

（1）离心式水泵的结构

1）叶轮。离心式水泵的叶轮是使液体接收外加能量、输送液体的主要部件。叶轮装置在泵轴上，大多由铸铁、铸钢及铜制成。叶轮的大小、形状和制造精度对泵的性能影响很大。叶轮有开式、半开式和闭式三种，如图 3—31 所示。闭式叶轮由盖板、叶片和轮毂构成。吸入口一侧称前盖板，另一侧称后盖板。叶片在前后盖板之间，且一般向后弯。闭式叶轮造价较贵，但效率高，常用于澄清液体的输送。开式叶轮无前后盖板，只有叶片，制造简单，清洗方便，常用于含杂质液体的输送。开式叶轮工作时，有部分液体会从间隙流回吸液侧，因此效率较低。半开式叶轮无前盖板，只有后盖板，其性能介于闭式叶轮和开式叶轮两者之间，适用于具有黏性或含颗粒液体的输送。

图 3—30　离心式水泵

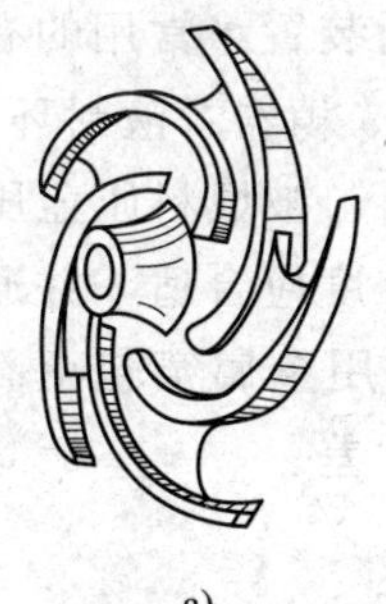

a)

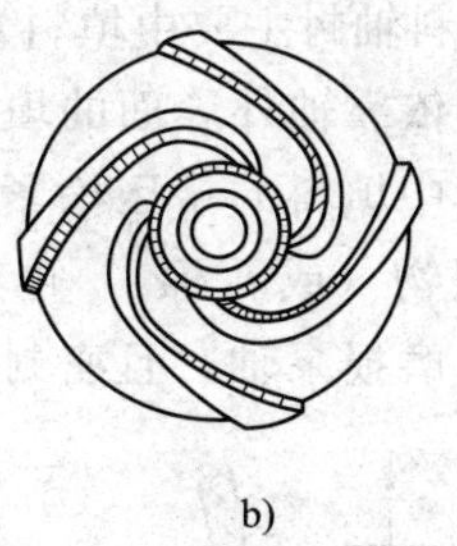

b)

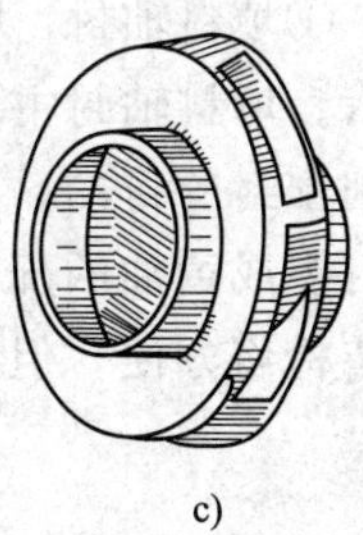

c)

图 3—31　离心式水泵叶轮
a）开式　b）半开式　c）闭式

另外，根据离心式水泵吸入液体方式的不同，叶轮有单吸式和双吸式之分。液体从一侧吸入的称为单吸式，从两侧吸入的称为双吸式，如图 3—32 所示。单吸式叶轮和泵体结构较简单，但吸液时会产生轴向推力，需通过其他办法来平衡。双吸式叶轮可消除轴向推力，但叶轮和泵体结构较复杂，一般用于大型离心式水泵。

2）吸入室。离心式水泵吸入室的主要作用是减小液体进入泵体时的流动阻力，其结构有锥体管式和圆环形式。锥体管式吸入室比较普遍常见，其锥度为7°～18°。圆环形式吸入室的轴向尺寸短，结构简单，但流体进入叶轮的撞击损失和涡旋损失较大，流速分布不均匀，适用于总扬程较大的多级泵。

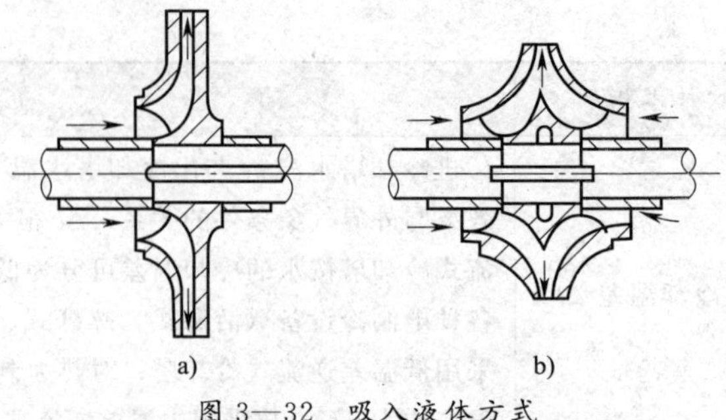

图 3—32 吸入液体方式

a）单吸式 b）双吸式

3）泵体。泵体的作用是将叶轮封闭在一定空间中，汇集来自叶轮的液体，使其部分动能转换为压力能，最后将流体均匀地引向次级叶轮或导向排出口。另外，机壳还起到支撑运动部件、固定泵的作用。单级离心式泵的泵体大都为螺旋形蜗壳式。

泵长时间运转时会使叶轮与泵体间磨损，间隙增大，使泵的效率降低。为避免泵在工作时液体从高压区泄漏到低压区，通常在泵体内圈和叶轮吸入口外围分别嵌入密封环。密封环由耐磨性较好的铸铁和青铜制成，有多种形式，如图 3—33 所示。其中图 3—33a 为圆柱形密封环，其结构分为动环与定环。动环与定环间的间隙很小，一般为 0.1～0.5 mm，磨损后可更换，以保持泵的良好效率。

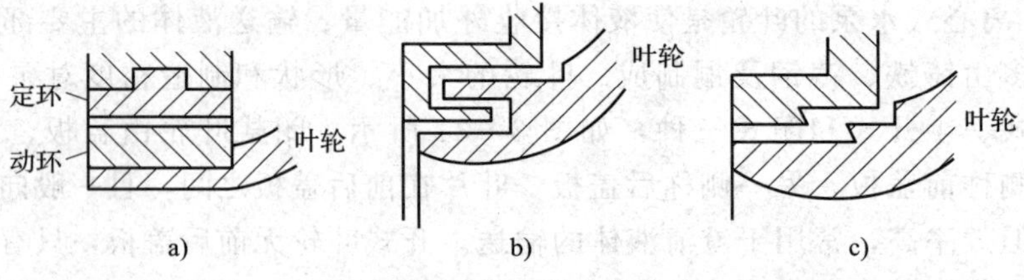

图 3—33 离心泵的密封环

a）圆柱形 b）迷宫形 c）锯齿形

4）轴封装置。为防止泵内高压液体从泵轴与泵体的间隙处泄漏，以及外界空气进入泵体内，需在旋转的泵轴与泵体间设置轴封装置。常用的有填料轴封和机械轴封等。

①填料轴封。填料轴封主要由填料盒、填料、液封环和填料压盖等部件组成，如图 3—34 所示。填料轴封主要依靠轴外表面的填料，被填料压盖压紧，迫使填料变形与轴严密接触而达到密封的目的。其中填料的挤压松紧程度应合适，并通过压盖调节。常用的填料是一种浸透石墨或黄油的棉织物（或石棉），也有用金属箔包上石棉芯的填料。填料轴封结构简单，安装检修方便，但易磨损泵轴，且密封性差。

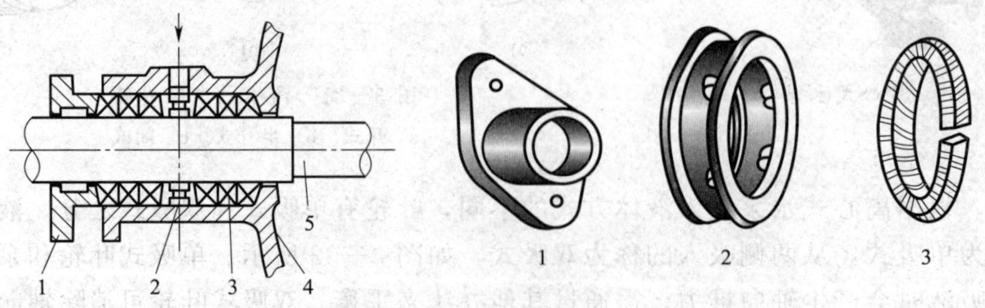

图 3—34 填料轴封

1—填料压盖 2—液封环 3—填料 4—填料盒 5—轴

②机械轴封。机械轴封如图 3—35 所示，主要由静环、动环、弹簧等组成。工作时，动环随轴转动，并依靠弹簧作用与静环端面紧贴接触，通过旋转摩擦而达到密封的目的。弹簧一方面增强密封，另一方面还可吸收端面相对运动时的振动。动环的硬度较高，常用钢和合金钢制成；静环的硬度较低，常用石墨制品或聚四氟乙烯等耐磨塑料制成。

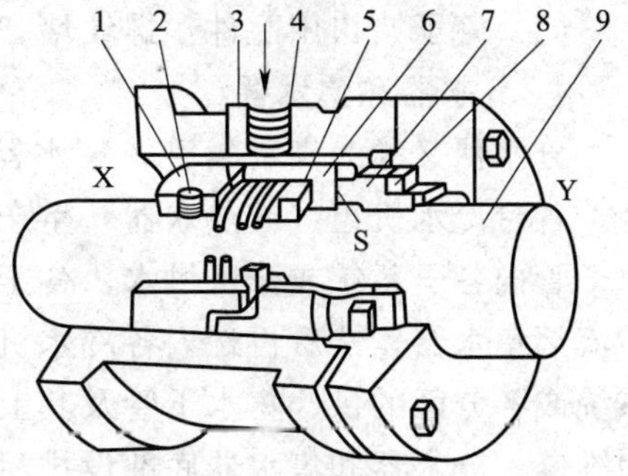

图 3—35　机械轴封

1—传动座　2—螺钉　3—弹簧
4—压紧垫　5—动环密封圈　6—动环
7—静环　8—静环密封圈　9—泵轴
X—大气　Y—密封介质　S—密封端面

机械轴封比填料轴封密封性好，泄漏少，使用寿命长，功率消耗小，但结构较复杂，加工精度和安装技术要求高，所以机械轴封多用于输送易燃、易爆、有毒及价贵等不允许有渗漏液体的泵中，如制冷设备中的制冷剂泵（氨泵、氟泵）就采用了机械轴封。

（2）离心式水泵的性能参数（见表 3—10）

表 3—10　　离心式水泵的性能参数

性能参数	说明
流量	流量是指泵在额定工作状态下单位时间内所输送液体的量。根据表示物理量的单位不同，可分为体积流量 Q（单位为 m^3/h 或 m^3/s）和质量流量 m（单位为 kg/h 或 kg/s）
泵的扬程（压头）	泵的扬程是指泵所输送的单位质量流体从进口至出口的能量增值，也就是单位质量的流体通过泵所能获得的有效能量（单位为 mH_2O）
功率	泵在单位时间内所做的功称为泵的功率（单位为 W 或 kW）
转速	转速指泵轴每分钟的转数（单位为 r/min）

3. 管道

空调水系统常用管材有镀锌钢管（白铁管）和无缝钢管。镀锌钢管材质为易焊接的碳素钢，它的管壁纵向有一条焊缝，并且经镀锌处理。按管壁厚度不同，管分为普通管（适用于公称压力≤1.0 MPa）和加厚管（适用于公称压力≤1.6 MPa）。管长一般为 4～9 m，并带有一个管接头（管箍）。无缝钢管用 10、20、35 及 45 钢以热轧或冷拔法制成。冷拔管的最大公称直径为 200 mm，热轧管的最大公称直径为 600 mm。外径小于 57 mm 时常用冷拔管。冷拔管的长度为 1.5～7 m，热轧管的长度为 4～12.5 m。无缝钢管一般采用电焊连接，无缝钢管的规格用外径×壁厚表示。

对于空调水系统，当管径小于 DN125 时，可采用镀锌钢管；当管径大于 DN125 时，采用无缝钢管。用螺纹连接的管道配件，按用途可分为以下几种。

（1）管路延长连接用配件：管箍、外螺纹（内接头）。

（2）管路分支连接用配件：三通（丁字管）、四通（十字管）。

（3）管路转弯用配件：90°弯头、45°弯头。

（4）管子变径用配件：补心（内外螺纹）、异径管箍（大小头）。

（5）管子堵口用配件：螺纹堵、管堵头。

4. **分水器和集水器**

分水器又称为供水集管，集水器又称为回水集管，它们都是一段水平安装的大管径钢管。各台冷水机组（或热水器）生产的冷（热）水都先送入分水器，再经与分水器相连的供水干管向各子系统或分区供水；各子系统或各分区的空调回水由与集水器相连的集水干管先回流至集水器，然后再送入各冷水机组（或热水器）。分、集水器安装在中央机房内，各子系统或各分区的供、集水干管及其上的调节截止阀都在机房内与分、集水器连接，便于安装和维修。分水器和集水器底部设排污管，一般选用 DN40 的管径。

5. **阀门**

中央空调水系统中设置的阀有两个作用：一是起调节作用，调节管网中的水量；二是起关断作用，如季节变换时冷、热源转换或设备检修时用阀门关闭管网。

阀门的分类方法较多，一般可分为两大类：自动阀门，依靠介质本身的能力而自行动作，如止回阀、安全阀、疏水阀、减压阀等；驱动阀门，借助手动、电动、液动、气动来操纵动作，如闸阀、截止阀、节流阀、蝶阀、球阀等。

（1）常用阀门

1）蝶阀（见图 3—36）。蝶阀的阀板安装于管道的直径方向，在蝶阀阀体圆柱形通道内，圆盘形阀板绕着轴线旋转，旋转角度为 0°～90°，旋转到 90°时，阀门呈全开状态。一般采用蝶阀时，管径小于 150 mm 时采用手柄式蝶阀（D71X、D41X）；管径大于 150 mm 时采用蜗轮传动式蝶阀（D371X、D341X）。

2）闸阀（见图 3—37）。闸阀的阀板垂直于阀体轴线做上下直线运动。闸阀通常适用于不需要经常启闭，而保持阀板全开或全闭的情况。

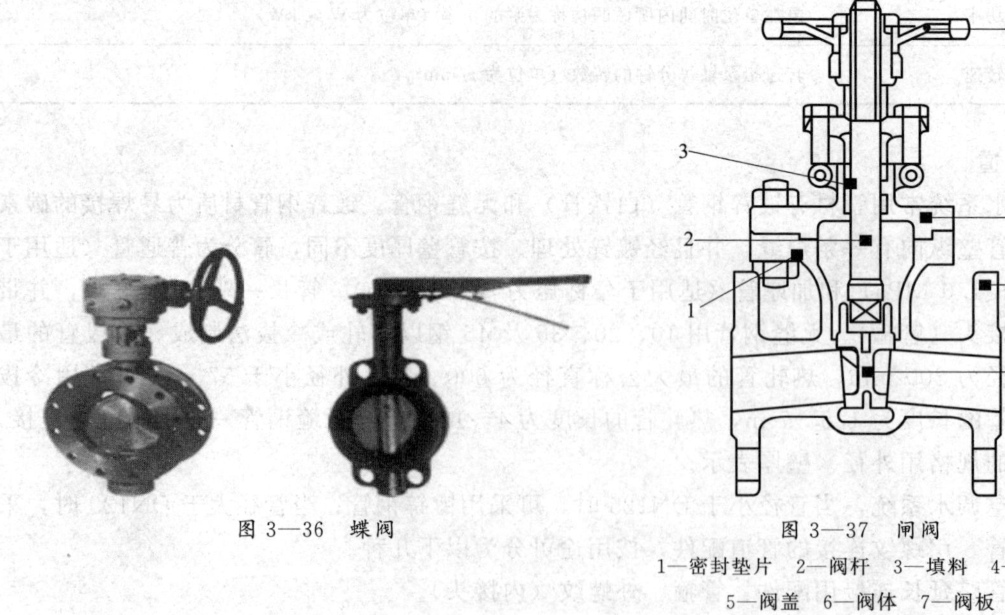

图 3—36　蝶阀

图 3—37　闸阀

1—密封垫片　2—阀杆　3—填料　4—手柄
5—阀盖　6—阀体　7—阀板

3）球阀（见图 3—38）。球阀是由旋塞阀演变而来的，它可以旋转 90°，其中的旋塞体呈球形，有圆形通孔或通道通过其轴线。

4）截止阀（见图3—39）。截止阀依靠圆盘形阀瓣的轴线上下升降和压紧阀座实现启闭。截止阀安装时要求介质从阀瓣的下方向上方流动，当阀门关闭后，由于填料函处不受压或受压较小，便于阀门维修或更换填料函，而且阀开启时省力，便于运行操作。这种阀门非常适合切断介质或调节及节流用，但其流动阻力高于其他阀门。

图3—38　球阀

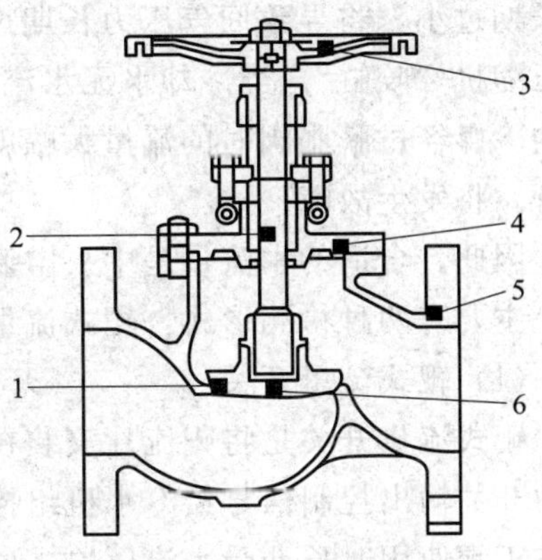

图3—39　截止阀

1—阀体密封垫片　2—阀杆　3—手柄

4—阀盖　5—阀体　6—阀瓣

5）止回阀（见图3—40）。止回阀又叫做单向阀，是防止管道中介质倒流的自动阀门，在空调水系统中装在冷水泵或冷却水泵的压出端。应根据止回阀的安装部位、阀前水压、关闭后的密闭性能要求和关闭时引发的水锤大小等因素确定阀型：阀前水压小的部位，宜选用旋启式、球式和梭式止回阀；关闭后密闭性能要求严密的部位，宜选用有关闭弹簧的止回阀；要求削弱关闭水锤的部位，宜选用速闭消声止回阀或有阻尼装置的缓闭止回阀。

6）放气阀（见图3—41）。放气阀的作用是将水循环中的空气集中或在局部位置自动排出。放气阀是空调系统中不可缺少的阀，一般安装在闭式水路系统的最高点和局部最高点。

图3—40　止回阀

图3—41　放气阀

7）浮球阀。浮球阀起到自动补水和恒定水压的作用，一般用于膨胀水箱和冷却塔处。

（2）阀门的选用

对于需要全开或全闭的水系统，宜选用球阀、闸阀。需调节流量、水压时，宜采用节流阀或截止阀。要求水流阻力小的部位（如水泵吸水管上），宜采用闸阀。安装空调管径小的场所，宜采用蝶阀、球阀。

6. 水流量保护装置

对于以水作为二次换热介质的中央空调系统，如果冷冻水无流量或水流过小，蒸发器负荷减小，蒸发温度降低，若压缩机持续运行，将导致蒸发器结冰，蒸发器内铜管有可能胀裂，导致制冷系统的水侧和冷媒侧串通，致使整个制冷系统报废。同时，如果水系统的水流量长期过小，将导致回气压力长期过低，压缩机排出的润滑油不能顺利回到压缩机，可能导致压缩机"咬缸"。当冷却水无水流或水流小时，会使冷凝温度和压力上升，造成冷凝器出口的冷媒经过膨胀阀时的流量大幅度减小，使制冷量下降。如果压缩机持续在高冷媒压力下运行，将发生故障。

因此，合适的水流量是中央空调主机可靠工作的必要保证。目前在空调系统的水流量检测上主要有两种检测形式：靶式流量开关和压差式流量开关。

（1）靶式流量开关

靶式流量开关是将靶流片安装在水管中，管内水流冲击靶流片使之弯曲变形，从而带动微动开关输出控制信号给冷水机组控制器，告知有水流可以启动机组。靶式流量开关的靶流片在正常使用时长期受水流压迫，处于弯曲变形状态，易疲劳破坏，大型冷水机组维修保养上规定靶流片使用两年必须更换。

靶式流量开关的靶流片在安装中经常会出现以下两个问题：不动作或卡在管子上部不能恢复。通常不动作是因为靶流片安装的深度不够，需要重新旋入或更换靶流片。如果是卡在管子里不能恢复，一般是由于靶流片太宽，第一次动作时被卡在管子上部，如果安装间隙不够，即使当时可以工作，由于管子的生锈或结垢等造成管径变小，也有可能使流量开关卡在管子内不动。

（2）压差式流量开关

压差式流量开关是根据暖通空调设备的阻力和流量曲线设计的，通过检测换热器、水过滤器、水泵及阀门两端的进出水压差，并与该装置的预先设定值进行比较，准确控制流量。压差式流量开关是一种精确的流量控制方式，可以直接安装在机组内，从压差式流量开关连接两根铜管至换热器的进出口测量其进出口的压差，即反映出流量。用户现场不需要安装和接线，避免了靶式流量开关的安装不准确导致机组故障的隐患。

三、冷却水系统的补水量

由于冷却水系统通常是开放式的，且伴有热交换过程，系统总会产生水量损失，需要及时补水。水分损失有以下几种形式：

1. 蒸发损失 m_1

根据冷却塔内的热平衡，冷却塔内水释放出的热量应等于水蒸发吸收的热量与水以导热方式传给空气的热量之和，则得蒸发损失为

$$m_1 = \frac{\Delta t c}{r}$$

式中 Δt——冷却塔的进出水温差，℃；

c——水的比热容，$c = 4.2$ kJ/（kg·℃）；

r——水的蒸发潜热，kJ/kg，一般取 2 520 kJ/kg。

2. 漂水损失 m_2

漂水损失是指系统中水以雾或水滴的形式被风吹出塔外，飘散于大气中而损失的水量。对于常用的逆流式冷却塔和横流式冷却塔，漂水损失 m_2 为循环水量的 0.1%～0.3%。

3. 排污损失 m_3

由于循环水中矿物成分、杂质等的浓度不断增加，需要对冷却水系统进行排污和补水。通常排污损失 m_3 为循环水量的 0.3%～0.5%。

4. 泄漏损失 m_4

泄漏损失是指在正常情况下循环水泵的轴封漏水和个别阀门处的漏水，通常这部分损失很小，可以忽略不计。

综上所述，当选用逆流式冷却塔或横流式冷却塔时，对电制冷来说空调冷却水的补水量为 1.2%～1.6%；对于溴化锂吸收式制冷空调冷却水的补水量为 1.4%～1.8%。

四、冷（热）水系统的定压和补水

供暖及空调等闭式循环水系统的定压，应包含定压、补水和吸收膨胀（或收缩）水量的功能，所以称为定压和补水。定压的目的是保证闭式循环水系统的最高点在循环水泵启停时都能充满水，对于高温水系统，还要保证最高点不发生汽化的压力。补水是为了补充系统的泄漏和正常的排污损失的水量。由于循环水系统中水温的变化，体积会膨胀或收缩，需要加以消化容纳。供暖及空调水系统的定压和补水方式有：高位膨胀水箱＋定频补水泵、密闭定压补水装置（各种形式的气压罐＋定频补水泵）、变频补水泵＋超压泄水、定频补水泵＋超压泄水等。

1. 高位膨胀水箱＋定频补水泵

优点：有效膨胀容积有条件做得较大，系统的压力相对比较稳定，建设费用相对比较经济等。局限性：需要设置于建筑的最高处，区域性供暖或供冷系统需要设置于区域内最高建筑的最高处，有些建筑缺乏设置的条件，严寒地区需要采取可靠的防冻措施，区域性系统可能需要设置较长的膨胀、循环、信号和补水管道等。

2. 密闭定压补水装置（气压罐＋定频补水泵）

密闭定压补水装置即各种形式的气压罐＋定频补水泵，近年来在许多供暖及空调等闭式循环水系统中被采用。虽然也可以达到定压、补水和吸收膨胀（或收缩）水量的功能，但是由于各种形式气压罐的有效调节容积是其中的气体容积变化量，即遵循在相同温度条件下压力与体积的乘积为常数的理想气体方程。在压力较高的系统中有效调节容积会较小，而且必然要有压力上限和压力下限，下限就是系统的允许最低压力，上限则由为达到有效调节容积补水泵的必要运行区间决定，欲得到较大的有效调节容积，需要设置较高的压力上限值，使系统压力升高。例如，北京市建筑设计研究院的《建筑设备专业技术措施》规定，下限和上限绝对压力比一般宜取 0.65～0.85，如取中间值 0.75，当下限绝对压力为 0.6 MPa，上限绝对压力则为 0.798 MPa，使系统压力升高了 0.198 MPa，即使绝对压力比取 0.85，系统压力也将升高 0.1 MPa。

3. 变频补水泵＋超压泄水

变频补水泵＋超压泄水，是变频水泵在供暖及空调水系统的定压补水中的应用。根据系统压力的变化，水泵变频运行改变补水量，而当水温升高、体积膨胀时，多余的水量超压泄水至补水箱。

4. 定频补水泵＋超压泄水

定频补水泵＋超压泄水，则是根据系统压力的变化，启动或停止补水泵，当水温升高、体积膨胀时，多余的水量超压泄水至补水箱。

第七节 空调通风系统

空调系统的通风系统将处理过的空气按设计要求送到各空调房间，通过合理布置风管、风口，使室内气流以一定速度流动和均匀分布，使空调房间的温度、湿度、气流速度和洁净度能满足舒适性和工艺性要求。如图 3—42 所示是一次回风式集中空调通风系统示意图。该通风系统由风机、风管、风阀、消声弯头、风口等组成。

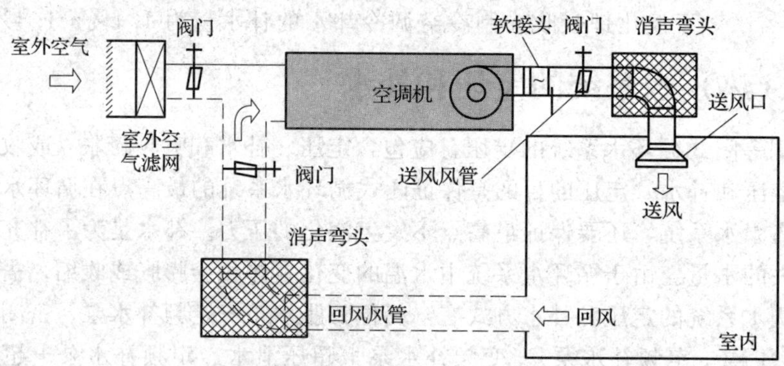

图 3—42 一次回风式集中空调通风系统示意图

一、风机

风机是输送气体的动力设备，空调工程常用的风机按照工作原理不同可分为离心式、轴流式和贯流式三种。

离心式风机风压高，风量可调，可将空气进行远距离输送，空调机或空调箱采用离心式风机。轴流式风机风压低，风量大，噪声较大，耗电少，便于维修。风冷式冷凝器和冷却塔的风机采用轴流式风机。贯流式风机采用筒形叶轮，噪声低，可获得扁平而高速的气流，用在房间空调器的室内机上。下面介绍中央空调系统中常用的离心式风机和轴流式风机。

1. 离心式风机（见图 3—43）

（1）工作原理

离心式风机的工作原理与离心泵相同，当电动机带动机轴上叶轮高速旋转时，叶片间的气流在离心力作用下，由叶轮中心甩向边缘。同时，叶轮中心所产生的负压区促使后续气流能连续不断地进入风机。气流从叶轮流出后进入机壳，在机壳排出管的扩压作用下，送入排气管或房间。

（2）结构

在制冷空调工程中，常使用低压（增压值小于 1 000 Pa）、中压（增压值为 1 000～3 000 Pa）离心式风机。离心式风机主要有风机吸入口、叶轮、机壳和机座等。如图 3—44 所示为离心式风机的主要结构。

图 3—43　离心式风机

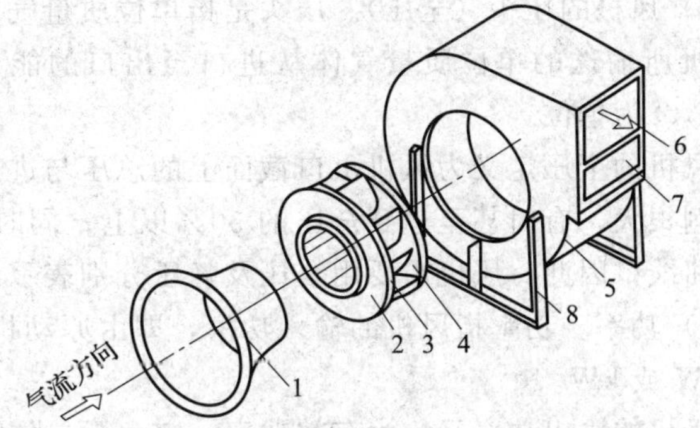

图 3—44　离心式风机的主要结构

1—吸入口　2—叶轮前盘　3—叶片　4—后盘　5—机壳

6—出口　7—截流板（风舌）　8—支架

1）吸入口。又称集流器，使气流能以损失最小的方式均匀地流入机内。风机吸入口有圆筒形、圆锥形和圆弧形三种，圆弧形吸入口阻力小，但制作复杂。

2）叶轮。离心式风机的叶轮由前盘、后盘、叶片和轮毂组成。根据叶片出口安装角度不同，有前向叶片、径向叶片和后向叶片三种形式，如图 3—45 所示。

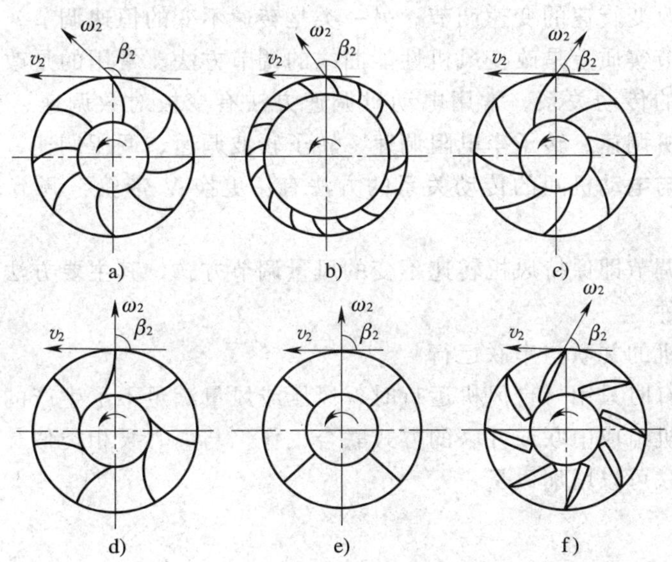

图 3—45　离心式风机的叶轮

a）前向叶片叶轮　b）前向多叶片叶轮　c）后向叶片叶轮　d）径向叶片叶轮

e）径向叶片直叶式叶轮　f）后向叶片机翼形叶轮

3）机壳与机座。中、低压风机机壳常采用钢板焊接成螺旋线形的壳体，并且机壳截面积逐渐扩大。机座由型钢焊制，用来支撑风机。机座上有轴承，支撑风机转轴。

（3）性能参数

离心式风机的基本性能，通常用进口标准状况条件下的流量、压头、功率、效率、转速等参数来表示。

1）流量。单位时间内风机所输送的气体体积，称为该风机的流量，单位为 m^3/s 或 m^3/h。

2）风机的压头（全压）。压头是指单位质量气体通过风机之后所获得的有效能量，也就是风机所输送的单位质量气体从进口至出口的能量增值，单位为 Pa 或 kPa，工程上常用 mmH_2O 为单位。

风机的全压定义为风机出口截面上的总压与进口截面上的总压之差。动压在全压中所占的比例很大，有时甚至达到全压的 50%以上；同时，因为在确定管路的工作点时采用的是静压曲线，因此，风机需要用全压及静压分别表示。

3）功率。功率指风机的输入功率，即由原动机传到风机轴上的功率，也称轴功率，单位为 W 或 kW。

风机的输出功率又称为有效功率，它表示单位时间内气体从风机中所得到的实际能量。

4）效率。风机的有效功率与风机的输入功率的比值，用符号 η 表示。η 是评价风机性能好坏的一项重要指标。η 越大，说明风机的能量利用率越高，效率也越高，η 通常由试验确定。

5）转速。风机的风量、风压、功率等参数都随风机的转速改变而改变。风机转速是指风机叶轮每分钟的转数。

(4) 运行调节

风机的运行调节主要是改变其输出的空气流量，以满足相应的变风量要求。调节主要分为两大类：一类是改变转速的变速调节；另一类是转速不变的恒速调节。

风机变风量调节实质上是改变风机性能曲线的调节方法。常用的是改变电动机转速和改变风机与电动机间的传动关系。常用电动机调速方法有变极对数调速、变频调速、串级调速、无换向器电动机调速、转子串电阻调速、转子斩波调速、调压调速、涡流（感应）制动器调速。改变风机与电动机间的传动关系的方法有：更换 V 带轮、调节齿轮变速箱、调节液力耦合器。

风机恒速风量调节即保持风机转速不变的风量调节方式，其主要方法有改变叶片角度和调节进口导流器两种。

(5) 离心式风机的并联与串联运行

实际工程中，有时只用一台风机运行时，风压或风量满足不了生产的需要，此时可考虑采用两台或多台风机组成串联或并联的方式联合工作。与离心泵相类似，离心式风机的串联可以增加风压，并联可以增加风量。

2. 轴流式风机

(1) 工作原理

由于轴流式风机的叶片与机轴中心线有一定的螺旋角，当电动机带动叶片在机壳内转动时，空气一边随叶轮转动，一边沿轴向推进。当空气被推出后，原来占有的位置形成低压，促使外面的空气由吸入口进入。空气通过叶轮压力增高后，从出口排出。由于气体在机壳中流动始终沿轴向进行，所以称为轴流式风机。

(2) 结构

轴流式风机的基本结构如图 3—46 所示，由吸入口、叶片、机壳、扩压段和电动机组成。叶片常用钢板压制而成，有机翼形、板形等。大型轴流式风机的叶片安装角是可以调整的，由此来改变风机的流量和风压。叶片装在轮毂上，轮毂和电动机用平键连接。轴流式风机的机壳是由钢板焊接而成的筒体。机壳前段为钟罩形吸入口，用来避免进风道突然缩小，

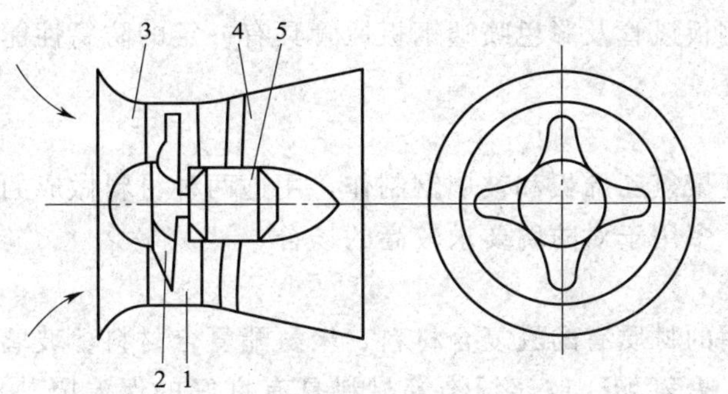

图 3—46 轴流式风机的基本结构

1—机壳 2—叶片 3—吸入口 4—扩压段 5—电动机

以减小流动阻力；中间段为圆形风筒；后段为扩压段。带有叶轮轮毂的电动机机座安装在机壳的中间，多采用钢结构。

与离心式风机相比，轴流式风机风量大而风压小，结构简单，质量轻。叶片安装角可调式的轴流式风机变工况性能好，工作范围大。轴流式风机在中央空调工程中主要应用在机械通风式冷却塔、风冷式冷凝器等设备中。

二、风管

风管包括集中式空调系统的送、回风风管，空气-水系统的新风风管，空调建筑及其附属设施的排风风管，机械加压送风风管和机械排烟风管等。

1. 风管的材质（见图 3—47）

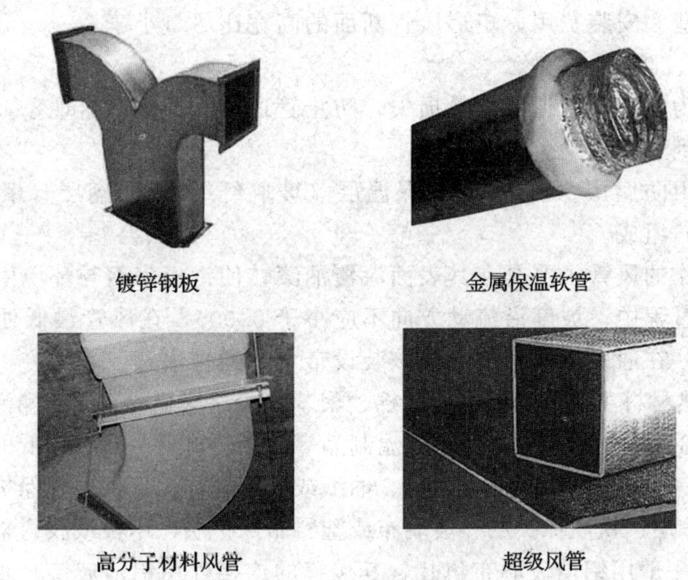

图 3—47 风管材质

（1）金属风管

金属风管有薄钢板风管、不锈钢板风管、铝合金板风管和金属柔性风管等，其中薄钢板风管的用途最为广泛，常用的钢板尺寸为 900 mm×1 800 mm，又分为普通钢板风管、镀锌钢板风管和彩色喷塑钢板风管等几种，它们的优点是易于工业化加工制作，安装方便，并能承受较高温度。镀锌钢板风管及彩色喷塑钢板风管具有一定的防腐性能，适用于较潮湿以及有净化要求的空调系统。

（2）非金属风管

非金属风管常用硬聚氯乙烯板和玻璃钢制作，用这两种材料做成的风管表面光滑，制作方便，但是造价较高，多用于对防腐要求较高的场合。

（3）复合材料风管

复合材料风管使用的材质有酚醛复合材料、聚氨酯复合材料、玻璃纤维复合材料等。与金属风管相比，酚醛、聚氨酯、玻璃纤维等材料具有良好的保温隔热、吸声、质量轻等特性。酚醛、聚氨酯复合材料风管适用于工作压力小于 800 Pa 的空调系统及潮湿环境的系统。彩钢板面板的酚醛、聚氨酯复合材料风管适用于压力小于 2 000 Pa 的空调系统。

超级风管是由复合铝箔和玻璃纤维制成的，由外向内共三层：

复合铝箔：作为风管的外围保护层。

低密度玻璃纤维毡、高密度玻璃纤维毡：提高风管的低频吸声性能。

聚丙烯吸声防菌涂料：将玻璃纤维凝聚在一起，防止其脱离后进入室内，同时提高高频吸声性能。

2. 风管的截面形状

风管的截面形状主要为圆形和矩形，还有螺旋形、椭圆形及铝箔伸缩软管。在空调工程中，大多采用矩形风管，其原因是矩形风管容易与建筑结构和室内装饰相配合，且风管与配件容易制作。同样的截面积，圆形风管的耗材较少，且空气的流动阻力小。当风管断面较小时，圆形风管的制作比较容易。在高速空调系统中，多采用圆形风管。当采用矩形风管时，为了节省动力、制造和安装费用，矩形风管断面的高宽比尽量小于 3.5。

3. 风管的保温、防腐

风管的保温是为了减小管道的能量损失，防止管道表面产生结露现象，并保证进入空调房间的空气参数达到规定值。

常用保温结构由防腐层（防腐漆）、保温层（玻璃纤维）、防潮层（聚乙烯泡沫塑料）、保护层（玻璃纤维）组成。

普通薄钢板制作的风管主要是在其表面涂覆油漆，使钢板表面与环境中介质隔开，以防腐。在安装风管的过程中，坡度沿流动方向不应小于 0.005，在风管最低处设水封管，将水排至下水道。另外，在通风机机壳上也应该装设带水封的排水管。

风管的保温隔热材料主要有岩棉、玻璃棉、聚苯乙烯泡沫塑料、聚氨酯泡沫塑料、聚乙烯泡沫塑料、聚氯乙烯泡沫塑料及橡塑发泡保温制品等。隔热材料应具有较低的热导率，还应具备质量轻的特点。一般可在保温层外包油毡、油纸或刷沥青作为保护层，保护层随敷设地点不同，可采用水泥保护层、铁皮保护层、玻璃布或塑料布保护层、木板或胶合板保护层等。岩棉（或玻璃棉）板外层一般用铝箔玻璃布包扎，其接缝的连接处用铝箔玻璃布胶带黏结，使之成为保温的整体。如保温隔热材料的外层已贴有铝箔玻璃布或铝箔牛皮纸，则施工更为简便，可减少外覆铝箔玻璃布作为防潮层、保护层的工序，有施工方便、价格低廉等特点。

三、风阀

风阀是风道系统调节和关断风量的配件，又称为风量调节阀。根据用途不同，风阀可以分为一次性调节阀、经常开关调节阀、自动调节阀和防火排烟阀。

1. 一次性调节阀

一次性调节阀是为达到所需风量而设置在送（回）风口处、各分支风管上及组合式空调器送风出口处的风阀，用来在空调系统测定和调节时使用。一旦风量调试完毕，并达到设计要求后，将风阀的手柄位置固定，以后不再动。

2. 经常开关调节阀

对于集中式全空调系统主要有新风阀、回风阀及排风阀等。其中，新风阀和排风阀要求在系统停止运行时关闭，以防止湿热空气侵入，造成金属表面和墙面结露，也能够防止冬季冷风侵入，加热器冻结和室温降低。回风阀应能方便灵活调节，以适应不同季节负荷变化的调整需要。新风阀和排风阀最好采用电动阀，并与送风机连锁，以防止误操作。

目前常见的调节阀有蝶阀、多叶调节阀、矩形三通调节阀和菱形风阀四种。

（1）蝶阀

蝶阀是风管内绕轴线转动的单板式风量调节阀。蝶阀通常用于断面尺寸较小的风管上。对于断面尺寸大的风管，需要用尺寸较大的阀板，开启和关闭都很费力，应采用多叶调节阀。

（2）多叶调节阀

有平行式多叶调节阀和对开式多叶调节阀两种类型。其启闭可以手动，也可电动或气动。图 3—48 所示为对开式电动多叶调节阀，其流量特性为等百分比，叶片间和端部均采用耐温弹性橡胶作为密封材料，泄漏量极低，一般不大于 0.5%。

（3）矩形三通调节阀

主要设置在直通三通管的分支节点上，用来调节支风管的风量。可分为手柄式和拉杆式两种。手柄式三通调节阀的手柄可根据需要安装在风管上部或下部，而拉杆式三通调节阀的安装位置在拉杆一侧，必须满足拉杆伸出及操作方便的要求。

（4）菱形风阀

菱形风阀通过启动推拉装置做往复运动，借助阀片的体积变化改变空气流通截面积来实现风量调节。菱形风阀的特点是调节范围大；叶片刚性好，可用于高速风管；能自锁；气流平稳，阻力小；具有较理想的线性调节特性。

3. 自动调节阀

自动调节阀的工作原理如图 3—49 所示。它是一种机械式的自动调节器，具有良好的线性特点。它对风量的控制无须外加动力，只依靠气流自身的力来定位阀片的位置，从而在整个压力差范围内将气流保持在预先设定的流量上。自动调节阀适用于要求风量固定的风道系统。

图 3—48　对开式电动多叶调节阀

1—温感器　2—检查孔　3—叶片

4—框架　5—传动连杆　6—执行机构

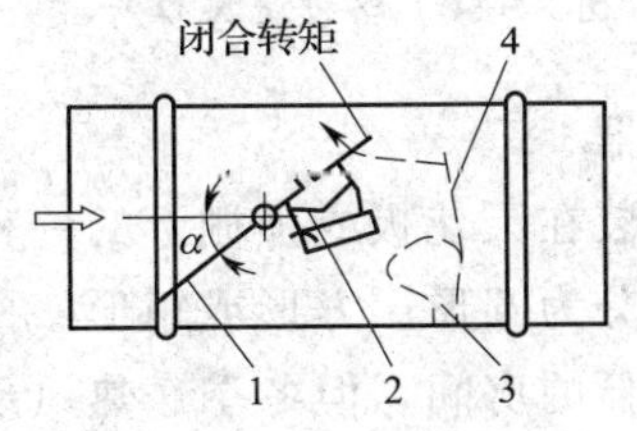

图 3—49　自动调节阀

1—阀片　2—气囊　3—异形轮　4—弹簧片

4. 防火排烟阀

防火排烟阀安装在需要防火隔断处的风管上，在火灾发生时阻断火灾沿风蔓延的道路。其主要类型有：

（1）防火阀

常开，分 70℃熔断关闭和 280℃熔断关闭两种。一般安装在风管穿越防火墙处，起火灾关断作用，可以设置输出电信号，烟气温度超过 70℃（或 280℃）时阀门关闭，连锁送（补）风机关闭。

（2）防火调节阀

平时阀门常开，阀门叶片可在 0～90 内五挡调节，当气流温度达到 70℃时，温感器动作，阀门关闭。阀门也可手动关闭，手动复位。阀门关闭后可发出电信号至消防控制中心。

（3）防烟防火调节阀

平时阀门常开，阀门叶片可在 0～90 内五挡调节，当气流温度达到 70℃时，温感器动作，阀门关闭。阀门也可手动关闭，手动复位。消防控制中心也可根据烟感探头发出的火警信号通过 DC 24 V 电压将阀门关闭。阀门关闭时可发出反馈电信号至消防控制中心。一般用于平时送风、火灾补风共用风管系统中，火灾时可控制关闭不需要补风的房间。

四、风口的分类及气流组织的特点

1. 风口的分类

风口分为送风口和回风口。由于回风口附近气流速度衰减很快，对室内气流组织的影响很小，因而结构简单，类型不多。常用的回风口有单层百叶风口、格栅风口、矩形网式风口及活动箅板式风口。下面主要介绍一下送风口。送风口主要有以下几种形式。

（1）侧送风口（见图 3—50 和图 3—51）

侧送风口是在房间内的横向送风口，通常安装于管道或侧墙上。工程中常用的是百叶风口，百叶风口中的叶片做成活动可调的，可调节风量和方向，有单层和双层之分。还有格栅送风口和条缝送风口。

图 3—50　格栅送风口

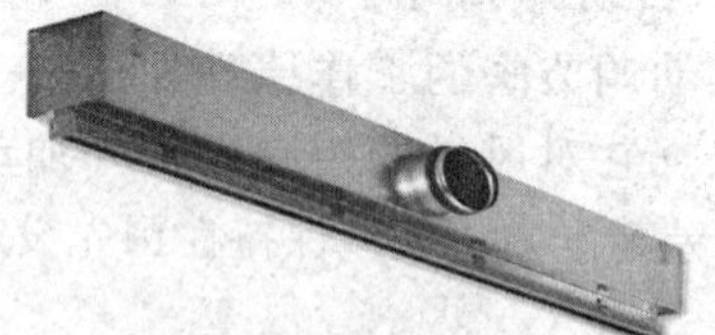

图 3—51　条缝送风口

（2）散流器

散流器是装在天花板或顶棚上的一种由上向下送风的风口，射流沿表面呈辐射状流动。散流器按形状分为圆形、方形或矩形。按结构分为盘式、直片式和流线型。盘式散流器比较适合于层高较低的房间，但冬季送热风易产生温度分层现象。可调叶片散流器可满足冬季和夏季的不同需要。

（3）孔板送风口

孔板送风口利用顶棚上面的空间作为送风静压箱，空气在静压作用下通过金属板上的大量小孔，大面积向室内送风。

（4）喷射式送风口（见图 3—52）

一般无叶片遮挡，因此送风口的噪声小、紊流系数小、射程长，射程一般为 10～30 m。通常在大空间如体育馆、候机大厅中作为侧送风口。

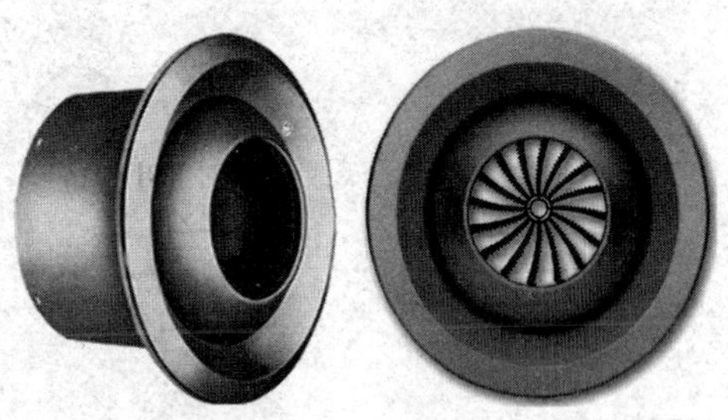

图 3—52　喷射式送风口

（5）旋流送风口（见图 3—53）

旋流送风口由出口格栅、集尘箱和旋流叶片组成，有顶送式旋流送风口和地板旋流送风口两类。顶送式适宜在送风温差大、层高低的空间中应用。特点是送风气流与室内空气混合好，速度衰减快，而且栅格和集尘箱可以随时取出清扫。

（6）置换送风口（见图 3—54）

其工作原理是低风速低温呈层流状态的送风气流遇热源后沿发热体表面对流向上输送，由上部排出。在地面安装时，适合送冷风；悬空安装时，可选择冷热切换。其特点是风口出风风速低，温差小，噪声小；无须考虑上部区域热源，节能效果好；室内空气品质高。

图 3—53　旋流送风口

图 3—54　置换送风口

各种送风口图示、调节性能及适用范围等见表 3—11 和表 3—12。

表 3—11　　空调工程用各种侧墙送风口

送风口图示	形　式	气流类型及调节性能	适用范围
1. 格栅送风口	叶片固定	不能调节风口风量	适于要求不高的一般空调工程
2. 单层百叶送风口 平行叶片	叶片可调，带有对开式风量调节阀	能调节风口风量，可向上、向下、平行送风	适于一般精度的空调工程

续表

送风口图示	形　式	气流类型及调节性能	适用范围
3. 双层百叶送风口 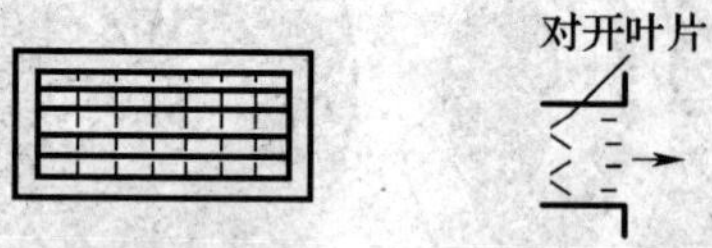 对开叶片	叶片可调	可向上、向下、向左或向右送风，能调节风口风量	用于精度较高的工艺性空调
4. 三层百叶送风口	分外、中、内三层叶片	内层对开式叶片能调节风口风量，外、中层可调上、下倾角	用于高精度的净化空调工程
5. 带出风隔板的条缝形送风口 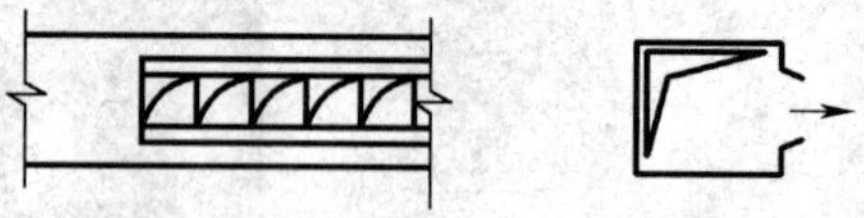	长宽比大于10，叶片横装可调的格栅	可调上、下倾角	可做风机盘管出风口，也可用于一般的空调工程

表3—12　　空调工程用各种顶棚送风口

送风口图示	形　式	气流类型及调节性能	适用范围
1. 圆锥形送风口 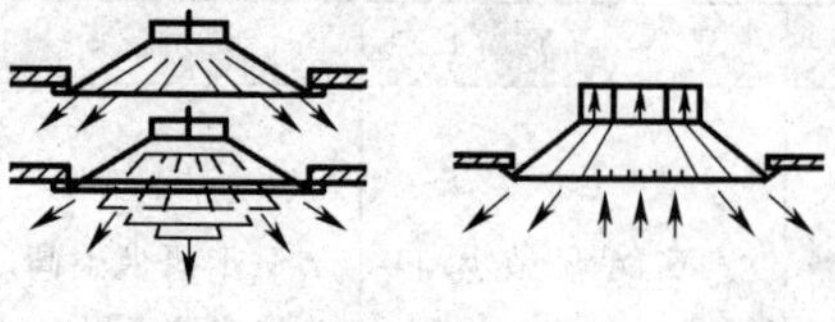	扩散圈为三层锥形面，带有风量调节阀	能调节风口风量，气流可实现下送流型和平送贴附流型	用于精度较高的工艺性空调及公共建筑的舒适性空调
2. 圆盘形送风口 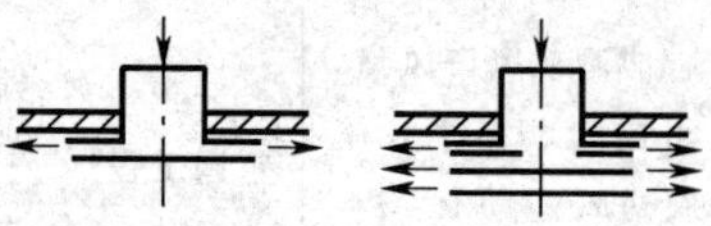	圆盘呈倒蘑菇形，拆装方便。带有阀板风量调节阀	能调节风口风量，气流可实现下送流型和平送贴附流型	用于精度较高的工艺性空调及公共建筑的舒适性空调

续表

送风口图示	形　式	气流类型及调节性能	适用范围
3. 方形散流器		可形成1～4个不同的送风方向，能调节风口风量，气流呈平送贴附流型	用于公共建筑的舒适性空调
4. 条缝形散流器	长宽比很大，叶片可实现一面或两面送风	气流呈平送贴附流型	用于公共建筑的舒适性空调

2. 气流组织的特点

通过各种不同的气流组织方式，使室内气流合理地流动和均匀分布，以达到使空调房间的温度、气流速度、湿度、洁净度都能满足舒适条件和工艺性要求。目前常见的气流组织形式如图 3—55～图 3—58 所示。表 3—13 为气流组织的基本形式及特点。

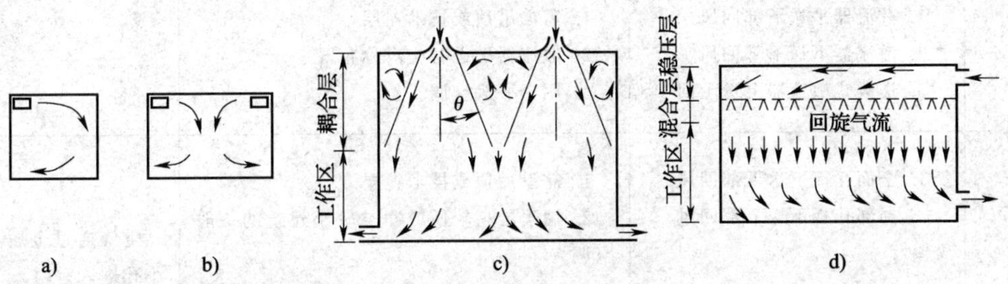

图 3—55　上送风下回风

a）单侧上送风、单侧下回风　b）双侧上送风、双侧下回风

c）顶部散流器送风、双侧下回风　d）顶部孔板送风、单侧下回风

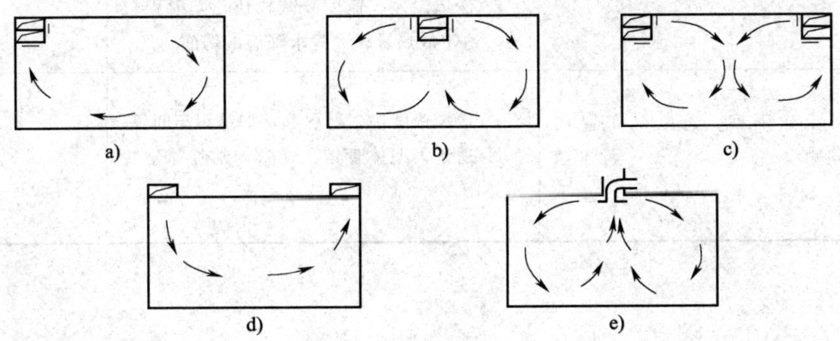

图 3—56　上送风上回风

a）单侧上送上回风　b）c）双侧上送上回风

d）风口装于吊顶，一侧送一侧回　e）暗装的吸送式散流器

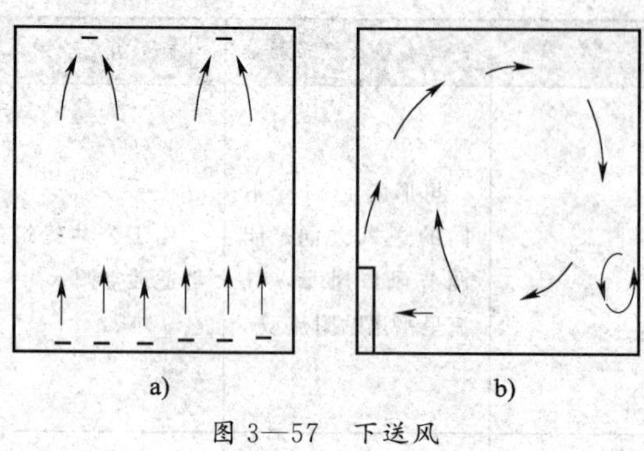

图 3—57 下送风

a）下送上回 b）下送下回

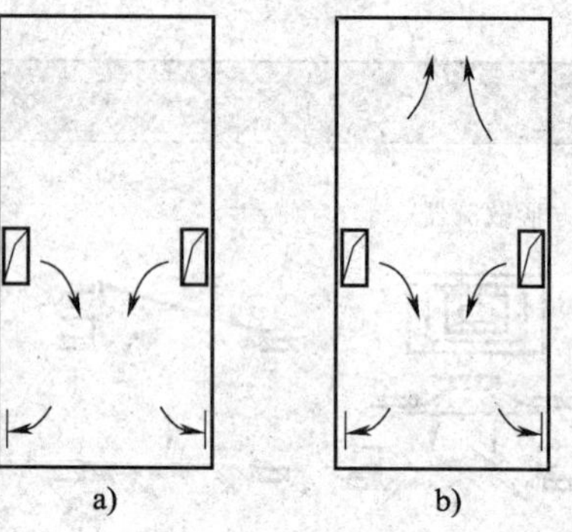

图 3—58 中送风

a）双侧中送下回 b）中送下回、顶部排风

表 3—13 气流组织的基本形式及特点

送风方式	常见气流组织形式	特点及适用范围	备注
侧面送风	1. 单侧上送下回 2. 单侧上送上回 3. 双侧上送下回	1. 风速一般为 2～5 m/s 2. 风口贴顶布置，宜采用可调双层百叶风口，回风口宜设在送风口同侧 3. 用于一般空调	空气通过可调百叶窗风口进入室内
散流器送风	1. 散流器平送下部回风 2. 散流器下送下部回风 3. 送吸式散流器上送上回	1. 需设吊顶或技术夹层 2. 散流器平送时应对称布置 3. 用于一般空调	
孔板送风	1. 全面孔板下送下部回风 2. 局部孔板下送下部回风	1. 需设吊顶或技术夹层 2. 用于层高较低或净空较小建筑的一般空调 3. 适于对区域温差和工作风速要求严格，室温波动要求严格的场合	空气通过金属板上的小孔进入室内
条缝送风	条缝型风口下送下部回风	1. 风速 2～4 m/s 2. 送风温差、速度衰减较快，其射程较短，适于散热量较大只求降温的房间	
喷口送风	上送下回、送风口布置在同侧	1. 送风速度快，射程远，如纺织车间等 2. 适于大型体育馆、礼堂、剧院等公共建筑中	

第四章　中央空调的冷（热）源装置

木章主要介绍了为空气处理设备提供冷源的活塞式/涡旋式、离心式、螺杆式、溴化锂吸收式冷水机组。着重阐述了各种冷水机组的特点、工作流程及主要部件结构、工作原理。掌握各种冷水机组的结构和工作原理是本章的重点。难点是掌握各种冷水机组的能量调节方法。

中央空调的冷（热）源装置是指向空气处理机组、风机盘管和新风机组提供冷量（热量）的设备。冷源有两类，一类是天然冷源，如冰或深井水；另一类是人工冷源，如常用各种冷水机组。冷水机组按使用能源不同分为电制冷系统（又称为蒸汽压缩式）和热制冷系统（吸收式）。电制冷系统按照压缩机形式不同分为活塞式/涡旋式、离心式和螺杆式冷水机组。热制冷系统按热量来源不同分为蒸汽式、热水式、直燃型溴化锂吸收式冷水机组。冷水机组按冷凝器的冷却方式不同分为水冷式、风冷式、蒸发式。热源常采用锅炉、热泵机组等。

《公共建筑节能设计标准》（GB 50189—2015）中要求采用电动机驱动的蒸汽压缩循环冷水（热泵）机组时，其在名义制冷工况和规定条件下的性能系数（*COP*）应符合下列规定：

水冷定频机组及风冷或蒸发冷却机组的性能系数（*COP*）不应低于表 4—1 中的数值；水冷变频离心式机组的性能系数（*COP*）不应低于表 4—1 中数值的 0.93 倍；水冷变频螺杆式机组的性能系数（*COP*）不应低于表 4—1 中数值的 0.95 倍。

表 4—1　　冷水（热泵）机组的制冷性能系数（COP）

类型		名义制冷量 *CC*（kW）	性能系数 *COP*（W/W）					
			严寒A、B区	严寒C区	温和地区	寒冷地区	夏热冬冷地区	夏热冬暖地区
水冷	活塞式/涡旋式	*CC*≤528	4.10	4.10	4.10	4.10	4.20	4.40
	螺杆式	*CC*≤528	4.60	4.70	4.70	4.70	4.80	4.90
		528<*CC*≤1 163	5.00	5.00	5.00	5.10	5.20	5.30
		CC>1 163	5.20	5.30	5.40	5.50	5.60	5.60
	离心式	*CC*≤1 163	5.00	5.00	5.10	5.20	5.30	5.40
		1 163>*CC*≤2 110	5.30	5.40	5.40	5.50	5.60	5.70
		CC>2 110	5.70	5.70	5.70	5.80	5.90	5.90
风冷或蒸发冷却	活塞式/涡旋式	*CC*≤50	2.60	2.60	2.60	2.60	2.70	2.80
		CC>50	2.80	2.80	2.80	2.80	2.90	2.90
	螺杆式	*CC*≤50	2.70	2.70	2.70	2.80	2.90	2.90
		CC>50	2.90	2.90	2.90	3.00	3.00	3.00

采用直燃型溴化锂吸收式冷（温）水机组时，其在名义工况和规定条件下的性能参数应符合表 4—2 的规定。

表 4—2　　直燃型溴化锂吸收式冷（温）水机组的性能参数

工　况		性能参数	
冷（温）水进/出口温度（℃）	冷却水进/出口温度（℃）	性能系数 *COP*（W/W）	
		制冷	制热
12/7（供冷）	30/35	≥1.20	—
-/60（供热）	—	—	≥0.90

通过表 4—1 和表 4—2 的分析，若供电不紧张，冷源应优先选用电力驱动的制冷机。若供电紧张，冷源选用直燃型溴化锂吸收式冷水机组。从性能系数比较考虑，电力驱动的制冷机性能系数高于吸收式制冷机。按性能系数的高低，电力驱动的制冷设备的性能系数从大到小为：离心式、螺杆式、活塞式/涡旋式。一般来说，对于单机制冷量大于 1 163 kW 的大型空调系统，宜选用离心式冷水机组；对于制冷量在 528～1 163 kW 的中型空调系统，宜选用螺杆式或离心式制冷机组；对于小型空调系统，当制冷量小于 528 kW 时，宜选用活塞式/涡旋式制冷机组。

第一节　活塞式冷水机组

图 4—1 所示是 2016—2017 年度主要冷水机组销售情况。从图中可以看出，各类冷水机组因为自身的优势都占据了一定的市场规模。离心式冷水机组在大冷量区间节能优势明显，广泛应用于各大、中型公共场所。螺杆式冷水机组的可靠性高、适应性强、操作维护方便，是大型冷水机组市场中应用范围最广的产品。涡旋式压缩机的效率高、可靠性好，在模块式冷水机组（它是由多台模块化冷水机单元并联组合而成，有至少两个完全独立的制冷系统，由变频或定频压缩机、蒸发器、冷凝器及控制器等组成）或热泵机组中得到了广泛应用。而活塞式冷水机组因为压缩机生产工艺成熟，仍然占据一席之地。

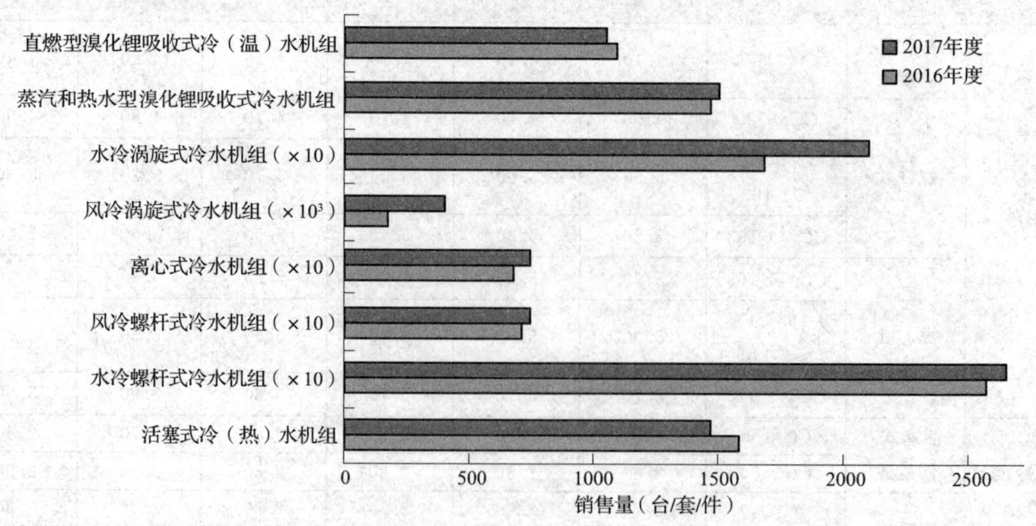

图 4—1　2016—2017 年度主要冷水机组销售情况

本教材以开利 30HR 活塞式冷水机组为例进行介绍。

一、活塞式冷水机组

1. 活塞式冷水机组的特点

活塞式冷水机组由压缩机、冷凝器、蒸发器、热力膨胀阀以及机组配套的控制柜及自动能量调节和自动安全保护装置等组成。国内应用较多的活塞式冷水机组是上海合众-开利空调设备有限公司生产的 30HK、30HR 系列活塞式冷水机组，其制冷量范围为 87～930 kW。

活塞式冷水机组的主要特点有：

（1）技术较为成熟，系统比较简单

活塞式压缩机是各种类型的压缩机中问世最早、应用较广的一种机型，其技术成熟，加工容易，造价低，系统比较简单。

（2）适应范围广，能量调节灵活

活塞式冷水机组的冷却形式有水冷式和风冷式两种类型。制冷压缩机的数量（根据机组制冷量配置）最多可达 8 台，制冷系统的回路有单制冷回路和双制冷回路两种形式。双制冷回路冷水机组具有两组相互独立的制冷回路，当一组保护停机或发生故障时，另一组仍能继续运行，性能可靠。

活塞式冷水机组的能量调节有改变压缩机工作气缸数量、改变工作压缩机数量及两种方式组合使用，使冷水机组能更好适应空调负荷的变化。活塞式冷水机组能适应较广的压力范围和制冷量需求，特别是在偏离设计工况时，单位制冷量的电耗较低，热效率较高。

（3）零部件多，维护工作量大，单位制冷量质量指标较大

活塞式压缩机零部件多，易损件多，维修复杂，维护费用高；压缩比低，单机制冷量小；单机头部分负荷下调节性能差，不能实现无级调节；活塞属上下往复运动，振动较大；单位制冷量质量指标较大。

2. 活塞式冷水机组的工作流程

下面以开利 30HR－161 型机组为例，介绍活塞式冷水机组的制冷系统工作流程。该机组名义制冷量 464 kW，制冷剂 R22，共有 4 台压缩机、两台冷凝器和一台具有两个并列制冷回路的蒸发器。压缩机编号为 1、2 的曲轴箱彼此连通，压缩机编号为 3、4 的曲轴箱彼此连通，以保证各台压缩机在各自系统中的回油均匀。这种双回路冷水机组因有两组独立的制冷剂回路，故当其中一组发生故障时，另外一组制冷剂回路仍能继续工作。4 台压缩机中如果任一台发生故障，可将这台有故障的压缩机吸排气截止阀关闭，整个机组可以继续运行。第一回路采用两台 06E6 压缩机，其中每台一对气缸可卸载。第二回路采用两台 06EF 压缩机，气缸不可卸载。

其制冷系统流程如图 4—2 所示。制冷剂 R22 蒸发后产生的低温低压制冷剂气体进入压缩机，在压缩机中经压缩成为高温高压气体排入冷凝器，在冷凝器中高温高压制冷剂被冷却冷凝成为液体，这部分液体经干燥过滤器后再经过供液电磁阀进入热力膨胀阀，节流降压至蒸发压力进入蒸发器，在蒸发器中吸收冷冻水的热量蒸发，最后又回到压缩机中被压缩，如此循环，产生制冷效应。

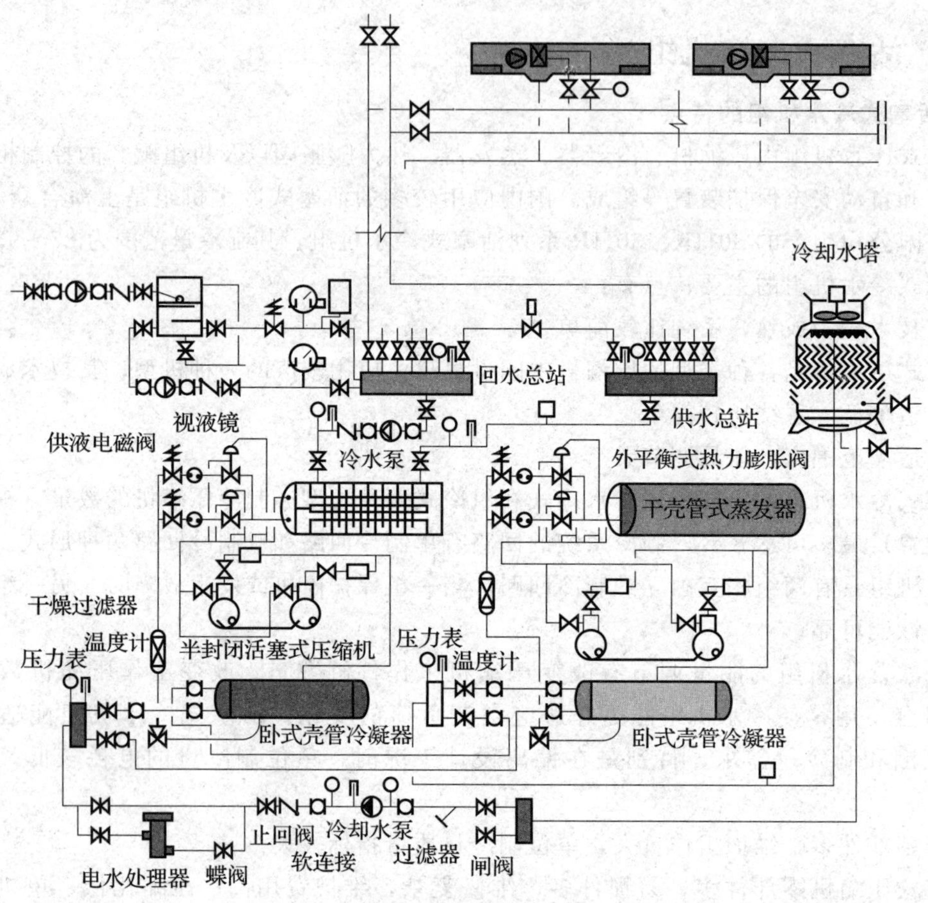

图 4—2　30HR－161 型机组的制冷系统流程

制冷系统中的正常运行参数见表 4—3。

表 4—3　　30HR－161 型活塞式冷水机组的正常运行参数（R22）

参数	正常范围
蒸发压力	0.4～0.55 MPa
吸气温度	蒸发温度＋（5～10)℃过热度
冷凝压力	1.7～1.8 MPa
排气温度	110～135℃
冷却水压差	0.05～0.10 MPa
冷却水温度	4～5℃
油温	低于 74℃
油压差	0.05～0.08 MPa
电动机外壳温度	低于 51℃

3. 活塞式冷水机组的主要部件

（1）制冷压缩机

通过制冷压缩机在系统中建立压力差，迫使制冷剂在系统中循环。制冷压缩机起到压缩和输送制冷剂以实现连续制冷的作用。

活塞式制冷压缩机气缸直径小于 70 mm 的压缩机为小型；气缸直径在 70～170 mm 的为中型；大型多为非系列产品。按气缸布置形式可分为卧式、直立式和角度式（有 V 形、W 形和 S 形）。按压缩机的级数可分为单级压缩和多级压缩。按与电动机的连接方式可分为开启式、半封闭式、全封闭式。

开利 30HR、30HK 系列机组采用的是 06E 系列半封闭式制冷压缩机。图 4—3 所示是该压缩机的外形及接口示意图。

图 4—3　06E 系列半封闭式制冷压缩机的外形及接口示意图

1—排气温度传感器插入口　2—吊耳　3—低压压力连接口（压力释放口）
4—NPT 加油连接与油压开关低压侧连接口　5—NPT 油压开关高压侧连接口
6—视油镜　7—能量调节线圈安装处　8—电器接线盒　9—排油口　10—曲轴箱加热器插入口

06E 系列半封闭式制冷压缩机采用电动机转子和压缩机曲轴为同一根轴，其结构紧凑，噪声低。其基本结构如图 4—4 所示，来自蒸发器的低温低压制冷剂蒸气经过吸气截止阀进入压缩机，经过吸气过滤器过滤后，流经电动机，带走电动机绕组的热量，然后再进入吸气腔，压缩机活塞在曲轴的带动下做往复运动，完成吸气、压缩、排气、膨胀的过程。压缩后的制冷剂蒸气经过排气截止阀进入冷凝器。

06E 系列制冷压缩机的润滑系统是这样工作的：油泵 5 通过滤油器 1、吸油管 2 将曲轴箱 10 中的润滑油吸入，加压后通过曲轴上的油路通道，分别送往轴承座 3、主轴承 12 和曲柄销，润滑曲轴前后轴承和连杆大头。连杆小头和气缸与活塞之间的润滑则依靠曲轴高速旋转中飞溅出的润滑油。压缩机排气中夹带的润滑油雾滴和蒸汽，在冷凝器中与液态制冷剂溶解在一起，最后流回压缩机，在压缩机的电动机室内分离出的润滑油聚集在电动机室下部，经油孔 17 流入曲轴箱内的油池。油压调节阀的作用是设定油泵的排油压力，以保证有足够的润滑油量。油泵装于曲轴的后端，依靠曲轴驱动。

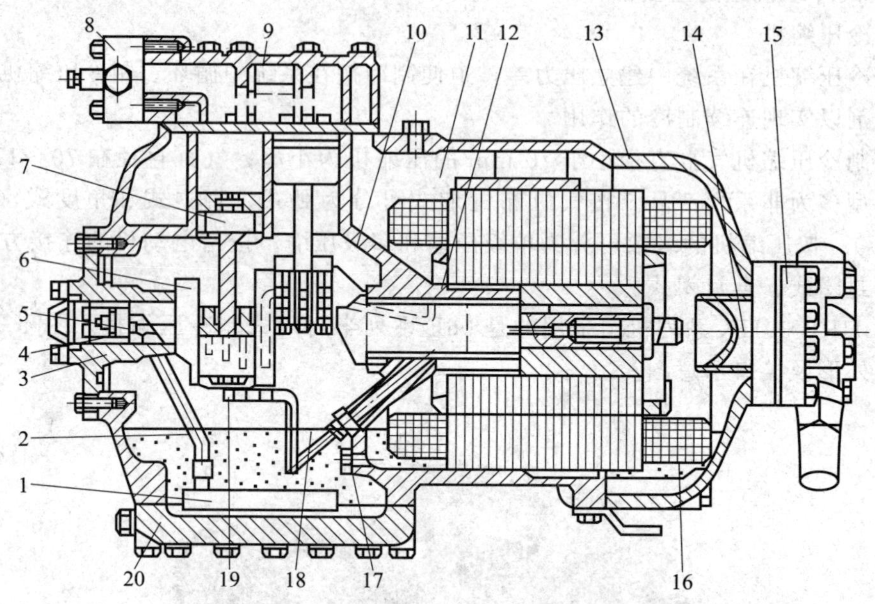

图 4—4　06E 系列压缩机的基本结构

1—滤油器　2—吸油管　3—轴承座　4—油泵轴承　5—油泵　6—曲轴　7—活塞连杆组　8—排气截止阀　9—气缸盖　10—曲轴箱　11—电动机室　12—主轴承　13—电动机室端盖　14—吸气过滤器　15—吸气截止阀　16—内置电动机　17—油孔　18—油位　19—油压调节阀　20—底盖

（2）冷凝器

冷凝器的作用是将压缩机排出的高压过热制冷剂蒸气经过冷凝器后，将热量传递给周围介质（水或空气），制冷剂蒸气自身冷却散热后凝结为高压中温液体。冷凝器按照冷却介质不同可分为空气冷却式（常称风冷式）、水冷式和蒸发式。

1）风冷式冷凝器。风冷式冷凝器一般分为自然对流式和强迫对流式两种。风冷式冷凝器的冷却效果一般，但结构简单，安装方便，通常多用于小型氟化合物制冷装置中。

2）水冷式冷凝器。水冷式冷凝器是利用冷却水介质来吸收制冷剂蒸气的热量并使其冷凝成液体，其主要类型有壳管式冷凝器、套管式冷凝器和水浸式冷凝器等。由于使用了冷却水介质，使设备冷凝温度较低，对压缩机的制冷能力和运行经济性都比较有利。

①卧式壳管式冷凝器（见图 4—5）。卧式壳管式冷凝器是由一个钢板卷制焊接成的圆柱形筒体，在筒体内部装有一组直管管束，通过管板将管束固定在筒内。使用中，制冷剂蒸气在管束的外表面冷凝，冷却水在泵的作用下在管内流动。蒸气与水发生热交换后凝结成液体，由壳下部流入储液器中，经出液管再经节流阀进入蒸发器实现再循环。卧式壳管式冷凝器的两端用两个端盖封住，端盖内部设有隔板，隔板可使冷却水在管子内多流程、快流速。另外，冷却水的进出口设在同一端盖上，而且冷却水从下方流入，上方流出，可使水充满整个管子内腔，使冷却水与制冷剂进行充分的热交换。卧式壳管式冷凝器的结构紧凑，传热系数大，冷却水消耗量小，但水流阻力较大，要求冷却水水质好，以免清洗水垢不方便。

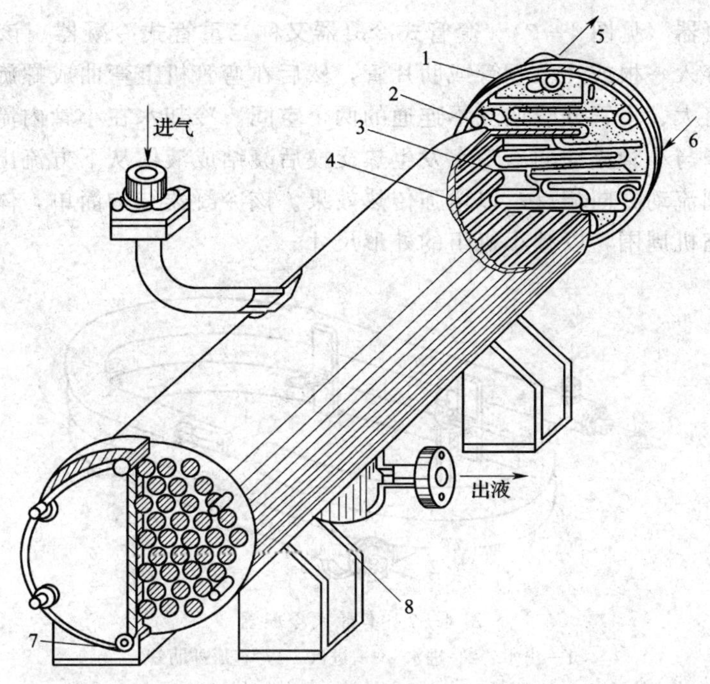

图 4—5　卧式壳管式冷凝器

1—端盖　2—橡胶圈　3—管板　4—冷凝管　5—出水　6—进水　7—放水阀头　8—支座

②立式壳管式冷凝器（见图 4—6）。立式壳管式冷凝器是直立安装，只用于中型及大型氨制冷装置中。与卧式壳管式冷凝器相比，立式壳管式冷凝器两端没有端盖，冷凝水从上部配水箱进入冷凝器管内，经导流水嘴以螺旋线状沿管内壁向下流动。因此，其传热系数比卧式壳管式冷凝器小，冷却水用量大，体积大，但对冷却水的水质要求不高，可露天安装。

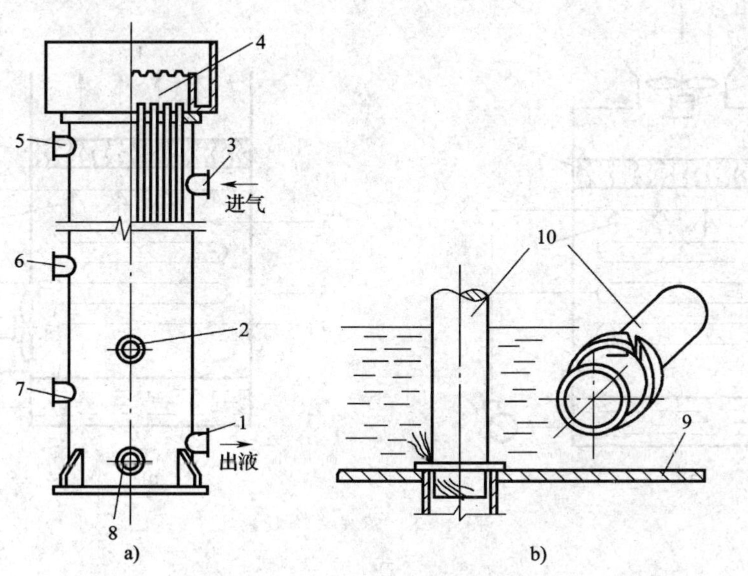

图 4—6　立式壳管式冷凝器

a）冷凝器外形　b）导流管嘴

1—出液管接头　2—压力表接头　3—进气管接头　4—配水箱　5—安全阀接头　6—均压管接头　7—放空气阀接头　8—放油管接头　9—管板　10—导流管嘴

③套管式冷凝器（见图 4—7）。套管式冷凝器又称二重管式冷凝器。该冷凝器是在一根大直径的钢管内穿入一根或几根铜管或肋片管，然后在弯管机上弯曲成螺旋形状。大管的两端用特制的接头将大、小管分隔成互不连通的两个空间。冷却水在小管内流动；制冷剂从蒸气盘管上端进入，与小管流动的冷却水发生热交换后凝结成液体从下方流出；而冷却水则下进上出，与制冷剂流动方向相反，以增强传热效果。该冷凝器结构简单，体积小，传热性能好，可套装在压缩机周围，以减小机组的外形尺寸。

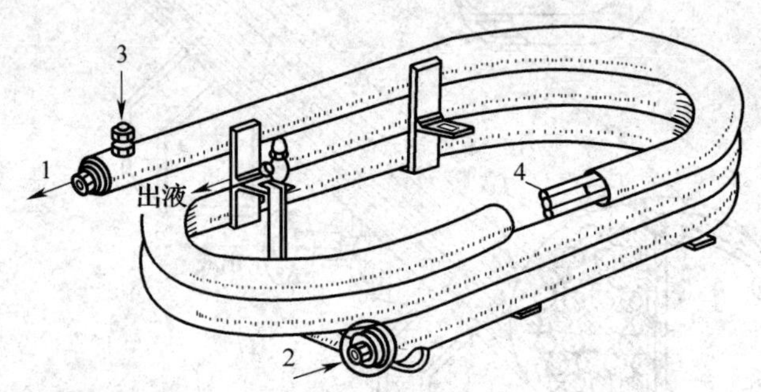

图 4—7　套管式冷凝器

1—出水　2—进水　3—进汽　4—直形外肋管

3）蒸发式冷凝器（见图 4—8）。蒸发式冷凝器的盘管组装在一个由钢板制成的箱体内，箱体的底部作为水盘，由浮球阀控制一定的水位。冷却水由水泵经喷嘴喷淋在盘管的外表面上，盘管内的制冷剂蒸气被冷却水冷凝；冷却水吸收制冷剂的热量后，在流动空气的作用下，一部分变成水蒸气被强迫流动的空气带走；另一部分水流入水盘进行再循环。根据风机所在位置不同，当风机在上时为吸入式，在下时为鼓风式。鼓风式的使用效果要比吸入式略好。

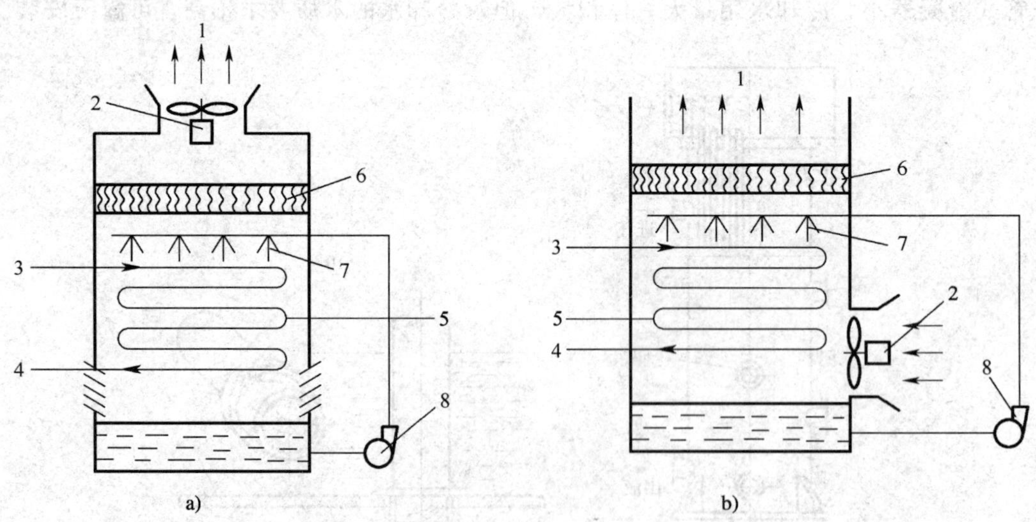

图 4—8　蒸发式冷凝器

a）吸入式　b）鼓风式

1—空气　2—风机　3—制冷剂蒸气　4—制冷剂冷凝液　5—蛇形换热管　6—挡水板　7—喷嘴　8—水泵

30HR－161 型机组的冷凝器是卧式壳管式换热器，筒身外径 325 mm，总长度 1 772 mm，采用内外翅片高效换热管 94 根，一侧端盖上装有 DN70 的进出水法兰接口，冷却水下进上出，水程为 2，每个冷凝器的水流量为 50 m^3/h，压头损失为 30 kPa，冷却水设计温升为 5℃，另一侧端盖装有 3/8 in（1 in＝25.4 mm）的排气旋塞。工作时高温高压制冷剂由壳体的顶部进气管进入管束间的空隙，冷却水带走制冷剂冷却冷凝所放出的热量，制冷剂被冷却冷凝为液体，经壳体下部出液管排出。

（3）蒸发器

蒸发器的作用是将与它接触的被冷却媒介（水、空气等）的热量与低温制冷剂进行交换，使制冷剂蒸发吸热，被冷却媒介降温。蒸发器是制冷系统中制取冷量和输出冷量的设备。蒸发器根据被冷却介质的特性，分为冷却空气的蒸发器和冷却液体载冷剂的蒸发器两大类。

1）冷却空气的蒸发器（见图 4—9）。冷却空气的蒸发器又称直冷式或直接膨胀式蒸发器。它通过排管直接冷却空气，所以降温速度快，冷量损失小，结构简单，容易安装和维修，通常用于中小型制冷设备中。按空气对流循环方式的不同，冷却空气的蒸发器分为自然对流式和强迫对流式两种。

2）冷却液体载冷剂的蒸发器。冷却液体载冷剂的蒸发器又称间冷式蒸发器，常用于大型制冷设备中。

①卧式壳管式蒸发器（见图 4—10）。卧式壳管式蒸发器的结构与卧式壳管式冷凝器基本相似。只是充满管束外壁的不是制冷剂蒸气，而是变成了制冷剂液体。管束中流动的水为载冷剂。低温低压的制冷剂液体由蒸发器下部进入，吸收载冷剂的热量而汽化，而载冷剂由于放热而变冷，成为冷媒以调节空气。卧式壳管式蒸发器中的制冷剂液面一般稳定在 70％～80％的液面高度，因此又称满液式蒸发器。其特点是：结构紧凑，传热性能好，制冷剂充注量大，液体静压力对蒸发温度影响大。

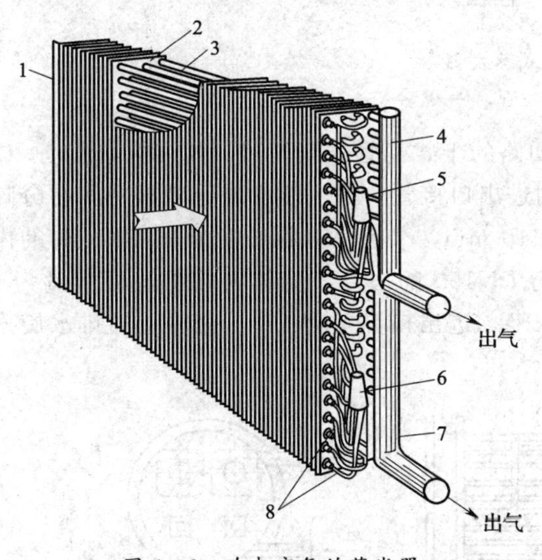

图 4—9 冷却空气的蒸发器

1—框架 2—肋片 3—蒸发管 4、7—集气管

5、6—分液器 8—毛细管

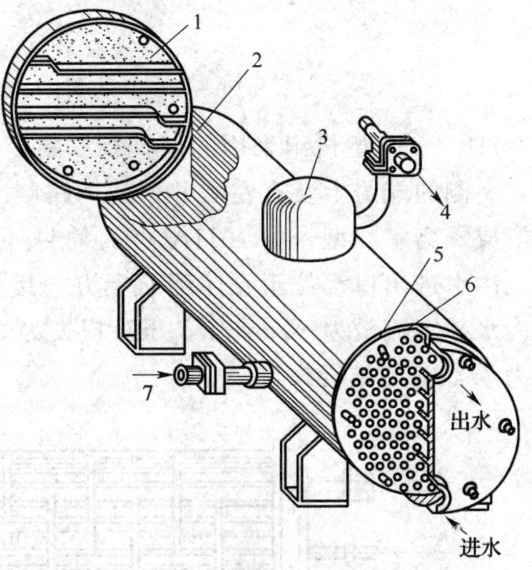

图 4—10 卧式壳管式蒸发器

1—端盖 2—蒸发管 3—集气室 4—出气

5—管板 6—橡胶垫圈 7—进液

②干式蒸发器（见图 4—11）。干式蒸发器的结构与卧式壳管式蒸发器基本相似。其内在不同点在于：干式蒸发器中的制冷剂在管中流动，而载冷剂则在制冷剂管束间的蒸发管内

流动。因此，干式蒸发器中制冷剂的充注量比较少，其液面高度为 35%～40%。其特点是：克服了满液式蒸发器的一些缺点，而且冷量损失小，不会发生管子冻结现象，但结构比较复杂，制冷剂在管内分配不均匀，容易泄漏。

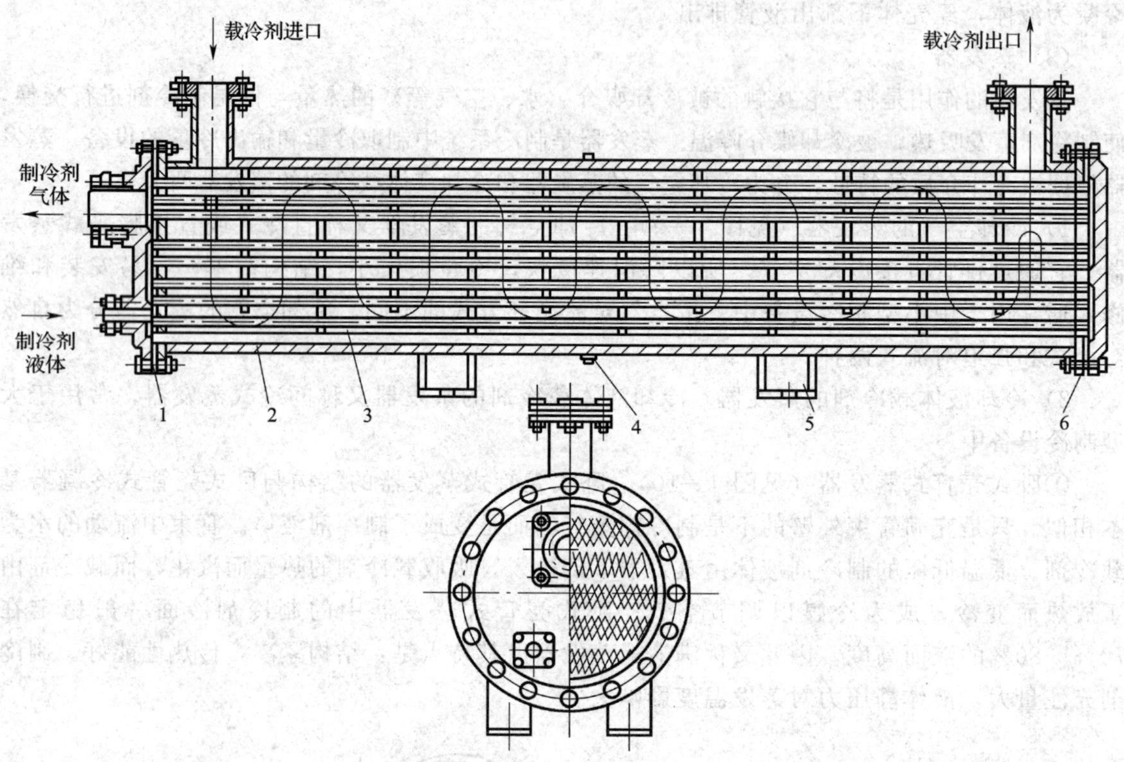

图 4—11　干式蒸发器

1、6—端盖　2—筒体　3—蒸发管　4—螺塞　5—支座

30HR－161 型机组采用的是具有双制冷剂回路的干式壳管式蒸发器，其结构如图 4—12 所示，一侧的端盖上装有左右并列的两路制冷剂进出口接管，另一侧端盖与管板之间有分隔板，形成隔离室。型号为 10HA160，筒身外径 410 mm，共有 258 根长度为 2 784 mm 的内肋管。冷水进出口都位于壳体侧面上方，接口为 DN150 的法兰。壳体内的折流板数量为 9 块。冷水额定流量为 80 m^3/h，压头损失为 38 kPa，进出口温差为 5℃，壳体上的排水旋塞口径为 3/4 in 的锥管螺纹。

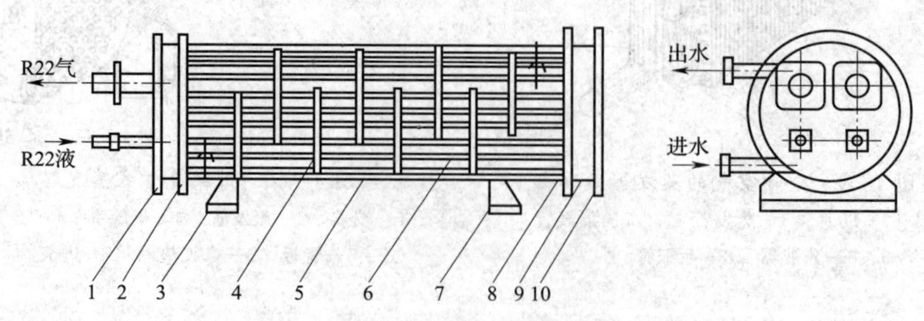

图 4—12　双制冷回路蒸发器的结构

1—前端盖　2、8—管板　3、7—底脚　4—折流板　5—壳体　6—传热铜管　9—隔离室　10—后端盖

（4）膨胀阀

一般活塞式冷水机组采用热力膨胀阀作为系统的节流装置。热力膨胀阀安装在冷凝器和蒸发器之间，感温包安装在蒸发器出口的制冷剂管道上，用于感受制冷剂的过热度，控制蒸发器的过液量。

热力膨胀阀按照结构不同，分为内平衡式热力膨胀阀和外平衡式热力膨胀阀。根据力平衡元件的不同，又可以分为膜片式和波纹式两种。

1）内平衡式热力膨胀阀。图 4—13 是内平衡式热力膨胀阀。工作时，弹性金属膜片上部受感温包内介质的压力 p_1 作用，下部受制冷剂压力 p_0 和弹簧力 p_2 的作用，膜片在三个力的作用下向上或向下鼓起，从而使阀孔关小或开大，调节制冷剂流量。当进入蒸发器的液量小于蒸发器热负荷的需要时，蒸发器出口处的蒸气过热度增大，膜片上方的压力大于下面的压力，就迫使膜片向下移动，通过推杆压缩弹簧，使阀孔开大，增大过液量；反之，当供液量大于蒸发器热负荷的需要时，蒸发器出口处的蒸气过热度减小，膜片上面的压力小于下面的压力，膜片向上移动，阀针上移，阀孔减小，减少制冷剂过液量。

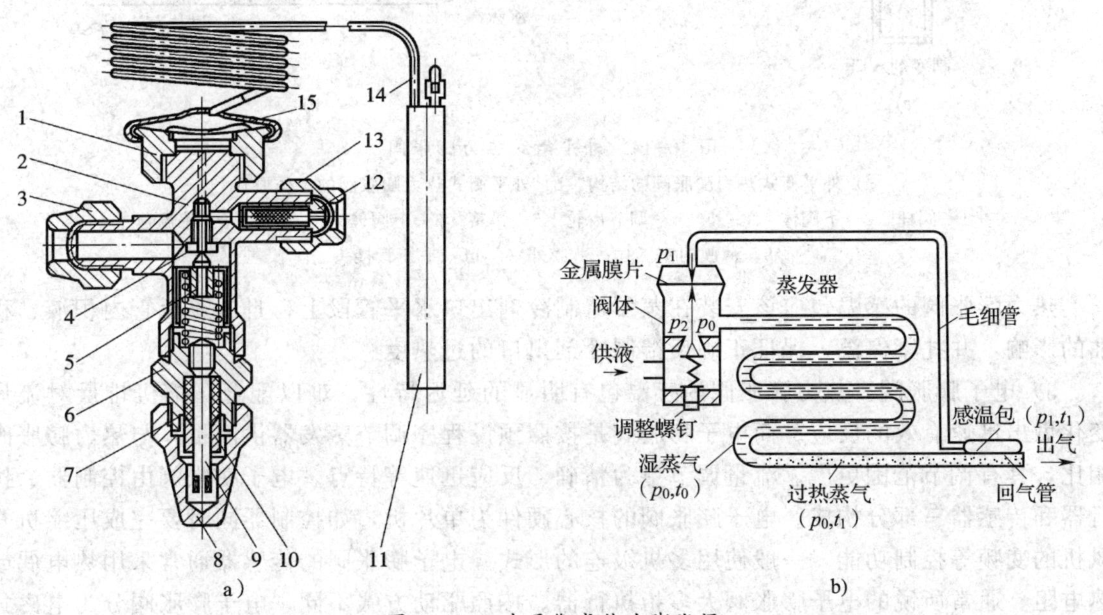

图 4—13　内平衡式热力膨胀阀

a）内平衡式热力膨胀阀的结构　b）内平衡式热力膨胀阀的工作原理

1—气箱座　2—阀体　3、13—螺母　4—阀座　5—阀针　6—调节杆座　7—填料　8—阀帽　9—调节杆　10—填料压盖　11—感温包　12—过滤器　13、14—毛细管　15—膜片

内平衡式热力膨胀阀适用于能量损失较小、蒸发器内压力降不大的系统中。

2）外平衡式热力膨胀阀。图 4—14 所示是外平衡式热力膨胀阀的结构及工作原理图。在蒸发器阻力较大、压力降较大、流量较大或多路供液的蒸发器中，通常采用外平衡式热力膨胀阀。这种膨胀阀与内平衡式热力膨胀阀在结构上的区别是多了一根平衡管，直径约为 6 mm 的平衡管接到蒸发器出口感温包下游约 100 mm 处，这样膜片下方的制冷剂压力不是阀后蒸气压力，而是蒸发器出口处制冷剂的压力，避免了蒸发器及蒸发器前分液器阻力损失的影响。另外，外平衡式热力膨胀阀的感温包内一般填有吸附剂（活性炭或硅胶等），可以改善膨胀阀的工作性能，使气箱内的压力只随感温包内的温度变化而变化，与毛细管所处的环境温度无关。30HK、30HR系列活塞式冷水机组通常采用外平衡式热力膨胀阀。阀在出厂时已整定到保持过热4.4～5.6℃，如无绝对需要，切勿重新整定。

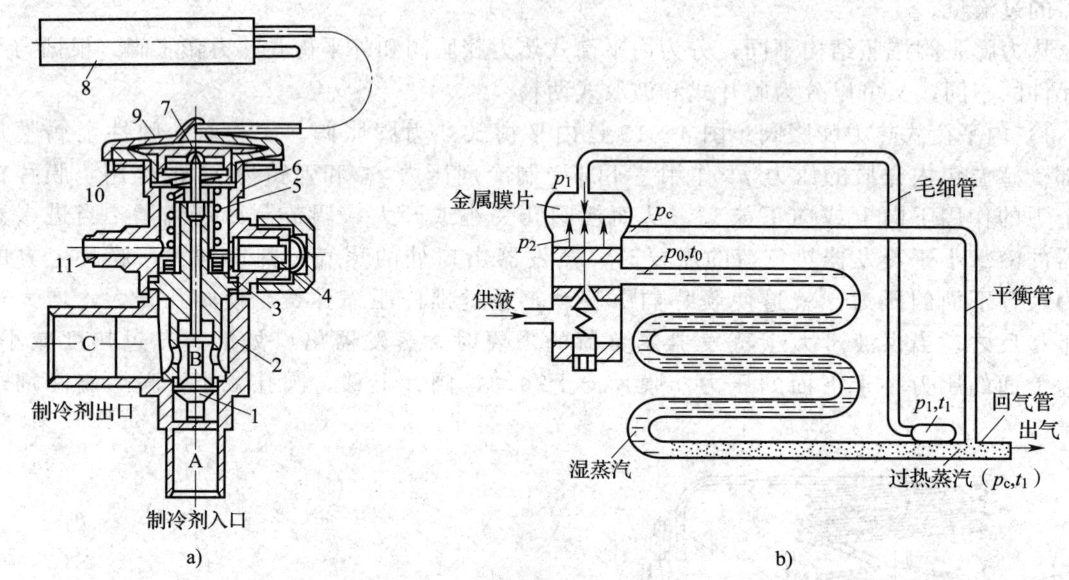

图4—14　外平衡式热力膨胀阀

a）外平衡式热力膨胀阀的结构　b）外平衡式热力膨胀阀的工作原理

1—阀杆　2—下阀体　3—垫　4—调节齿轮　5—弹簧　6—上阀体　7—薄膜　8—感温包　9—薄膜内室　10—薄膜外室　11—平衡管接头

热力膨胀阀的感温包应该安装在蒸发器制冷剂出口水平管段上，且应避免管内积液、积油的影响，并扎紧保温，保证正确反馈制冷剂出口的过热度。

3）电子膨胀阀。热力膨胀阀的感温包有明显的延迟特性，难以配合压缩机排量对流量变化做出迅速有效的反应。而电子膨胀阀是按照预设程序调节蒸发器供液量，与热力膨胀阀相比，具有调节范围更广、流量调节更为精确、反应迅速等特点。电子膨胀阀由控制器、执行器和传感器三部分构成。电子膨胀阀的核心硬件为单片机，如控制器同时要完成压缩机及风机的变频等控制功能，一般使用多机级连的形式。电子膨胀阀的传感器通常采用热电偶或热电阻。通常所说的电子膨胀阀大多指执行器。按照驱动方式不同，电子膨胀阀分为电磁式和电动式两类，电动式电子膨胀阀采用步进电动机驱动。

下面以丹佛斯ETS电子膨胀阀（见图4—15）为例，说明电子膨胀阀的工作原理。该电子膨胀阀适用制冷剂有氢氯氟烃类（简称HFCs，包括R22和R123等）和氢氟烃类（简称HCFCs，包括R410A)。该电子膨胀阀系统主要由以下部件组成：

电子膨胀阀阀体ETS：根据接收到的脉冲信号控制膨胀阀开度，保证适当的供液量和合适过热度。

控制器EKC316：是系统的核心部件，接收压力传感器送来的4～20 mA电流信号和温度传感器送来的电阻值信号，根据这些信号，通过内部的计算发出脉冲信号来控制电子膨胀阀的开度，保证系统供液量和过热度。正常运转时，控制器显示系统的实际过热度。

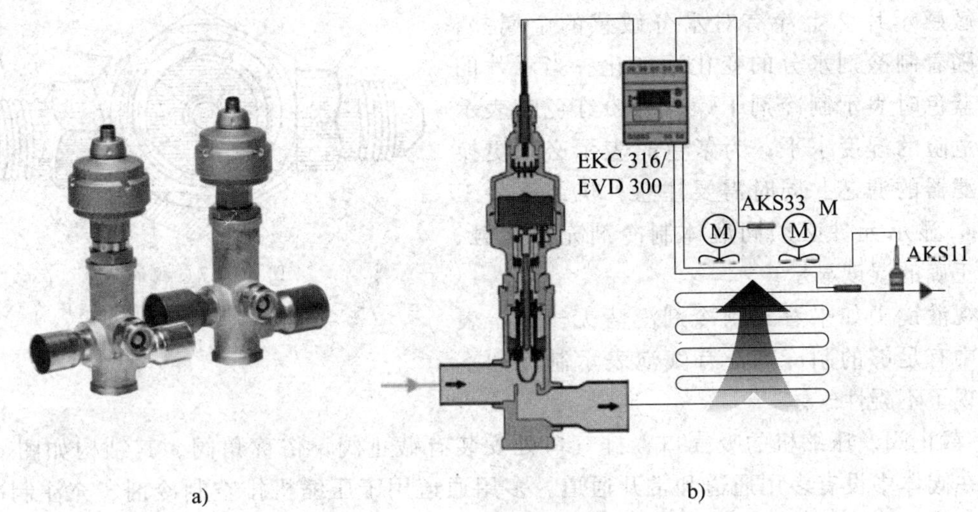

图 4—15　丹佛斯 ETS 电子膨胀阀
a）实物　b）工作原理示意图

压力传感器 AKS33：检测蒸发压力，并将压力值转变成 4～20 mA 的电流信号。

温度传感器 AKS11：不同的温度对应不同的电阻值。

该电子膨胀阀系统的工作原理如下：根据控制器采样压力传感器送来的 4～20 mA 电流信号和温度传感器送来的电阻信号，计算出当前实际过热度；根据设定参数，计算出应达到的要求过热度；根据实际过热度和要求过热度，结合控制器的参数设定，以一定的反应方式来调节电子膨胀阀开度，使其尽量接近要求过热度；反复检测两个过热度之间的差异，逐步实时调整膨胀阀开度。

（5）辅助部件

制冷系统中的辅助部件有干燥过滤器、视液镜、截止阀和止回阀等。

1）干燥过滤器。氟利昂制冷系统一般均需设置干燥过滤器，装在液体管路上吸附制冷剂中的水分，以防止发生“冰堵”。在干燥过滤器的两端装有铁丝网或铜丝网，以减少杂质和干燥剂进入管路系统中。

30HK、30HR 系列活塞式冷水机组通常采用模压成型的多孔滤芯，滤芯起到脱水和过滤的作用，滤芯失效后可以更换。常见过滤器如图 4—16 所示。

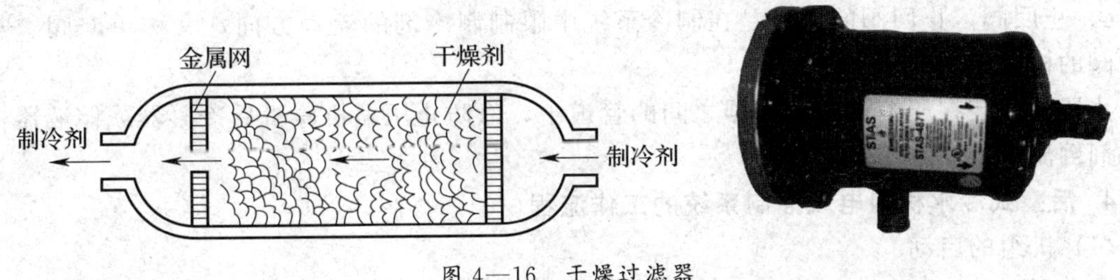

图 4—16　干燥过滤器

2）视液镜。视液镜安装在热力膨胀阀之前，用以显示制冷剂或润滑油的流动情况，还可以指示制冷剂中含水量的变化。

如图 4—17 所示为视液镜的结构示意图。其中水分敏感示片 2 上涂有对水分敏感的金属盐，其颜色随着制冷剂水分的变化而变化。当示片的颜色为蓝色时表示制冷剂干燥；为粉红色时表示出现了危险的湿度水平；为紫色时表示必须更换干燥过滤器的滤芯。同时需要注意，机组至少工作 12 h，显示元件必须同液体制冷剂充分接触，才能有正确的湿度显示。

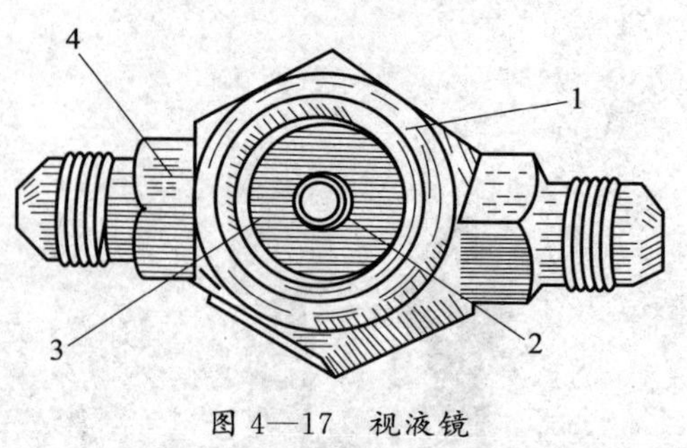

图 4—17　视液镜
1—比色片　2—水分敏感示片
3—观察玻璃　4—本体

从视液镜中如果看到制冷剂澄清无气泡，表示系统中有足够的制冷剂，有气泡表示制冷剂不足或出现了不凝性气体。

3）截止阀。压缩机的吸气口、排气口处安装有截止阀，俗称角阀。其结构如图 4—18 所示，在阀体中设有多用通道和常开通道。多用通道用于压缩机排空制冷剂、充注制冷剂、补充冷冻润滑油或安装控制仪。

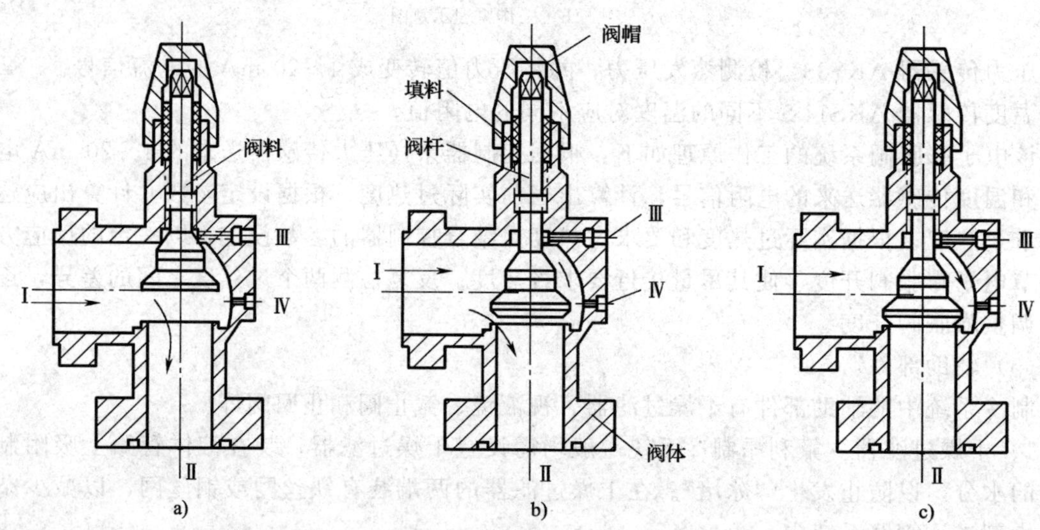

图 4—18　压缩机截止阀
a）多用通道关闭　b）全开状态　c）关闭状态
Ⅰ—接压缩机　Ⅱ—接管道　Ⅲ—多用通道　Ⅳ—常开通道

4）止回阀。止回阀的作用是在制冷系统中限制制冷剂的流动方向，又称单向阀。常用止回阀的构造如图 4—19 所示。

止回阀多装在压缩机与冷凝器之间的管道中，以防止压缩机停机后冷凝器或储液器中的制冷剂倒流。

4. 活塞式冷水机组电气控制系统的工作流程

（1）机组的启动

以开利 30HR－161 机组为例，该机组具有两组独立的制冷回路，分别叫作 A 系统和 B 系统，每一回路有两台活塞式压缩机。机组启动时先确定哪个回路开始启动，将选择按钮放在“A”或“B”的位置上。确定好后按“ON”或“1”按钮，机组就可以启动。如果选择

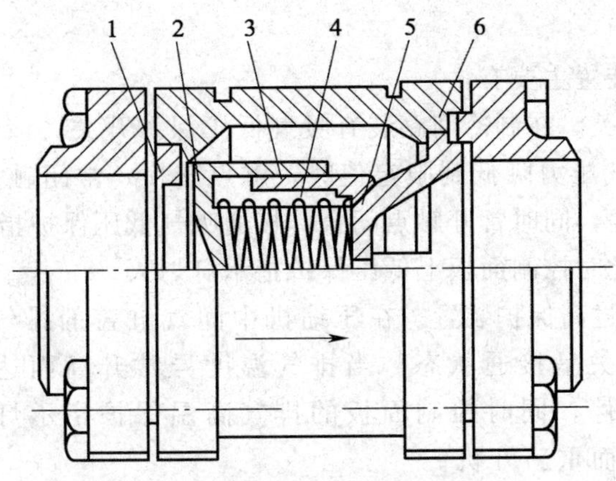

图 4—19 常用止回阀的结构

1—阀座 2—阀芯 3—阀芯座 4—弹簧 5—支撑座 6—阀体

按钮放在“A”的位置，则 A 系统的第一台压缩机首先启动，需要增载时，1.5～3 min 后会自动启动 B 系统的第一台压缩机；如果还需要增载，再过 1.5～3 min 后机组自动再启动 A 系统的第二台压缩机，依次交替启动。直至两个回路的压缩机全部启动运行为止。

（2）制冷量调节

30HR－161 型活塞式冷水机组的制冷量调节方式见表 4—4。该机组的制冷量调节由冷冻水温度控制器、分级控制器和一些由电磁阀控制的气缸卸载机构组成，通过感受冷冻水的回水温度来控制压缩机的工作台数或一台压缩机若干个工作气缸的上载或卸载。由于部分负荷时不是所有压缩机都在运行，考虑到制冷系统中要均衡各台压缩机的磨损和延长机组的使用寿命，控制板中有“1”和“2”两个顺序开关。

表 4—4 30HR－161 型活塞式冷水机组的制冷量调节方式

机组型号	控制级数	顺序开关为“1”						顺序开关为“2”					
		总制冷量（%）	工作气缸数					总制冷量（%）	工作气缸数				
			总数	环路 1		环路 2			总数	环路 1		环路 2	
				1号压缩机	2号压缩机	3号压缩机	4号压缩机			1号压缩机	2号压缩机	3号压缩机	4号压缩机
30HR－161	8	16.6	4	4				16.6	4		4		
		25.0	6	6				25.0	6		6		
		41.6	10	4		6		41.6	10		4	6	
		50.0	12	6		6		50.0	12		6	6	
		66.6	16	4		6	6	66.6	16		4	6	6
		75.0	18	6		6	6	75.0	18		6	6	6
		91.6	22	4	6	6	6	91.6	22	6	4	6	6
		100	24	6	6	6	6	100	24	6	6	6	6

（3）安全保护系统

压缩机的安全保护装置主要有：

1）吸气低压保护开关。在制冷回路装有吸气低压保护开关。该保护开关有一对转换触点，如遇异常原因使吸气压力降低到限定值时，触点转换，常闭触点断开，切断该控制回路，使该回路压缩机跳停，同时常开触点闭合，接通吸气低压保护指示灯，当压力回升后低压保护开关自动复位，此时控制面板上低压保护指示灯熄灭。

2）压缩机排气温度过高保护装置。在压缩机中间气缸盖的排气口处装有一只排气温度保护开关，正常时开关呈接通状态。当排气温度异常升高而达到限定值时，触点断开，使该回路压缩机跳停，同时控制面板的排气高温保护指示灯亮。机组跳停后必须按下停机开关才能恢复而重新开机。

3）排气压力过高保护开关。压缩机配备有一个高压保护开关。保护开关上有一对转换触点，由于异常原因引起排气压力升高并达到限定值时，触点转换，常闭触点断开，切断控制回路，使该回路压缩机跳停，同时常开触点闭合，接通高压保护指示灯。高压保护动作后需待压力降低后先按高压保护开关上的手动复位按钮，然而再将开-停开关拨到“停”位置才能复位并重新开机。

4）曲轴箱加热器。在压缩机的曲轴箱底部装有油加热器。当压缩机停机时，油温较低，此时制冷剂在油中的溶解度增加，制冷剂被油吸收，使油变稀、黏度降低、润滑性能变差。压缩机启动时，油中溶解的制冷剂因曲轴箱的压力降低而沸腾汽化，产生大量的气泡，且被排气带走，严重时会引起抱轴、损坏曲轴和连杆等现象，甚至烧坏电动机。因此，当压缩机停机后（或未启动时），接触器的常闭触点接通油加热器，使曲轴箱加热，保持一定的油温。因此，除了维修需要或长期停机情况下，不要切断控制回路和油加热器的电源。如在长期停机后再开机或第一次开机前，则需打开吸排气阀门，并使电加热器通电24 h以上。

5）压缩机电动机过载保护断路器。在压缩机的主电路上装有一个过载保护断路器，当电动机出现过载、断相、不能启动及短路等故障时，断路器断开主电路，防止电动机烧毁。

6）压缩机卸载装置。开利30HK系列冷水机组压缩机所带的卸载装置为电磁阀操作的吸气截止型卸载系统，另外还有气动型及热气旁通型的卸载系统。

7）蒸发器的安全保护装置。主要有冷水流量开关和低水温切断温度控制器，以防止因水温过低结冰而冻坏蒸发器。

二、涡旋式冷水机组

1. 涡旋式压缩机的工作原理

涡旋式压缩机主要由一对涡盘组成，相对静止不动的称为静涡盘（固定涡旋盘），随静涡盘做平动的称为动涡盘（旋转动涡盘），如图4—20所示。两个涡盘一般为相同的渐开线组成，装配时动涡盘相对静涡盘转动了180°。两个涡盘在几个点上啮合并形成月牙形的工作容积。气体由涡盘边缘吸入，进入月牙形工作容积，并在顺时针向中心运动的同时，使工作容积逐渐缩小而压缩气体。

图 4—20 涡旋式压缩机的静涡盘和动涡盘

2. 涡旋式压缩机的特点

涡旋式压缩机是 20 世纪 80 年代后期发展起来的一种新型压缩机，此类压缩机具有效率高、体积小、质量轻、噪声小、结构简单且运转平稳等特点，被广泛应用于水冷式冷水机组和风冷式冷水机组中。

（1）涡旋式压缩机使用零件数量少，使用寿命长，运行可靠。

（2）两个涡盘之间的回转半径很小，所以机体可以做得比较小。

（3）一对涡盘中几对月牙形的空间可以同时进行压缩，使得曲轴转矩变化小，压缩机运行时整机的振动较小。

（4）涡旋式压缩机采用回转容积式设计，余隙容积小，摩擦损失小，运行效率高。

（5）多个工作腔同时压缩，相邻压缩腔之间的压差较小，所以气体泄漏少。

（6）引入了轴向和径向的柔性密封，又在涡旋体壁面之间采用油膜密封的技术，使涡盘之间的密封效果不会因摩擦和磨损而降低，而且还能有效地提高抗液击能力。

（7）涡旋式压缩机在高速运转时能保持较高的效率和可靠性。

（8）涡旋式压缩机的吸气、压缩和排气过程是连续进行的，排气脉动较小，排气引起的噪声也较小。

（9）涡盘在加工方面的精度要求很高，必须采用专用的加工和装配技术。

图 4—21 涡旋式冷水机组

3. 涡旋式冷水机组（见图 4—21）的性能参数

压缩机为涡旋式的冷水机组称为涡旋式冷水机组。机组的其他部件如冷凝器、蒸发器、膨胀阀同活塞式冷水机组相似。根据冷凝器的冷却介质不同，涡旋式冷水机组分为水冷涡旋式冷水机组和风冷涡旋式冷水机组。制冷剂采用 R410A。开利 30RB 系列涡旋式风冷冷水机组冷量为 18.8～783 kW，涡旋式风冷热泵机组冷量为 18.5～910 kW，热量为 20.1～1 071 kW。30RB 模块机冷量为 65～130 kW。

表 4—5 为开利 30RB162G 机组和 30RB402G 机组的性能参数。

表 4—5　　开利 30RB162G 机组和 30RB402G 机组的性能参数（制冷剂 R410A）

参数		30RB162G 机组	30RB402G 机组
名义制冷量（kW）		164	403
压缩机输入功率（kW）		50.5	134.5
制冷剂充注量	回路 A（kg）	20	38.5
	回路 B（kg）	24	38.5
压缩机数量	回路 A（台）	1	3
	回路 B（台）	2	3
能量调节级数		3	6
最小冷量（%）		33	17
冷凝器风机	类型	低噪声轴流风机	低噪声轴流风机
	风机数量（台）	3	6
	总风量（L/s）	13 542	27 083
	风机转速（r/s）	16	16
蒸发器	水容量（L）	121	125
	名义水流量（L/s）	7.8	19.2
	名义水压降（kPa）	15	48
	最高水侧压力（kPa）	1 000	1 000

该机组内置式水力模块集成了水泵、过滤器、膨胀水箱、流量开关、安全阀、放气阀、压力表、流量调节阀等组件，节省系统安装工作量。

风冷涡旋式冷水机组的冷凝器一般由铜管串套铝翅片构成，装有液体过冷器，风机选用轴流式，且带保护罩。水冷涡旋式冷水机组的冷凝器一般选择壳管式，并采用两个串联的结构形式。蒸发器采用钎焊板式换热器。制冷设备全部置于以钢板制成的箱体内，所有箱体面板均可拆卸，维修十分方便。机组可以安装在室外。

涡旋式冷水机组通常都配置完善的自动控制系统，有保护装置、回水温度控制等。保护装置包括冷水温度过低保护、制冷剂高低压保护、水回路防冻电加热保护（热泵）等，对负荷过载、频繁启停、电源反相等具有保护作用，以确保机组稳定运行。对回水温度、水量进行检测，通过回水温度与设定值的比较，通过 PID 运算，启动或停止压缩机。通过保温和电加热防冻等措施保证水力模块防冻达到－20℃。一般两台机组按照主/从并行控制，自动平衡两台机组的运行时间，并在一台机组发生故障时自动切换。

第二节 离心式冷水机组

一、离心式冷水机组的特点

离心式冷水机组是指以离心式制冷压缩机为主机的冷水机组，离心式制冷压缩机属于速度型制冷压缩机，它通过高速旋转的叶轮对气体做功，使其流速增加，然后通过扩压器使气体减速，使动能转化为压力能，从而提高制冷剂压力。与活塞式制冷压缩机相比，离心式制冷压缩机具有以下优缺点：

1. 优点

（1）气体高速流动，流量可以很大，单机制冷能力大。

（2）工作时依靠叶轮旋转运动，气体连续压送，与活塞式制冷压缩机相比没有气阀、活塞环等易损件，也没有曲柄连杆机构，故磨损部件极少，运行平稳，振动小，噪声较小，且操作简单，维护费用低。

（3）能经济地进行制冷量的无级调节，制冷量控制范围广。

（4）叶轮和机壳之间没有摩擦，无须润滑，运行时制冷剂中不混有润滑油，故蒸发器和冷凝器的传热效率高。

（5）容易实现多级压缩和多级蒸发，节省功耗。

（6）可用蒸汽轮机或燃气轮机直接驱动，甚至可以与吸收式制冷机组联合运行，以经济合理地利用能源。

2. 缺点

（1）压缩机内制冷剂气体高速流动，当制冷量小时，容易使流道太窄而影响流动效率。

（2）一级压缩比小，当压缩比较高时需多级压缩。

（3）排气压力太大或制冷负荷太小时，机器会喘振而不能工作。

二、离心式冷水机组的工作流程

目前，离心式冷水机组的生产厂家较多，这里以19XL、19XR系列离心式冷水机组和YK型离心式冷水机组为例进行简要介绍。19XL系列离心式冷水机组为R22制冷剂和R134a制冷剂兼容应用的离心式冷水机组，19XR系列离心式冷水机组和YK型离心式冷水机组都是以R134a为介质的冷水机组。

1. 19XL、19XR系列离心式冷水机组

（1）制冷循环系统

压缩机从蒸发器中抽出制冷剂蒸气，制冷剂流量由导叶的开启度而定。由于压缩机抽取制冷剂降低了蒸发器的压力，使蒸发器中制冷剂在相对低的温度（一般为3～6℃）沸腾汽化。制冷剂汽化吸取传热管内冷冻水的热量使之降温，得到空调或工业处理所需的冷水。吸取冷冻水的热量后，制冷剂蒸气沸腾，并被吸入压缩机压缩，压缩后制冷剂温度和压力升高，从压缩机排出的制冷剂进入冷凝器进行冷凝。

在冷凝器中，冷却水带走制冷剂的热量，制冷剂冷却冷凝成液态。液体制冷剂由限流孔进入闪蒸过冷室，由于闪蒸过冷室压力较低，部分液体制冷剂闪蒸为气体，吸取热量后使剩余的

液态制冷剂进一步冷却。闪蒸制冷剂气体进入冷凝器的冷却水铜管外再凝结成液体，流过过冷室与蒸发器之间的浮阀室。在浮阀室中一只线性浮动阀形成一道液体密封，防止过冷室的蒸气进入蒸发器。液体制冷剂流过此浮动阀时节流，其中一部分由于蒸发器侧压力较低而闪蒸成气体，在闪蒸过程中带走剩余液体的热量，制冷剂回到低温低压状态进行蒸发，又开始制冷循环。

如图 4—22 所示为 19XL 系列离心式冷水机组制冷剂、电动机冷却和油冷却循环系统。

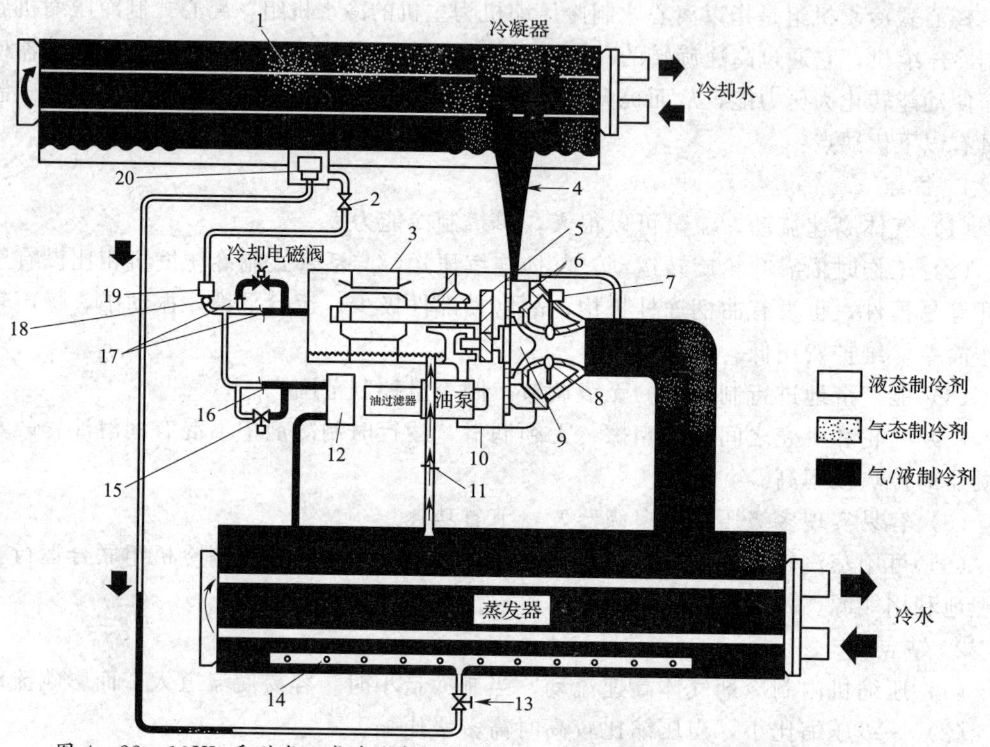

图 4—22　19XL 系列离心式冷水机组制冷剂、电动机冷却和油冷却循环系统

1—过冷室　2—制冷剂冷却隔离阀　3—电动机　4—冷凝器隔离阀　5—传动机构　6—扩压器　7—导叶电动机　8—导叶　9—叶轮　10—压缩机　11—孔板　12—油冷却器　13—蒸发器隔离阀　14—均液管　15—热力膨胀阀（TXV）　16、17—孔板　18—制冷剂视镜玻璃　19—干燥过滤器　20—线性浮阀室

（2）电动机和润滑油的冷却系统

电动机和润滑油由来自冷凝器筒身底部的过冷液态制冷剂冷却。由于压缩机运行保持的压力差，使制冷剂不断流动。制冷剂流过隔离阀、过滤器、视镜/湿度指示器之后，分流至电动机冷却和油冷却系统。

到电动机的这一路制冷剂经过一只限流孔流进电动机。电动机冷却管路的支路上还有一个限流孔和一只电磁阀，电动机需要进一步冷却时，电磁阀就会开启。流过限流孔，制冷剂就流到喷淋嘴上，喷淋整个电动机。制冷剂集中到电动机室的底部，排放回到蒸发器。回气管线上的一个限流孔使电动机室内的压力高于蒸发器/油箱的压力。电动机温度由埋在定子绕组内的温度传感器测取。电动机温度高于 51℃就会接通电磁阀，增加电动机冷却用制冷剂供液量。如果温度进一步升高到此设定点以上 55℃，就会使进气导叶关闭。如果温度高于安全极限，压缩机就会停机，另一路流入油冷却系统的制冷剂量由一只热力膨胀阀调节。旁通过热力膨胀阀的制冷剂经一个限流孔始终保持一个最小流量。膨胀阀上的感温包感应冷却后进压缩机轴承的油温，由膨胀阀调节流进油冷却器的制冷剂量。制冷剂汽化离开油冷却器后返回到蒸发器。

（3）润滑油循环系统

图 4—23 所示是 19XL 系列冷水机组的润滑系统。润滑系统由油泵、油过滤器和油冷却器等构成，位于压缩机-电动机组件齿轮传动箱的一端。润滑油由油泵泵出，通过过滤器组件去除杂质，送至油冷却器，并冷却到适当的温度，然后又分为两路：一部分油流到齿轮传动箱和高速轴承；余下的则去润滑电动机轴承。最后，润滑油再从齿轮箱下方流回到油箱，从而完成润滑循环。

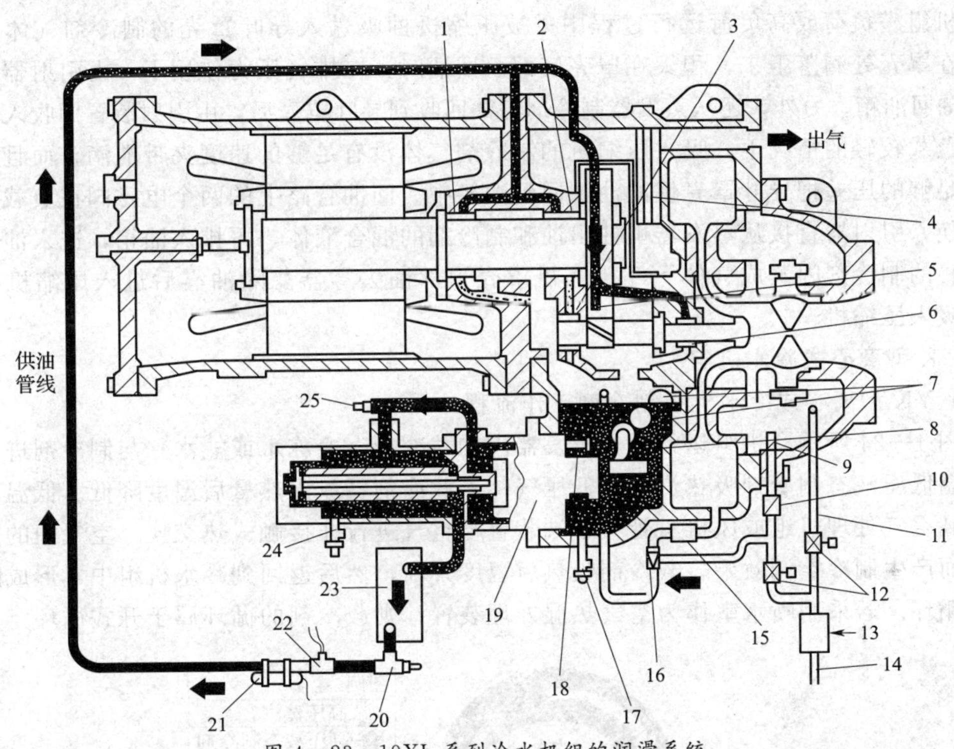

图 4—23　19XL 系列冷水机组的润滑系统

1—后电动机轴承　2—前电动机轴承　3—后小齿轮轴承　4—去雾器　5—油喷嘴　6—高速推力轴承　7—视镜玻璃　8—油加热器　9—滤网　10—单向阀　11—导叶回油管线　12—电磁阀　13—过滤器　14—蒸发器回油管线　15—滤网　16—引射器　17—油充注阀　18—油压释放阀　19—油泵和电动机　20—油过滤器隔离阀　21—热力膨胀阀感温包　22—油压变送器　23—油冷却器　24—油过滤器放空阀　25—油过滤器隔离阀

油箱上有两个视镜可用于观察油位。压缩机停机时，正常油位在上视镜的中间和下视镜的顶部之间。机组运行过程中至少有一个视镜可以看到油位。

油压释放阀使油压差保持在 103～172 kPa。油过滤器进出口有截止阀，更换过滤器芯时不必将系统中的油全部放出。油冷却器出口的油温控制在 43～49℃。油出口管路上装有油压传感器，用于测量排油压力。油离开油冷却器，经过油压传感器和膨胀阀，然后分开。一部分油流到推力轴承和齿轮喷嘴，余下的油润滑电动机轴承和后小齿轮轴承。在油离开推力轴承时测量轴承腔中的油温作为轴承温度，然后将油排放到压缩机底座的油箱里。机组集中控制器测量油箱中的油温，并使机组停机时油温保持一定的温度。

在机组启动过程中，在压缩机运转前，机组先接通油泵，建立油压使轴承有 15 s 的预润滑。关机时油泵在压缩机停机后继续运行 60 s，作为关机后润滑。在控制测试中，油泵还可接通进行测试，检查油压能否建立。

控制负载提升速度能减慢导叶开启速度，以减少开机时冷冻油起泡现象。如果导叶开启速度很快，吸气压力的突然降低会引起冷冻油中的制冷剂闪蒸，产生的油泡沫使油泵不能有效地运行，油压下降，造成润滑状况恶劣。如果油压降到 90 kPa 以下，会导致压缩机停机。

（4）润滑油回油系统

润滑油回油系统主要回收两个区域的润滑油，使其返回到油槽。这两个区域分别是导叶罩壳和蒸发器。

在机组满负荷或高负荷运行过程中，被压缩机抽吸进入导叶罩壳的制冷剂气体夹带有油，油在罩壳处滴落下来，积聚在罩壳底部。回油时，在排气压力作用下，由引射器将罩壳中的油抽回油箱。另外，还从蒸发器制冷剂将油回收到导叶罩壳后，由引射装置回收入油箱。

在负载较轻的情况下，吸入压缩机的制冷剂气体没有足够的速度夹带油滴，而且引射器也没有足够的压差把导叶罩壳里的油抽回到油箱中。回油管路上的两个电磁阀在负载变化时发生转换，引射器直接从蒸发器里抽出油和制冷剂的混合液体，再排入油箱，进入油箱和齿轮传动箱的制冷剂闪蒸成气体，经压缩机罩壳顶部油去雾器滤除油雾后进入压缩机的吸气口，再吸入压缩机。

2. YK 型离心式冷水机组

（1）YK 型离心式冷水机组制冷剂工作流程

如图 4—24 所示，机组运行时，蒸发器内的载冷剂（冷冻水或盐水）与制冷剂进行热交换，低温低压液态制冷剂吸热汽化成低压气体，载冷剂释放出热量后温度降低。低温载冷剂被泵送到空气处理机组或风机盘管等末端装置与空气进行非接触式热交换，空气中的热量被带走从而产生制冷空调效果，载冷剂吸热后温度升高，然后返回到冷水机组中，形成闭式载冷剂的循环。若采用喷水室作为空气热湿处理装置，则载冷剂的循环属于开式循环。

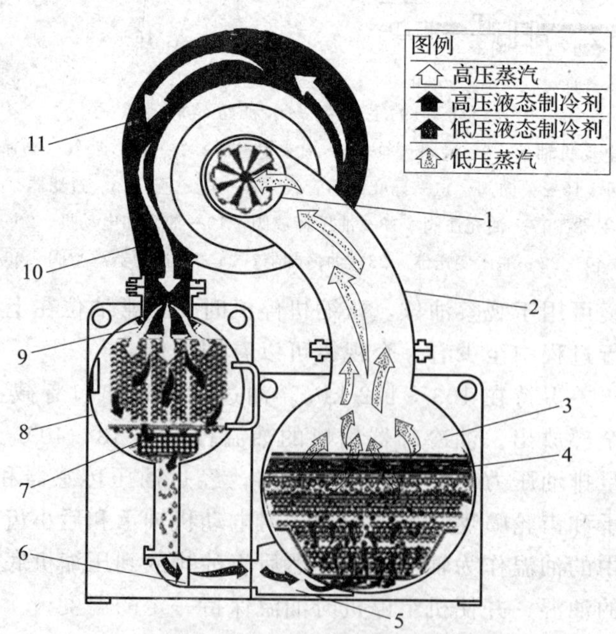

图 4—24　YK 型离心式冷水机组制冷剂工作流程

1—导流叶片　2—吸气管　3—蒸发器　4—分液网　5—油冷却器　6—节流孔
7—过冷器　8—冷凝器　9—排气折流板　10—排气管　11—压缩机

来自蒸发器的制冷剂蒸气进入压缩机，经旋转叶轮加压升温后排入冷凝器。在冷凝器中，冷却水吸收管外制冷剂蒸气的热量，使之冷却、冷凝为液体。冷却水经冷却水泵、冷却塔冷却后再流入冷凝器进行循环冷却。冷凝后的制冷剂液体经流量控制节流孔而降压、降温，再进入蒸发器，而构成了制冷剂循环。

（2）润滑系统

如图 4—25 所示为 YK 型离心式冷水机组的润滑系统。

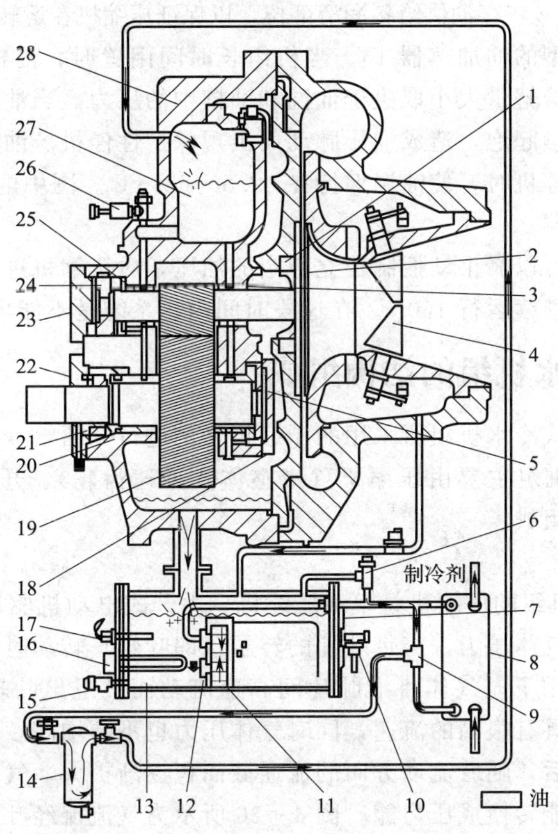

图 4—25　YK 型离心式冷水机组的润滑系统

1—高速轴承　2—叶轮　3—前轴承　4—导流叶片　5—止推套环轴承　6—可调泄压阀　7—视镜　8—油冷却器　9—旁通阀　10—低油压传感器　11—液压泵及电动机　12—液压泵入口　13—油槽　14—油过滤器　15—放油阀　16—油加热器　17—热敏电阻器　18—低速止推盖　19—低速齿轮　20—低速轴后轴承　21—低速轴轴封　22—低速轴承盖　23—高速止推盖　24—止推套环　25—主轴颈止推轴承　26—高压传感器　27—应急油槽　28—压缩机转子支撑部分

液压泵及电动机 11 排出温度较高的润滑油，先经油冷却器 8，与流经换热器的制冷剂进行热交换后降温（油泵送出的油一般在 55～65℃，经油冷却器后降至 35～45℃，以保持适当的黏度并控制轴承的温升，旁通阀 9 起的是调节油温作用），降温后的润滑油经油过滤器而送至压缩机变速箱内的应急油箱中，再经压缩机增速箱内的油道分别送往高速轴止推套环 24、主轴颈止推轴承 25、前轴承 3、低速轴后轴承 20、低速轴轴封 21、止推套环轴承 5 及低速齿轮 19，之后进入油槽。油槽内装有浸入式三相电动机驱动的变速油泵。油泵浸入油槽中不会发生气蚀，但对润滑油中混入制冷剂所产生的气泡现象较为敏感（易引起供油压力不稳定）。变速油泵能保持油压的稳定。

油泵运行时油压升高，可调泄压阀用来控制油压的设定值。油槽上部空间通过平衡管与压缩机吸气室相连通，其压力与蒸发器压力基本相同。供油压力实际上是指油压差。高压传感器 26 和低油压传感器 10 分别测量应急油槽 27 的排油压力和油槽 13 的低压压力，以调节变速油泵的转速，来保持油压差的稳定。

应急油槽 27 的作用是当冷水机组运行过程中如遇突然断电停机或其他事故突然停机时，利用应急油槽的油位高度差，将存油供给各润滑部位，以保证压缩机在运转过程中不致损坏。

油槽内装有电热管型的油加热器 16。当机组长时间闲置时，油槽中的润滑油会最大限度地溶解制冷剂，而且溶解量大小取决于油温和油槽中的压力。当油温降低时，溶解量会增加。当系统启动时会大量起泡，造成油压脉动而出现保护性停机。油加热器对油槽中的油进行恒温控制，当压缩机停机时，使油温保持在 62.8～68.3℃。图中的 16 即为油加热器，17 为测油温用的热敏电阻器。

冷水机组启动前，可以靠手动控制建立稳定的油压，对压缩机进行预润滑。不管系统因何原因停机，油泵都会继续运行 150 s。在这段时间内，系统是不能再启动的。

三、离心式冷水机组的结构组成

这里以 YK 型离心式冷水机组所采用的压缩机为例进行介绍。

YK 型离心式冷水机组主要由压缩机（带整体式增速齿轮）、开启式电动机、冷凝器、蒸发器和流量控制室等组成。

1. 压缩机

YK 型离心式冷水机组的压缩机是单级压缩机，由开式电动机驱动。离心式制冷压缩机依靠动能的提升来提高气体压力。当带叶片的转子（即叶轮）转动时，叶片带动气体一同旋转，同时在离心力的作用下，气体将沿叶片间高速流动而被甩出叶轮。由于叶轮对气体做功，使气体获得动能而具有很高的流速，同时气体压力也不断增高。与叶轮出口相连的是扩压器，气流流经扩压器后，随着流动方向的流通截面积逐渐扩大，气流流速逐渐降低，压力进一步升高，一部分动能转换成压力能。图 4—26 所示为气流流经叶轮。图 4—27 所示为封闭式与半开式离心式叶轮结构。

YK 型离心式冷水机组中压缩机的转子组件包括经热处理过的合金钢驱动轴和叶轮从动轴及其轻质、高强度、全封闭式铸铝叶轮。叶轮设计考虑了推力平衡，并经过动平衡和超速测试以平稳、无振动运行。插入式轴颈和止推轴承用铝合金制成，并经过精确钻孔和轴向开槽。经过特殊设计的单螺旋齿轮带冕状齿，这样在任何时候都有一个以上的齿啮合，使压缩机的负荷能均匀分布，运行平稳。齿轮整个装在压缩机的旋转支座上，用油膜润滑。每个齿轮单独装在各自的轴颈和止推轴承上。

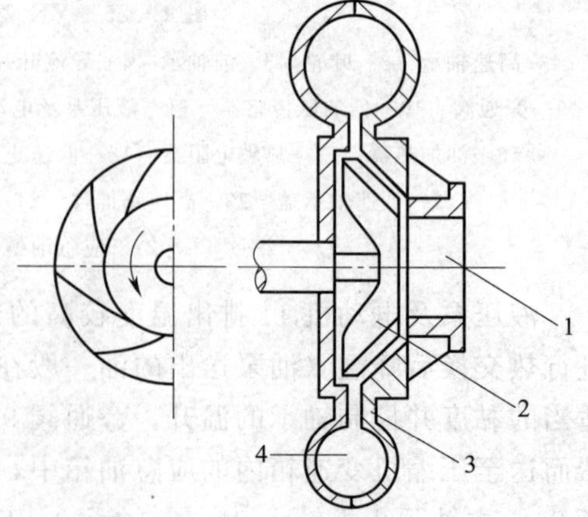

图 4—26　气体流经叶轮

1—吸气口　2—叶轮　3—扩压室　4—蜗室

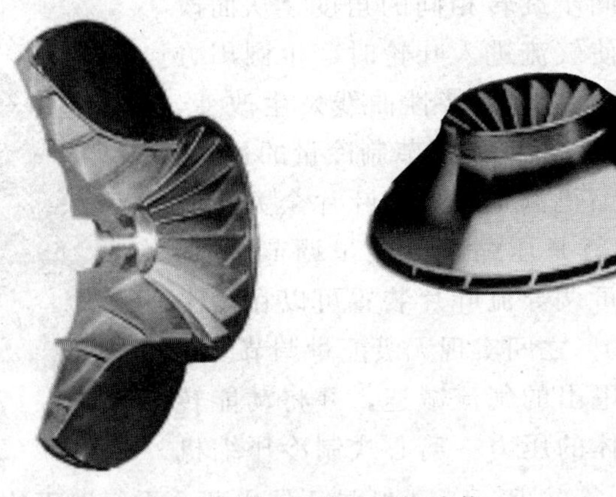

图 4—27 叶轮结构

开启式压缩机轴封包括一个由弹簧承载、加工精密的石墨环，经高温处理的塔形橡胶 O 形静环密封圈和消除了应力的搭接垫圈，该轴封在任何时候都有润滑油覆盖，压缩机运行时靠压力润滑。

为了使压缩机的制冷量适应热负荷的变化和轻载启动，离心式制冷压缩机叶轮进口前都设有进口可调导流叶片装置，如图 4—28 所示。导流叶片呈扇形，其叶形剖面呈机翼形或对称机翼形，叶片根部带有转轴，装在进气室按圆周等距离分布的轴孔内，若干个可转动的进口导叶就组成了菊形阀。压缩机入口导叶的结构如图 4—29 所示。导叶转轴上装有小齿轮或绕有钢丝绳的导轮或连杆。当安装在压缩机外部的伺服电动机旋转时，通过齿轮、绳轮或铰

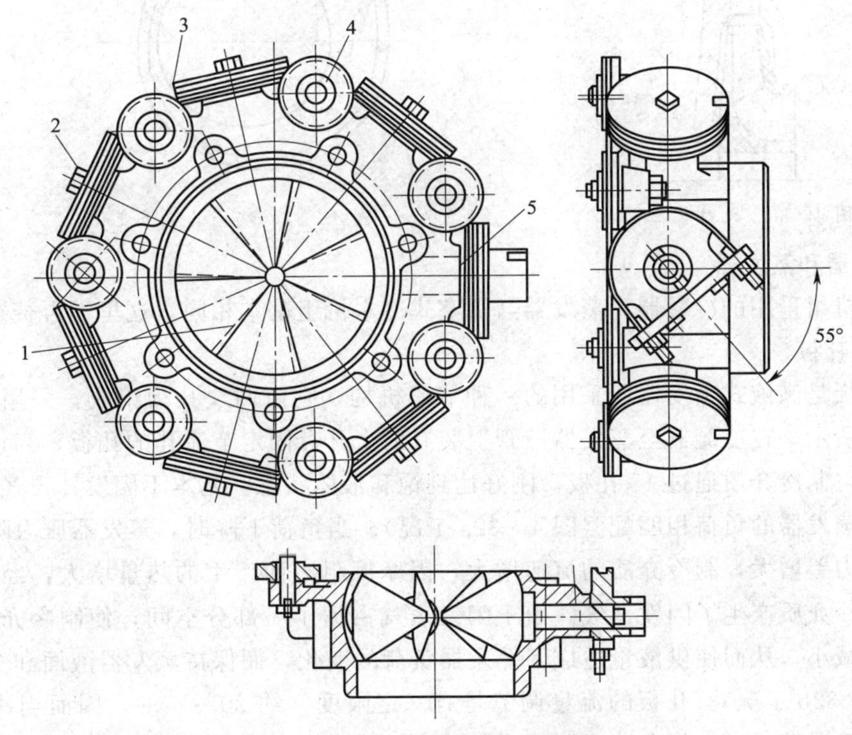

图 4—28 进口可调导流叶片装置

1—导叶 2—从动轮 3—钢丝绳 4—过渡轮 5—主动轮

链等传动机构，使进口导叶同步旋转相同的角度，从而改变进入进气室的气流方向，使气流进入叶轮时产生圆周方向的环绕运动。环绕运动使压缩机的特性曲线发生改变，从而改变运行工况点，达到转速不变而调节制冷量的目的。当叶片开到最大时相当于压缩机满负荷，当叶片全关闭时相当于压缩机最小负荷，这就是压缩机的能量调节。YK型离心式制冷压缩机的进口可调导流叶片装置可以在冷水机组设计制冷量的55%～100%之间实现无级能量调节。

图4—29　压缩机入口导叶的结构

扩压器的作用是使叶轮甩出的气流减速，并将动能转化为压力能，进一步提高气体的压力。离心式制冷压缩机通常采用无叶扩压器，如图4—30所示。无叶扩压器由两个平行壁面构成的等宽度环形通道组成环形空间，当气流流过环形空间时，随着扩压器直径的增大，流通面积也相应增大，因而气体流速逐渐降低而压力逐渐升高，无叶扩压器后面与蜗壳相连，如图4—31所示为蜗壳的流道变化。其作用是将扩压器里流动的制冷剂气体汇集起来，并导出压缩机外，由于蜗壳的流通截面积也是沿着气流方向逐渐扩大的，所以也起到一定的减速增压作用。

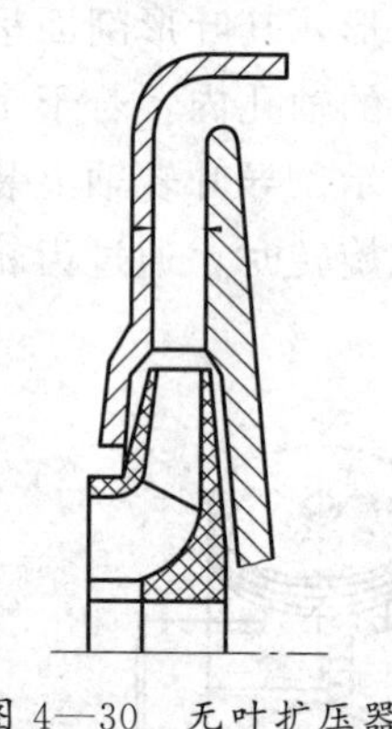

图4—30　无叶扩压器

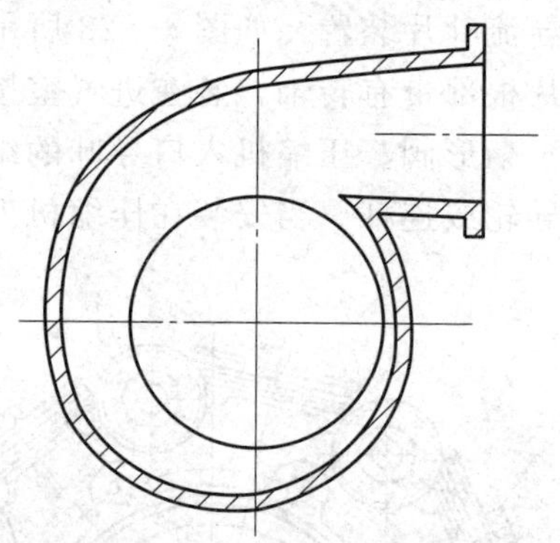

图4—31　蜗壳的流道变化

2. 冷凝器和蒸发器

离心式机组采用的冷凝器、蒸发器与活塞式冷水机组基本相同，这里不再赘述。

3. 节流孔板

节流孔板是满液式蒸发器所采用的一种节流机构，它由两块孔板组成，采用两级节流。如图4—32所示，在冷凝器至蒸发器液管上装有两个开有固定节流孔的孔板，当设计工况满负荷运行时，制冷介质通过1#孔板，刚好达到饱和液体状态，基本不闪发，再经过2#孔板的供液量与蒸发器的负荷相匹配（图4—32a工况）。当负荷下降时，蒸发器压力降低，孔板上下游的压力差增大，制冷介质的流速增大，因摩擦阻力而产生的热量增大，经过1#孔板节流后的制冷介质产生了闪发蒸气。由于闪发蒸气占据了一部分空间，使制冷介质通过2#孔板的流量减小，从而使供液量适应了蒸发器负荷的变化，而保持蒸发器液面和蒸发压力的稳定（图4—32b工况）。孔板的流量调节是有一定限度（约20%）的，因而当冷水机组运行偏离设计工况较远时，将会造成制冷系数减小、功耗增大或其他不良后果。YK型离心式冷水机组采用了可变节流孔板来解决上述问题。在冷凝器中设有一个液位传感器，向主控板输出一个代表液位的电压的模拟量。主控板则按照微机中设定的程序将可变节流孔开大或关小，从而使冷凝器中的液位达到设定要求，以使供液量适应蒸发器负荷变化。

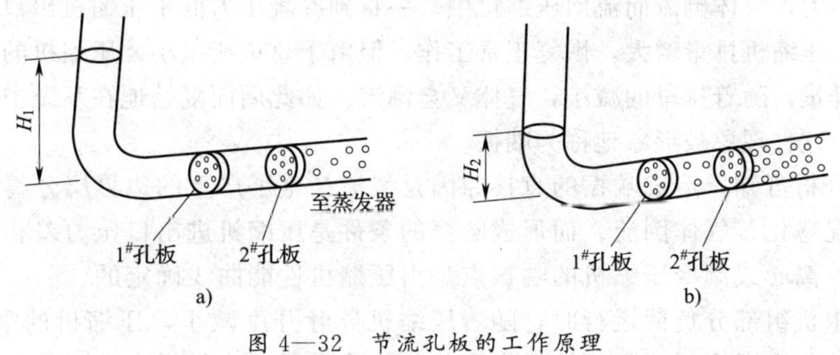

图 4—32 节流孔板的工作原理
a）满负荷 b）负荷下降

四、离心式冷水机组的喘振与反喘振

离心式冷水机组以其容量大、效率高而在大中型中央空调系统中获得广泛应用，但速度型压缩机所固有的喘振现象却给用户带来不少麻烦。

1. 喘振产生的机理

喘振的产生是因为在压缩机流道中气流流动状况恶化，产生了边界层分离和旋转脱离现象，如图 4—33 所示。

（1）扩压器内边界层分离现象

高速气流从叶轮流出后，再流经扩压器降速升压，气体流速逐渐降低，压力逐渐增大，气体的一部分动能转化为压力能，完成压缩过程。流体流动时由于流体的黏滞作用，紧贴流通壁面的一层流体的流动速度为零。扩压器对气体没有做功，扩压器流道内气流的流动来自叶轮对气体所做的功而转化成动能。气流流动速度从流道中心线向两侧逐渐减小，靠近流道壁面的边界层内气体的流动，主要靠主流中传递来的动能。边界层内气流流动时，要克服壁面的摩擦阻力。由于沿流道流动方向气流流动速度逐渐减小，而压力逐渐增大，主流的动能也逐渐减小。当主流传给边界层的动能不足以使之克服压力差前进时，边界层的气流停滞下来，进而产生旋涡和倒流，使气流边界层分离。

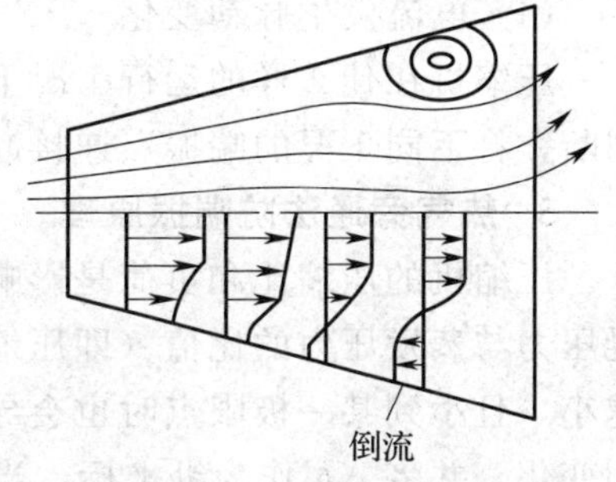

图 4—33 边界层的分离现象

气体在叶轮中的流动也是一种扩压流动，当流量减小或压差增大时，也会出现这种边界层分离现象，边界层分离使流动状况恶化。

（2）旋转脱离现象

当进入压缩机的气体流量减小到某一数值后，叶轮进口气流方向就和叶片进口角很不一致，在与叶轮旋转方向相背的非工作面引起流道中气流边界严重分离，使流道进出口气流出现强烈的脉动。由于气流流动的不均匀性及流道形状的不均匀性，这种分离现象将以和叶轮旋转方向相反的方同移动，即叶轮的某个流道随着叶轮的转动，边界层分离现象发生、发展与消除，而与它相邻的流道紧随其后发生同样的过程。这种分离区（分离团）以和叶轮旋转方向相反的方向旋转移动，因此称为旋转脱离现象。扩压器中同样存在着旋转脱离现象。在压缩机运转过程中，流量减小达到某一数值时，流道中出现严重的旋转脱离现象，流动状况严重恶化，而扩压器内边界层分离现象会加剧这种恶化，使压缩机出口压力突然大大下降，低于冷凝器中的压力，气体倒流而流回压缩机中，一直到冷凝压力低于压缩机出口压力为止，倒流也相应停止，压缩机排量增大，恢复正常工作。但由于总负荷很小，压缩机的进气量小而限制了压缩机的排量，随着排量的减小，气体又会倒流。如此周而复始地在系统中产生周期性的气流振荡现象，这种现象被形象地称为喘振。

通过以上分析可知，造成喘振的直接原因是气流产生了严重的边界层分离和旋转脱离现象而使流动状况恶化，气体倒流。而形成喘振的条件是压缩机进出口压力差和排气量达到压缩机的喘振点。离心式制冷压缩机的喘振点是由压缩机性能曲线确定的。

离心式冷水机组部分负荷运行时，随着压缩机导叶开度减小，压缩机的吸排气量减小，叶轮达到压头的能力减小。而与压缩机出口相连的冷凝器中冷凝压力由于冷却水温度未变而维持不变。当排气压力低于冷凝压力时，就难免发生喘振现象。

2. 喘振的后果

离心式制冷压缩机产生喘振现象时，将造成压缩机的损坏，并导致下列严重后果。

（1）使压缩机的性能严重恶化，气体参数（压力、排量等）产生大幅度脉动。

（2）机组噪声变大。

（3）整个机组的振动加大。喘振使压缩机转轴承受交变应力，强烈的振动使轴承和密封损坏，叶轮交变应力也随之加大。

（4）电流发生脉动变化。

压缩机在什么样的运行工况下要发生喘振，要通过对机组进行性能测试，再加上经验来判断，将不同工况的喘振点连接起来即可得到压缩机的喘振线。

3. 热气旁通法防喘振原理

压缩机的压缩比和负荷是影响喘振的两大因素。当冷凝压力升高或蒸发压力降低时，冷凝压力与蒸发压力的比值（即压缩比）增大，且达到某一极限点时便导致喘振。当负荷越来越小，且小到某一极限点时也会导致喘振。若用冷凝压力与蒸发压力的压差 Δp 来代表压比的变化，并将 Δp 作为纵坐标，当离心式冷水机组的负荷减小时，冷水的进口温度与出口温度之差 Δt 会减小，图 4—34 中的横坐标即为表示负荷大小的 Δt。

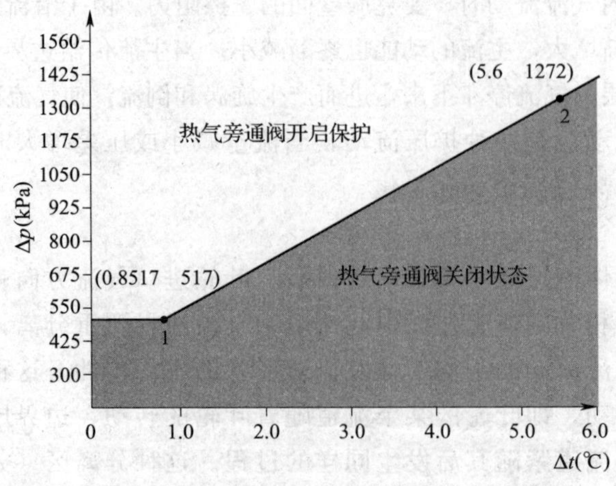

图 4—34 19XL 系列离心式冷水机组的喘振保护线

一旦进入喘振工况，应立即采取调节措施，降低出口压力或增加入口流量。用热气旁通法进行喘振防护，就是靠近喘振线作出一条喘振保护线，通过控制热气旁通阀的开启或关闭，防止机组运行进入喘振工况，从而达到保护的目的。

图 4—35 所示为热气旁通法防止喘振的循环系统。从冷凝器上部连接一旁通管到蒸发器，旁通管上装有热气旁通阀。当机组的运行工况到达喘振保护点，控制系统即开启热气旁通阀，使冷凝器中的部分高压制冷剂蒸气经旁通管进入蒸发器，降低了压比，同时提高了压缩机的输气量，从而避免了喘振。

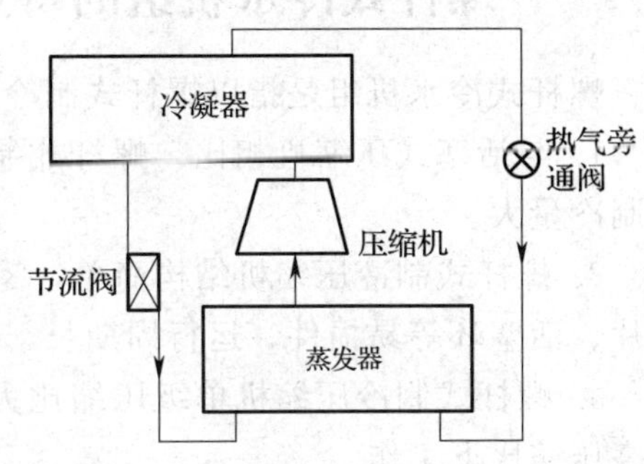

图 4—35　热气旁通法防止喘振的循环系统

19XL 系列离心式冷水机组的喘振保护线如图 4—34 所示。机组在喘振保护线右下方运行时，热气旁通阀关闭，一旦机组的运行参数到达喘振保护线，热气旁通阀立即开启。

图 4—34 中的参数是制冷剂为 R22 时的数值。

图 4—34 中负载最低点 1 的参数是 $\Delta p_1=517$ kPa，$\Delta t_1=0.851\,7$℃；负载最高点 2 的参数是 $\Delta p_2=1\,272$ kPa，$\Delta t_2=5.6$℃，两点连接而成的直线就是喘振保护线。在保护线的左边，热气旁通阀开启。

4. 防喘振的其他措施

热气旁通法防喘振简单易行，但经济性较差。各生产厂家均从优化设计和采取其他措施入手，力求设计并制造出喘振点相对较低的离心式制冷压缩机，以扩大压缩机的稳定工作范围。通常采用的方法有如下三种：

(1) 采用变频调速电动机驱动压缩机，增大稳定工况区域。

(2) 采用多级压缩，在同样压缩比时可大大降低压缩机的转速，增大稳定工况区域。

(3) 采用可移动排气散流滑块。如图 4—36 所示为散流滑块的工作原理。当负荷减小时，可移动式排气散流滑块往内侧移动，减小扩压器的通道截面积，以保持制冷剂气流的流速，防止边界层脱离现象的发生，以避免压缩机不稳定喘振运行。散流滑块以进口可调导叶位置定位和导叶相配合进行能量调节，能允许制冷量降低到额定制冷量的 10%。

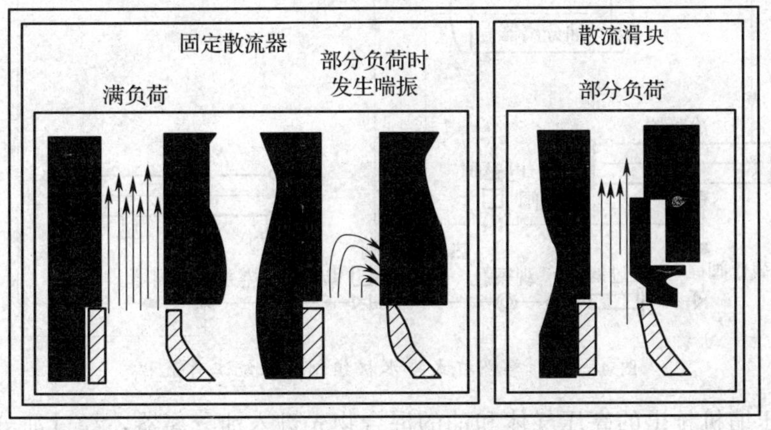

图 4—36　散流滑块的工作原理

第三节　螺杆式冷水机组

一、螺杆式冷水机组的特点

螺杆式冷水机组是指以螺杆式制冷压缩机为主机的冷水机组，其压缩机具有以下特点：

1. 与活塞式压缩机相比，螺杆式制冷压缩机体积小，质量轻，运转平稳，振动小，单机制冷量大。

2. 螺杆式制冷压缩机结构简单，零部件少，只相当于活塞式压缩机的 1/3～1/2；没有阀片、活塞环等易损件，运行周期长，维修简单，使用可靠。

3. 螺杆式制冷压缩机单级压缩比大，可以在较低蒸发温度下使用；排气温度低，可以在高压缩比下工作。

4. 对湿行程不敏感，制冷量可以在 10％～100％之间无级调节，操作方便，便于实现自动控制。

5. 螺杆式制冷压缩机的转子、机体等部件加工精度要求高，装配要求比较严格。

6. 由于螺杆式制冷压缩机采用喷油方式，油路系统及辅助设备比较复杂；因为转速高，所以噪声比较大。

二、螺杆式冷水机组的工作流程

1. 典型单螺杆式冷水机组的工作流程（见图 4—37）

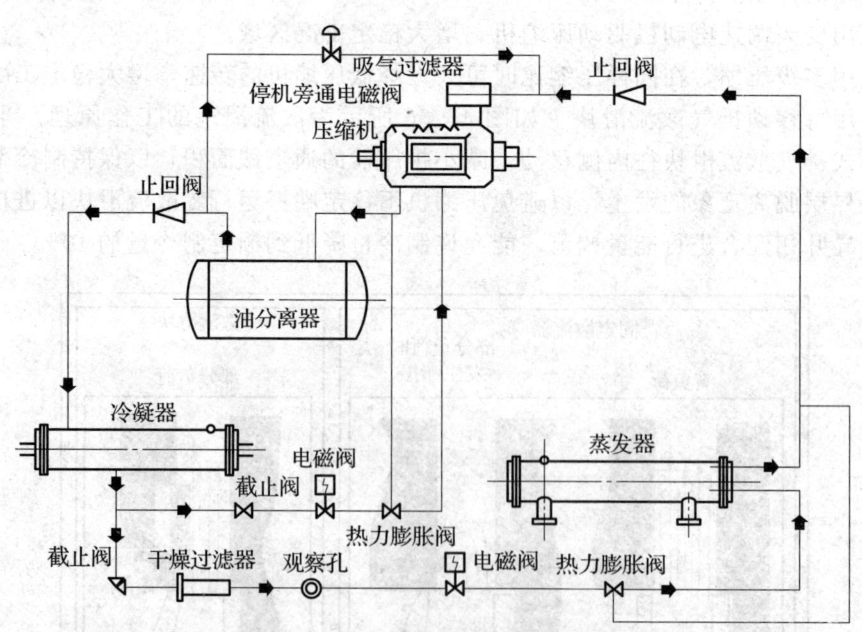

图 4—37　单螺杆式冷水机组制冷系统工作流程

从单螺杆压缩机排出的高压气体和油的混合物先进入油分离器，经过油分离器后的高压制冷剂气体进入卧式壳管式冷凝器，在冷凝器中被冷却和冷凝为高压液体，再经过干燥过滤器、电磁阀和热力膨胀阀节流为低压液体，然后进入壳管式干式蒸发器。在蒸发器中制冷剂液体吸收了冷水的热量后蒸发成为低压气体，然后被单螺杆压缩机吸入。单螺杆的两个行星齿轮是采用工程塑料制成的，其热膨胀系数较金属材料大得多，因此单螺杆压缩机的排气温度受到严格的限制。如果排气温度大于规定值，由热力膨胀阀控制的液体制冷剂便喷入到单螺杆的压缩腔中，降低排气温度。

单螺杆冷水机组有停机用的电磁阀，目的是防止单螺杆在停机时反方向转动。单螺杆压缩机的油路系统不使用油泵，润滑油依靠油分离器的冷凝压力克服管道阻力，然后喷入单螺杆的压缩腔中润滑转子、滚动轴承、轴封和用来推动滑阀。由于单螺杆吸排气端都处于吸气压力下，所以推动单螺杆滑阀上的力比双螺杆要小得多，处于冷凝压力下的润滑油就能推动滑阀。只有在机组启动初期，才需要油泵短时间的运行，待机组转入正常运转，建立起正常压差后便自动切断油泵电源。油路系统中对油的冷却，有的采用冷水引入到油冷却器，有的则取消油冷却器直接喷入高压液体制冷剂冷却，混合着一起进入压缩机中。

2. 典型双螺杆式冷水机组的工作流程

（1）YSE 系列螺杆式冷水机组（见图 4—38）

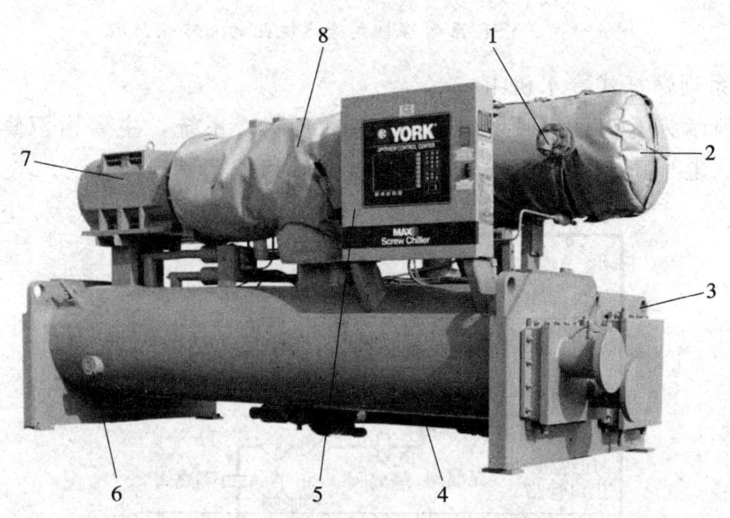

图 4—38　YSE 系列螺杆式冷水机组

1—爆破片　2—油分离器　3—冷凝器　4—蒸发器　5—图像控制中心　6—视液镜　7—电动机　8—压缩机

YSE 系列螺杆式冷水机组一般用于大型空调系统。该机组包括一台螺杆式压缩机（由接头支架和联轴器与压缩机连接）、开启式电动机、冷凝器、蒸发器和图像显示控制中心。

如图 4—39 所示为 YSE 系列螺杆式冷水机组的制冷剂流程。运行时，载冷剂（冷冻水或盐水）流过蒸发器，蒸发器内的制冷剂蒸发吸热。随后载冷剂被泵送到风机盘管或其他空调末端装置中去，在翅化的盘管中流动，带走空气的热量。载冷剂吸热后温度升高，然后返回冷水机组，形成了闭式冷冻水循环。

来自蒸发器的制冷剂蒸气流入压缩机，经螺杆式压缩机加压升温后排入油分离器，在高压气流进冷凝器换热管束之前将油分离出来。冷凝器中的冷却水吸收制冷剂蒸气的热量，使之冷却、冷凝。冷却水由外部水源一般是冷却塔提供。冷凝后的制冷剂液体从冷凝器进入液体管槽，由节流装置来控制蒸发器的制冷剂供液量，这样就完成了整个制冷剂循环。

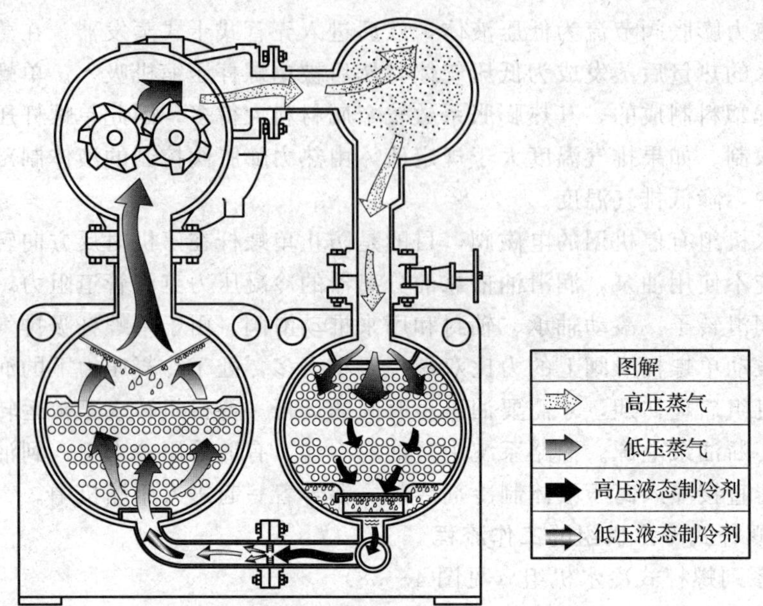

图 4—39　YSE 系列螺杆式冷水机组的制冷剂流程

（2）RTHB 系列螺杆式冷水机组

如图 4—40 所示为 RTHB 系列螺杆式冷水机组制冷系统，主要由双螺杆制冷压缩机、冷凝器、蒸发器、电子膨胀阀、油分离器、节能器等组成。

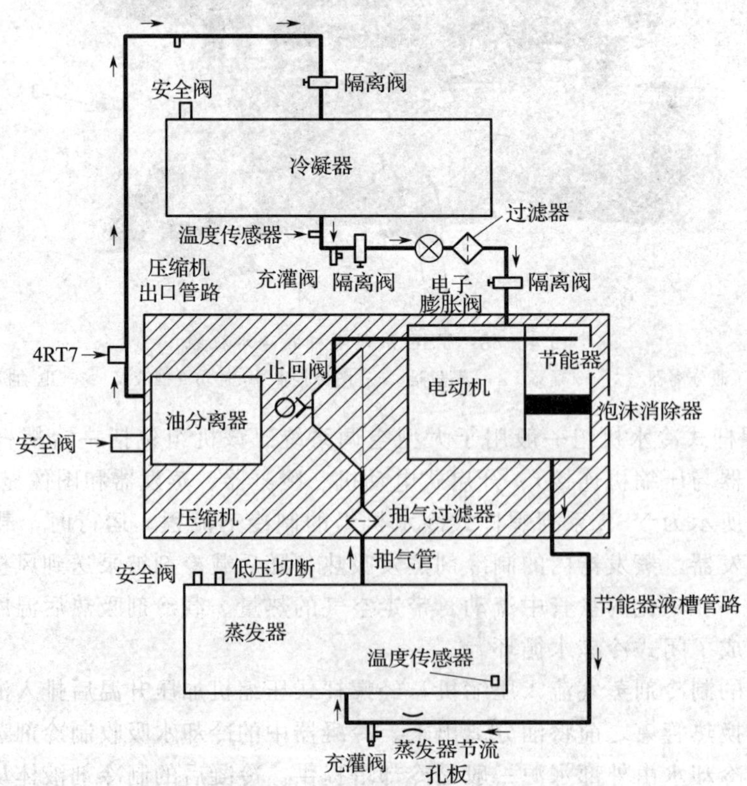

图 4—40　RTHB 系列螺杆式冷水机组制冷系统

图 4—41 所示为带节能器的两级节流系统，来自蒸发器的低压制冷剂蒸气经过抽气过滤器被压缩机吸入，进入压缩机的制冷剂蒸气经压缩后压力和温度升高，经油分离器分离出蒸气中夹带的润滑油后，排入冷凝器，高温高压的制冷剂向冷却水释放热量后，由过热蒸气变为饱和蒸气然后再冷凝为液态制冷剂。液态制冷剂流出冷凝器，经电子膨胀阀进行一次节流降压，再流过过滤器，沿电动机冷却管道从节能器角阀进入压缩机电动机/节能器壳体，低温液态制冷剂起到冷却电动机的作用。节能器中的压力介于蒸发压力和冷凝压力之间，节流过程中产生的闪发蒸气吸收了其余制冷剂的热量，使液态制冷剂的过冷度增加，减小了经节流孔板二次节流后进入蒸发器的制冷剂的蒸气含量，即减小了制冷剂的干度，提高了蒸发器中制冷剂的吸热量，使单位质量制冷量增大。节能器中的制冷剂蒸气通过泡沫消除器滤除夹带的液滴后从压缩机气缸压缩中间点的补气口进入气缸并与来自蒸发器的被压缩的气体混合。

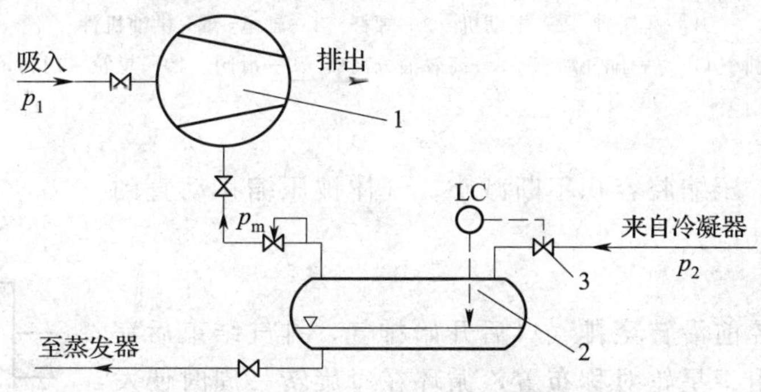

图 4—41　带节能器的两级节流系统

1—压缩机　2—节能器　3—节流阀　LC—液位控制器

RTHB 系列螺杆式冷水机组独特的节能器设计，使机组的效率提高了 4%，低温液态制冷剂使电动机延长了使用寿命，电子膨胀阀和固定式多孔节流板的复式节流装置可以更有效地控制制冷剂流量，以适应机组的负荷变化。

以上这些措施使得 RTHB 系列螺杆式冷水机组与传统机组相比，能源利用效率大大提高。同时电子膨胀阀的应用，可以实现更为精确的流量调节，适应的工况范围也更广。

三、螺杆式冷水机组的组成与工作原理

1. 单螺杆式压缩机的结构与工作原理

单螺杆式制冷压缩机由一个螺杆转子、两个星轮、容积调节滑阀以及输气调节滑阀组成，如图 4—42 所示。

单螺杆式制冷压缩机运转时，在涡轮截面的星轮与螺杆转子相啮合的过程中，螺杆转子的齿间凹槽、星轮和气缸内壁之间形成一个独立的基元容积，类似活塞式压缩机的气缸容积，转动的星轮不断和螺杆转子啮合，基元容积的大小发生周期性变化，从而完成吸气、压缩和排气的过程。如图 4—43 所示为单螺杆式制冷压缩机的工作原理。

（1）吸气过程

气体通过吸气口进入转子齿槽，随着转子的旋转，星轮依次进入与转子齿槽啮合的状态，气体进入压缩腔（转子齿槽曲面、机壳内腔和星轮齿面所形成的密闭空间）。

图 4—42　单螺杆式制冷压缩机的结构组成

1—进气口　2—电动机　3—螺杆　4—轴承　5—供油机件
6—排气口　7—排气端座　8—高效油分离器　9—滑阀　10—星轮（门转子）

（2）压缩过程

随着转子旋转，压缩腔容积不断减小，气体被压缩移动直到压缩腔前沿转至排气口。

（3）排气过程

气体到达压缩腔前沿转至排气口后开始排气，排气结束后完成一个工作循环。由于星轮对称布置，循环在每旋转一周时便发生两次压缩，排气量相应地是上述一周循环排气量的两倍。

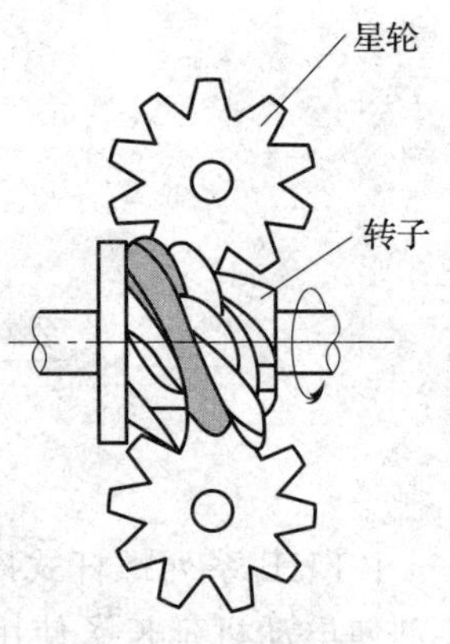

图 4—43　单螺杆式制冷压缩机的工作原理

2. 双螺杆式制冷压缩机的结构与原理

双螺杆式制冷压缩机由转子、机体、吸气端座、排气端座以及能量调节装置等组成，如图 4—44 所示。

双螺杆式制冷压缩机的工作过程如图 4—45 所示。

（1）吸气过程

当转子上部一对齿槽和吸气口连通时，由于螺杆回转啮合空间容积不断扩大，制冷剂蒸气由吸气口进入齿槽，即开始吸气。吸气过程如图 4—45a 所示。

（2）压缩过程

随着螺杆的继续旋转（吸气口这时被齿的啮合所封闭），啮合空间容积逐渐缩小，气体就进入了压缩过程，如图 4—45b 所示。

（3）排气过程

随着螺杆的继续旋转，啮合空间与排气端盖上的排气口相通时，开始排气，啮合空间内的被压缩气体通过排气口排入排气管道中，直至这一空间逐渐缩小为零，气体全部排出，排气过程结束，如图 4—45c 所示。

由于相啮合的两螺杆连续不断地旋转，因此，上述过程也将连续、重复地进行，制冷剂蒸气就连续不断地从双螺杆式制冷压缩机的一端吸入，从另一端排出。

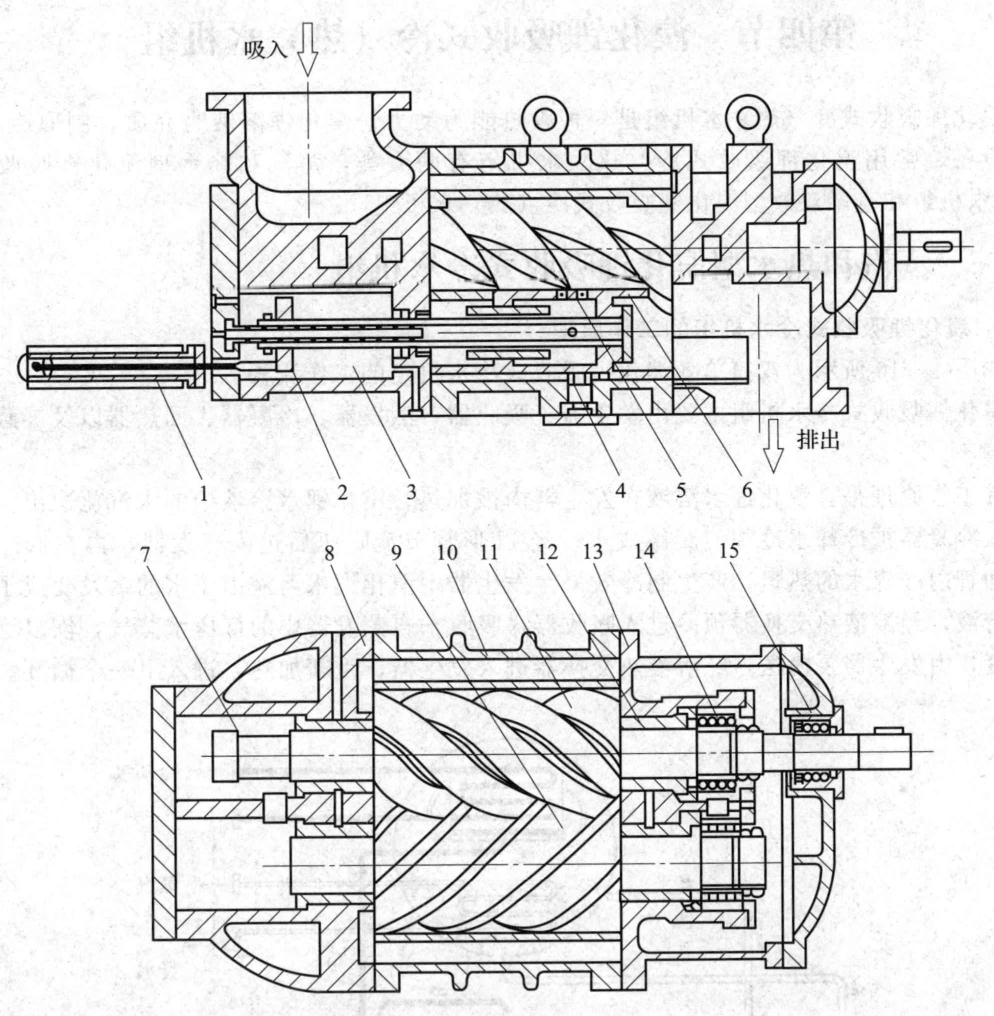

图 4—44　双螺杆式制冷压缩机

1—负荷指示器　2—油活塞　3—液压缸　4—导向块　5—喷油孔　6—卸载滑阀　7—平衡活塞　8—吸气端座　9—凹转子　10—气缸　11—凸转子　12—滑动轴承　13—排气端座　14—止推轴承　15—轴封

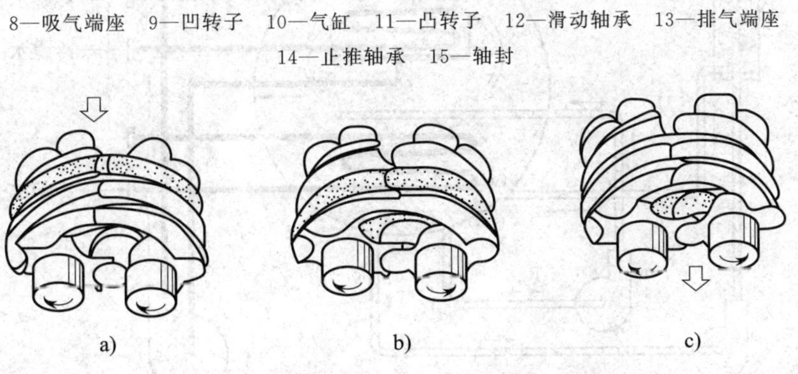

a)　　b)　　c)

图 4—45　双螺杆式制冷压缩机的工作过程

a）吸气　b）压缩　c）排气

第四节 溴化锂吸收式冷（热）水机组

溴化锂吸收式冷（热）水机组是一种以热能为动力、溴化锂溶液为介质，制取冷（热）源的设备，常用溴化锂吸收式冷（热）水机组有两大类：蒸汽和热水型溴化锂吸收式冷（热）水机组和直燃双效型溴化锂吸收式冷（热）水机组。

一、蒸汽和热水型溴化锂吸收式冷水机组

1. 溴化锂吸收式冷水机组的工作原理

如图 4—46 所示为双筒单效溴化锂吸收式冷水机组的工作流程。

溴化锂吸收式冷水机组主要由发生器、吸收器、蒸发器、冷凝器、回热器以及屏蔽泵等组成。

其工作原理是：溴化锂水溶液在发生器内被加热，溴化锂水溶液中的水汽化逸出，水蒸气进入冷凝器被冷却水冷却、凝结成水。经 U 形管节流降压后进入蒸发器，再在低压下吸取冷却管内冷媒水的热量，产生制冷效果。发生器中溴化锂水溶液由于水的蒸发变成了溴化锂浓溶液，经溶液热交换器预冷进入吸收器，吸收来自蒸发器中的低压水蒸气，恢复到原来的浓度，由发生器泵输送，经溶液热交换器进入发生器，重新加热，进入下一个循环。

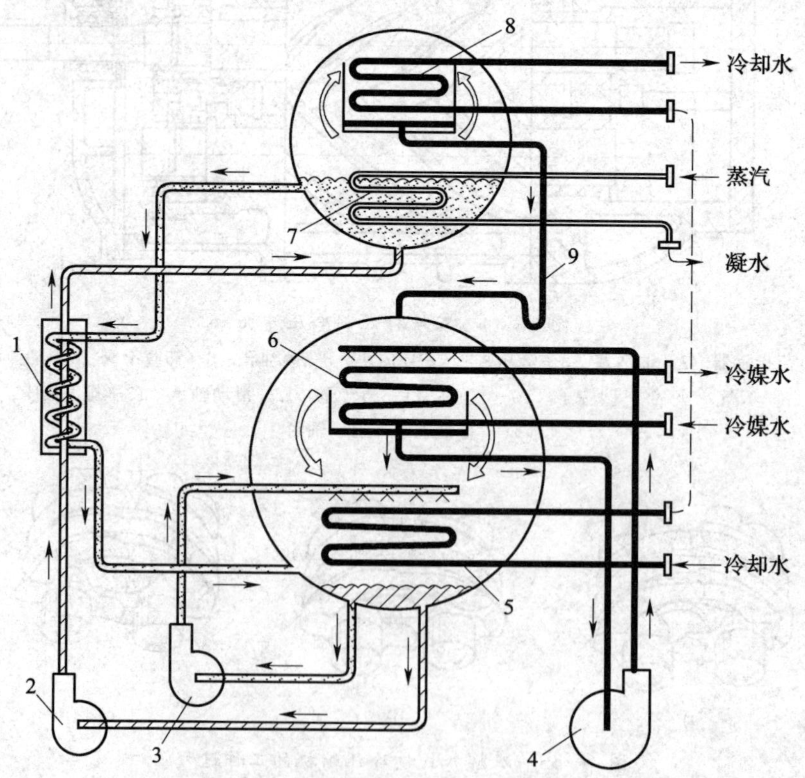

图 4—46 双筒单效溴化锂吸收式冷水机组的工作流程

1—溶液热交换器 2—发生器泵 3—吸收器泵 4—蒸发器泵 5—吸收器

6—蒸发器 7—发生器 8—冷凝器 9—U 形节流管

2. 溴化锂吸收式冷水机组分类（见表4—6）

表4—6 溴化锂吸收式冷水机组分类

驱动热源	蒸汽（MPa）		热水 进/出口温度（℃）	
	0.1（适用范围 0.05～0.12）	0.6（适用范围 0.4～0.8）	根据用户情况确定	120/68
驱动热源利用方式	单效	双效	单效	两段
结构形式	单筒、双筒	双筒、三筒	单筒、双筒	双筒
制冷量范围（kW）	350～11 630	350～23 260	350～5 820	350～4 650
冷水进/出口温度（℃）	12/7或14/7	12/7或14/7	12/7或14/7	12/7或14/7
冷却水进/出口温度（℃）	32/40	32/37.5或32/38	32/38	32/38
热源能耗［kg/（h·kW）］	2.129	1.077（32℃/38℃工况）		22.012
性能系数*COP*	约0.72	最高达1.39	约0.70	约0.75
适用场合	有低压蒸汽或工艺流程产生余汽场所	自备锅炉或有管网蒸汽场所	有余热或工艺流程产生热水场所	有余热或集中供冷供热场所

3. 溴化锂吸收式冷（热）水机组的主要部件及功能（见表4—7）

表4—7 溴化锂吸收式冷（热）水机组的主要部件及功能

部件名称	部件的功能	蒸汽单效型	蒸汽双效型	热水型
蒸发器	制冷时制冷剂水在其中蒸发，使冷水降温。制热时热的制冷剂蒸气在蒸发器管簇上凝结放出热量，加热热水	△	△	△
吸收器	制冷循环时，制冷剂蒸气在此被溴化锂溶液吸收。制热循环时，蒸发器来的冷凝水直接进入吸收器与浓溶液混合	△	△	△
高压发生器	驱动热源在其中直接加热溶液使之浓缩，并产生制冷剂蒸气		△	
低压发生器	来自高压发生器的制冷剂蒸气在其中加热溶液使之浓缩，并产生制冷剂蒸气	△	△	△
冷凝器	使溶液浓缩时产生的制冷剂蒸气凝结，为保持冷凝压力用冷却水散热	△	△	△
高温溶液热交换器	稀溶液和温度较高的中间质量分数的溶液或浓溶液在其中进行热交换		△	
低温溶液热交换器	稀溶液和温度较低的浓溶液在其中进行热交换	△	△	△

续表

部件名称	部件的功能	蒸汽单效型	蒸汽双效型	热水型
凝水换热器	来自高压发生器的驱动热源蒸汽凝水和稀溶液在其中进行热交换		△	
溶液泵和制冷剂泵	溶液泵将稀溶液送往发生器，制冷剂泵使制冷剂水在蒸发器管束上喷淋	△	△	△
抽气装置	抽除机组内的不凝性气体	△	△	△
自动控制装置	根据负荷控制机组的制冷量和能量消耗	△	△	△
安全保护装置	保证机组安全运转	△	△	△

注：△表示各类型机组必备部件。

二、直燃双效型溴化锂吸收式冷水机组

直燃双效型溴化锂吸收式冷水机组是以燃料的燃烧热为驱动热源，一般按双效制冷循环制取冷水，直接利用制冷剂蒸气的冷凝热制取热水。燃料有燃气和燃油两种。燃气分为人工煤气、天然气、石油液化气三种。燃油有轻柴油和重柴油两种。

1. 直燃溴化锂吸收式冷水机组的特点

（1）制冷、制热、生活热水可一机实现，一机多用，因不需另行设置热源，机房管路布置较为简单。

（2）可采用天然气作为热源，整机电负荷小，配电系统容量低，冷量调配程度较高，即可充分考虑各功能场所的同时使用系数，使整体负荷降低。工作运行可靠，调节性能好，调节范围为10％～100％，适用于大中型容量的空调制冷系统。

（3）系统运行费用较低，初期投资较高。

（4）*COP* 较低，仅为1.30左右。机组体积较大，机房整体布置复杂。

（5）安装维护较为复杂，调节及控制较为烦琐，系统维护保养工作量较大。

（6）所需配置的冷却塔容量大，占地面积也比较大。

2. 直燃双效型溴化锂吸收式冷水机组的分类（见表4—8）

表4—8　直燃双效型溴化锂吸收式冷水机组的分类

机组功能	制冷供热专用型	同时制冷和供热型	单制冷型	供热增大型	制冷或供热同时提供卫生热水型	冷却塔一体型
技术特征	标准机型，性能系数 *COP* 制冷约1.34供热约0.93	在高压发生器上增加热水器及热水回路	结构及控制简单	主体为标准机型，高压发生器加大	在高压发生器上增设卫生热水器及热水回路	标准机型，与冷却塔、水泵、管路组成一体
适应场合	夏季制冷，冬季供热	计算机房和高档宾馆	仅需供冷场所	热负荷大于冷负荷的场所	宾馆、医院等	中小学、商场、办公楼等

3. 制冷（热）专用型循环流程

制冷（热）采用冷水和热水同一回路的结构，机组运行时只处于制冷或供热工况，通过切换阀门实现制冷和供热的转换。在夏季，即为冷水机组，制取冷水用于空调。在冬季，只有高压发生器和蒸发器（或热水器）参与工作。高压发生器产生的制冷剂蒸气进入蒸发器，在传热管簇上冷凝，制取热水用于供热。或者高压发生器产生的

热量直接对水进行加热。

（1）制冷工况

1）吸收器：质量浓度64%，温度为41℃的溴化锂溶液具有极强的吸收水蒸气的能力，当它吸收了蒸发器的水蒸气后，温度上升、浓度变稀。从冷却塔来的流经吸收器换热管的冷却水将溶液吸收的热量带走，而变稀至57%的溶液则被泵分别送向高压发生器和低压发生器加热浓缩。

2）低温热交换器：将从低压发生器来的90℃浓溶液与吸收器来的38℃稀溶液进行热交换，90℃浓溶液经热交换后进入吸收器时变为41℃。

3）高温热交换器：将从高压发生器来的160℃浓溶液与吸收器来的38℃稀溶液进行热交换，使稀溶液升温，浓溶液降温。160℃浓溶液经热交换后进入吸收器时温度变为41℃。

4）高压发生器：1 400℃火焰将溶液加热到160℃，产生大量水蒸气，水蒸气进入低压发生器，将57%稀溶液浓缩到64%，流向吸收器。

5）低压发生器：高压发生器来的水蒸气进入低压发生器换热器管内，将管外的稀溶液加热到90℃，溶液产生的水蒸气进入冷凝器，57%稀溶液被浓缩到64%，流向吸收器。而高压发生器来的水蒸气释放热量后被冷凝为水，流入冷凝器。

6）冷凝器：冷却水流经冷凝器换热管，将管外的水蒸气冷凝为水，冷凝水作为制冷剂进入蒸发器进行制冷。

7）蒸发器：从空调系统来的12℃冷水流经蒸发器的换热管，被换热管外真空环境下的4℃制冷剂水喷淋，制冷剂水蒸发吸热，使冷水降温到7℃。制冷剂水得到了空调系统的热量，变成水蒸气，进入吸收器被吸收。

（2）供热工况

冷水阀、冷热切换阀关闭。空调系统侧回水进入高压发生器内热水器与高压发生器进行换热后，送入用户侧。热水器是为直燃双效型溴化锂吸收式冷（热）水机组制取热水配备的，将来自高压发生器的高温制冷剂蒸气和水在其中进行热交换。

4. 主要部件（见图4—47）

（1）高压发生器

高压发生器用于加热和浓缩溴化锂稀溶液，产生高温制冷剂蒸气和较浓的溴化锂中间溶液。图4—48和图4—49所示分别为溶液和烟气流程示意图。

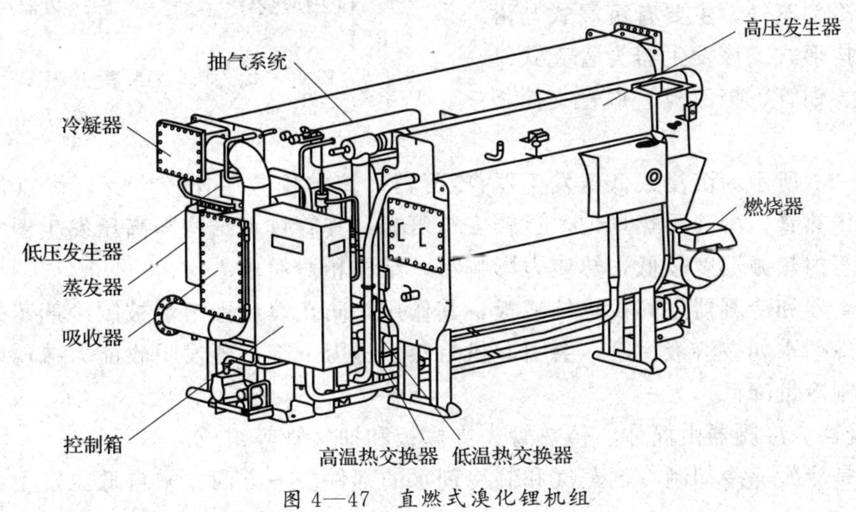

图4—47　直燃式溴化锂机组

高压发生器由外筒体、炉筒、传热管束、烟箱等组成。来自吸收器的溴化锂稀溶液由上部一侧进入高压发生器，经管内及其与筒体壁间的间隙向下流动，经底部绕到另一侧，再由上部的液囊流出（见图 4—48）。在这个过程中，溶液被管间及内筒体内的火焰和高温烟气加热浓缩，产生的高温制冷剂蒸气则由高压发生器顶部汽包流出，进入低压发生器。高压发生器的烟气流程如图 4—49 所示。

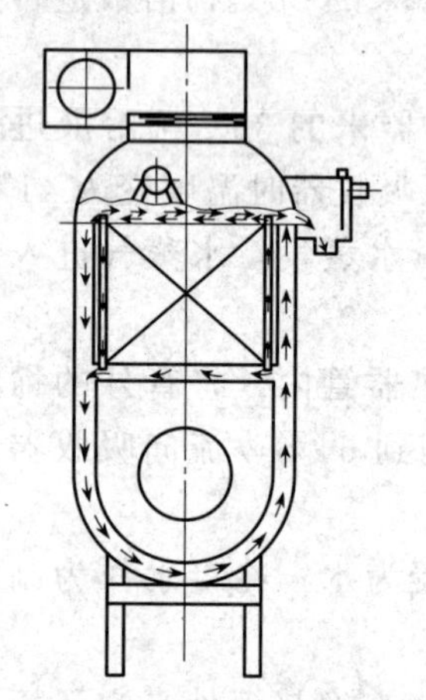

图 4—48　高压发生器的溶液流程

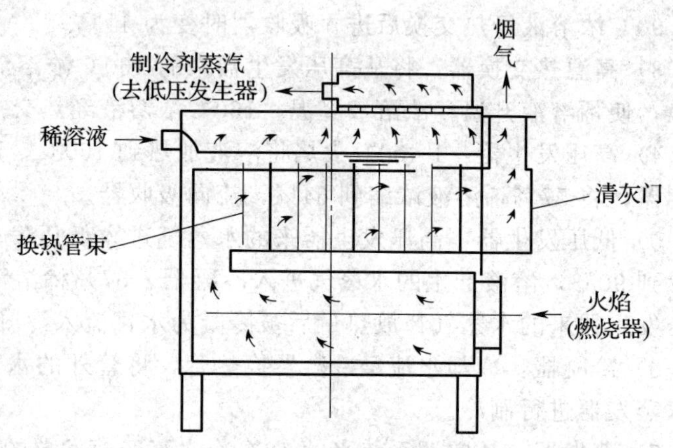

图 4—49　高压发生器的烟气流程

（2）低压发生器-冷凝器

低压发生器-冷凝器同属于一个压力区，通常将两者置于同一个筒体中，上部由挡液板分开，下部由隔板分开，如图 4—50 所示。冷凝器管束在上，冷凝的制冷剂水滴落存于底部。

1）低压发生器。低压发生器传热管内是来自高压发生器的高温制冷剂蒸气，在对低压发生器内中间溶液进行浓缩的同时，产生制冷剂蒸气，主要有沉浸式与淋激式两种结构形式。该发生器为管壳式结构，由筒体、铜管、挡液板、铜管支撑板等组成。

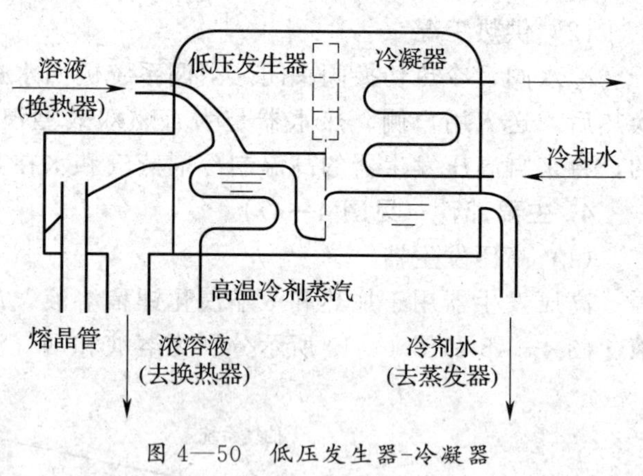

图 4—50　低压发生器-冷凝器

如图 4—50 所示为沉浸式低压发生器-冷凝器，该结构应用比较广泛，优点是能够充分利用每一根传热管，溶液受热均匀，运转安全可靠。其管排和结构与高压发生器类似，所不同的是由于管内热源温度较低，热应力影响小，结构相对简单。

低压发生器和冷凝器之间设置挡液板，其作用是防止溴化锂溶液被制冷剂蒸气夹带到冷凝器中。制冷剂水如被溶液污染，会引起机组蒸发压力下降，蒸发吸收能力减弱，冷水出口温度升高和制冷量降低。

2）冷凝器。冷凝器由筒体、传热管、支撑板和抽气管等组成。

冷凝器是冷凝、冷却制冷剂蒸气和制冷剂水的部件。一方面，来自低压发生器的制冷剂蒸气被管内流动的冷却水冷凝成制冷剂水；另一方面，来自高压发生器的冷剂蒸气在低压发生器传热管内冷凝成冷剂水，经节流后也进入冷凝器，同样被管内的冷却水冷却。上述两股冷剂水经U形管流入闪发箱，一部分冷剂水闪发成蒸汽，流向吸收器底部的再吸收箱；另一部分则降温成温度较低的冷剂水后流入蒸发器水盘。

（3）蒸发器-吸收器

吸收器与蒸发器处于同一筒体内，压力相当。吸收器有两个，分别位于蒸发器的两侧，如图4—51所示。

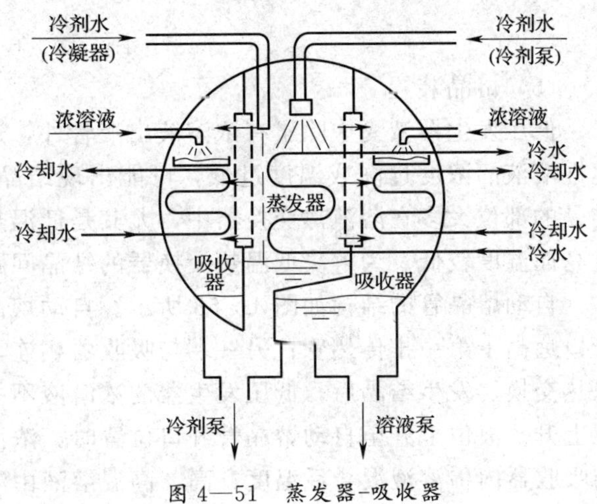

图4—51 蒸发器-吸收器

1）蒸发器。蒸发器由传热管、前后端盖、支撑板、喷淋管（淋激盘）、冷剂水盘、冷剂水液囊、冷剂泵组成。由用户系统来的冷水从端盖进入传热管，冷剂水由冷剂泵从冷剂水液囊中抽出，淋激在传热管外，吸收管内冷水的热量而蒸发，成为冷剂蒸汽，部分未蒸发的冷剂水落到水盘后被冷剂泵再次送入冷剂水淋激装置。冷水在热量被冷剂水带走后温度降低，流出蒸发器，进入用户系统。产生的冷剂蒸汽流入吸收器。

2）吸收器。吸收器由传热管、前后端盖及淋激盘、溶液液囊、溶液泵等组成。来自冷却塔的冷却水从端盖进入传热管，冷却淋激在传热管外的浓溶液。溴化锂溶液在一定温度和浓度条件（如质量分数62%及温度50℃）下具有极强的吸收水蒸气性能。这时它能大量吸收同一筒体内蒸发器中产生的冷剂蒸汽，并把吸收的热量传给冷却水带走。溴化锂溶液吸收了冷剂蒸汽后浓度变小，流入底部的再吸收器，吸收由闪发箱产生的冷剂蒸汽后，由溶液泵送入高压发生器浓缩，再进入低压发生器继续加热浓缩。

（4）热交换器

为了回收热量，提高能源的利用率，从而提高机组的性能系数，在机组中增加了热交换器。和高压发生器溶液相连的热交换器因其温度较高，所以称为高温热交换器；和低压发生器的溶液相连的热交换器，则称为低温热交换器。

热交换器的设置，一方面使进入发生器的稀溶液温度升高，降低了发生器的热负荷；另一方面冷却从发生器出来的浓溶液，降低了吸收器的热负荷。热交换器一般为管壳式热交换器，图4—52所示即为一个简单的热交换器。外壳用碳钢制作，传热管采用紫铜管或碳钢管制作，管子末端固定在管板上，一种流体在管内流动，另一种流体在管束间流动。由于热交换器的传热系数比较低，除了在设计中适当提高溶液流速外，还可以采用高效传热管或在传热管中加装扰动部件，管束中往往设置垂直轴向的隔板，它不但起支撑管束的作用，还可以改变流体方向，增加扰动，提高传热效率。

稀溶液经溶液泵升压，在传热管内流动，浓溶液则依靠压力和自身重力在传热管外流动。由于浓溶液容易结晶，一旦发生较为严重的结晶时，可直接用外部热源加热热交换器外壳，达到解除结晶的目的。

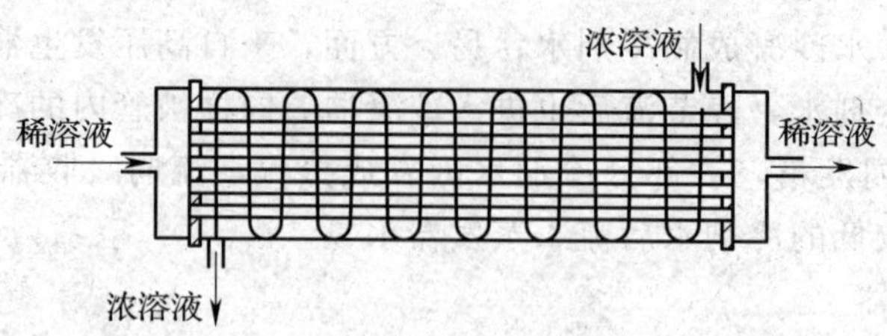

图 4—52 热交换器

（5）熔晶装置

低压发生器液囊中除了有浓溶液出液管外，还加装了自动熔晶管。机组运转时，如果溴化锂溶液的浓度过高或温度过低，可能出现结晶现象，产生溶液循环障碍（非常见故障）。结晶的部位大多在溶液热交换器中，尤其是低温热交换器浓溶液出口处，因为这里的溶液浓度高而温度较低。为解决低温热交换器的结晶问题，通常采用自动熔晶管。

自动熔晶管的结构如图 4—53 所示。自动熔晶管装置的一端装在低压发生器的液囊中，管口远高于第一排传热管；另一端与吸收器相连，其间有一段液封，以防止压力串通。当低温热交换器发生结晶后，低压发生器的浓溶液不能回流到吸收器中，使低压发生器中溶液液位上升。液位上升至自动熔晶管开口位置时，浓溶液经过自动熔晶管直接流回到吸收器中，与吸收器内稀溶液混合后温度升高。高温溶液由溶液泵排出进入低温热交换器管内，反复加热管外结晶的浓溶液，直到晶体熔化。

（6）节流装置

机组有 U 形管节流装置和孔板节流装置。节流装置是在两个具有压力差的容器间既保证流体顺利通过而又不击穿的一种装置。如图 4—54 所示。

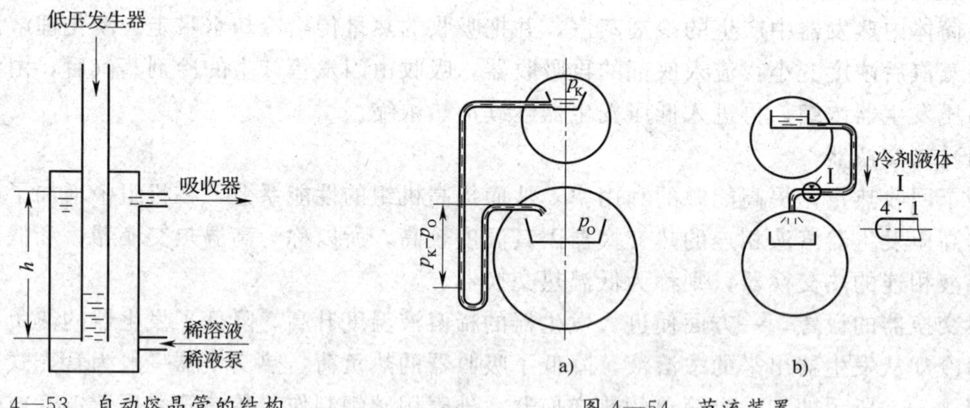

图 4—53 自动熔晶管的结构

图 4—54 节流装置

a）U 形管节流装置 b）孔板节流装置

1）U 形管节流装置。将冷凝器和蒸发器的连接水管做成 U 形管，其蒸发器一侧管子的高度一般取 1 m，必须足以保证形成液封，在任何负荷下都不会有串通现象发生。

2）孔板节流装置。一般是在管子中间设一片中间有小孔的圆板，如图 4—54b 所示。根据压力差和流量的多少，经计算确定圆孔的尺寸，多用于高压冷剂水通向冷凝器的管子中，优点是结构简单和紧凑。

5. 主要辅助设备

直燃双效型溴化锂吸收式冷（热）水机组主要由各类热交换设备、自动控制系统和辅助设备等组成，其中辅助设备是机组正常运转必不可少的部分。下面介绍主要辅助设备：屏蔽泵和真空泵。

（1）屏蔽泵

屏蔽泵在机组中起着输送介质的作用。输送介质为溶液的屏蔽泵称为溶液泵，输送介质为冷剂水的屏蔽泵称为冷剂泵。屏蔽泵是机组中极其重要的运动部件，可以形象地称为机组的“心脏”。

1）屏蔽泵的工作原理。屏蔽泵为单级离心式，电动机转子带动诱导轮和叶轮，将介质由屏蔽泵的进口输送至屏蔽泵的出口。屏蔽泵的润滑和冷却方式如下：流经泵室的高压液体通过过滤网，进入前轴承室、电动机内腔以及后轴承室、轴中心小孔，直到叶轮吸入口低压区，组成一个润滑和冷却的循环。采用内循环润滑冷却方式的屏蔽泵具有结构紧凑、密封性能好的优点。

2）屏蔽泵的结构。图 4—55 所示为 L 形屏蔽泵的结构。L 形屏蔽泵具有以下特点：

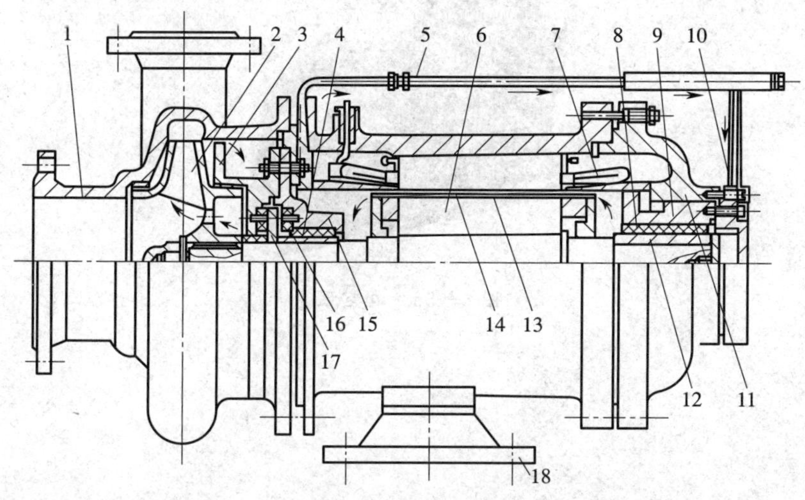

图 4—55　L 形屏蔽泵的结构

1—泵体　2—叶轮　3—后封环　4—前石墨轴承　5—循环过滤器　6—转子　7—定子　8—后石墨轴承　9—后轴承座　10—后盖　11—后端盖　12—轴套　13—定子屏蔽套　14—转子屏蔽套　15—前轴承座　16—推力石墨轴承　17—推力板　18—底座

①屏蔽泵的叶轮和电动机的转子固定在同一根轴上，这样不仅取消了传动机构，还提高了密封性能。

②屏蔽泵的电动机与普通电动机不同，在转子的外圆与定子的内圆各加上一个圆筒形的屏蔽套。屏蔽套由非磁性材料如 12Cr18Ni9 不锈钢制成，两端采用氩弧焊焊接，这样既可保证密封性能，又能防止溴化锂溶液对定子和转子的腐蚀。

③设置自动推力平衡机构，并采用优质石墨轴承。通过开设在叶轮上的平衡孔，可以调整叶轮轴的轴向推力，减轻轴承的负荷，延长轴承的使用寿命。

④电动机采用 H 级绝缘材料，屏蔽泵的允许进液温度不超过 110℃。

⑤屏蔽泵的安装方式为卧式，其进出口与外部接管采用焊接方式连接。

3）屏蔽泵的选用要求。用于直燃双效型溴化锂吸收式冷（热）水机组的屏蔽泵，其选用要求如下：

①泄漏率应远低于机组的泄漏率。

②采用耐溴化锂溶液腐蚀的材料。

③依靠自身输送的介质润滑和冷却。

④应具有最低的必需气蚀余量。

⑤电动机应设置过热保护装置。

(2) 真空泵

直燃双效型溴化锂吸收式冷（热）水机组是在极高的真空状态下运行的。在机组运转前，机内应达到极高的真空度，机组运转过程中也应该及时排除因泄漏或腐蚀产生的不凝性气体，机组保养时更需隔绝空气以免腐蚀。真空泵是维持机组高真空度的关键部件，若机组真空度下降，会造成冷量衰减，甚至导致机组因内腔腐蚀而缩短使用寿命。如图 4—56 所示为真空泵实物。真空泵排气性能稳定，噪声低。

图 4—56 真空泵

第五章　空调与制冷系统的测控装置

空调与制冷系统的测控装置是实现自动控制的自动化元器件。学习和掌握这些自动化元器件的种类、结构以及工作原理对在实际工作中分析系统工况、系统故障和判断系统正常运行等具有十分重要的意义。本章重点介绍了这些控制元器件，包括流量与液位控制器件、压力与温度控制器、空调系统参数测量仪表等。

第一节　流动与液位控制器件

一、电磁阀

电磁阀是一种双位电动执行器，用于自动接通和切断制冷系统供液管路。一般安装在储液器和膨胀阀之间，它和压缩机同步启停，以防止制冷剂液体大量进入蒸发器，从而使压缩机再次启动时产生液击。

电磁阀根据结构分为直接作用和间接作用两种。

1. 直接作用式电磁阀（见图 5—1）

其工作原理是：当接通电源时，线圈 1 通电产生磁场，活动衔铁 3 会被磁力吸起，阀孔打开；当切断电源时，磁力消失，活动衔铁 3 在弹簧与自重的作用下落下，将阀孔关闭。直接作用式电磁阀由于线圈产生的磁力有限，一般只用于控制直径小于 3 mm 的阀孔。

2. 间接作用式电磁阀（见图 5—2）

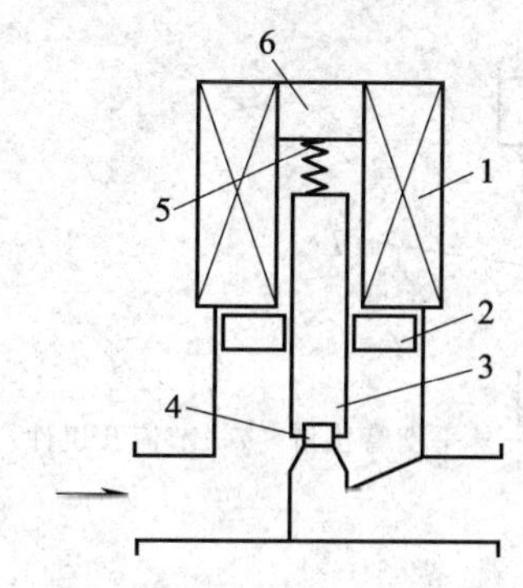

图 5—1　直接作用式电磁阀

1—线圈　2—阀体　3—活动衔铁　4—活塞
5—复位弹簧　6—固定铁芯

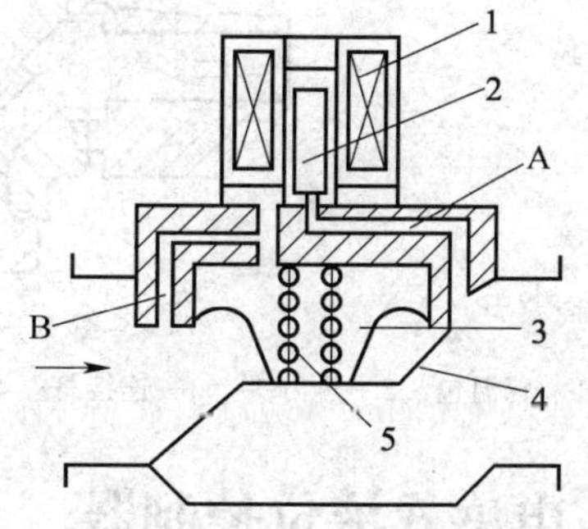

图 5—2　间接作用式电磁阀

1—线圈　2—活动衔铁　3—主阀塞　4—主阀
5—复位弹簧　A—排出孔　B—平衡孔

其工作原理是：间接作用式电磁阀与直接作用式电磁阀的不同之处在于，它不直接利用衔铁和阀针开启、闭合阀口，而是利用衔铁带动阀针上升，开启浮阀上的小孔，使浮阀上腔的制冷剂流向出口，减小了浮阀上部的压力，使上腔与下腔产生压力差，带动主阀升起，从而开启电磁阀。因此，间接作用式电磁阀启闭平稳、冲击力小、噪声低，在大口径和高压管路中得到广泛使用。

二、温度式液位调节阀

如图 5—3 所示为温度式液位调节阀。温度式液位调节阀在制冷系统中用于控制满液式蒸发器、气液分离器等的液位。

其工作原理是：感温包设置在需要控制的液面高度处，电热器安装在感温包内，通电后对感温包加热。当容器的液位上升至接触到感温包时，感温包中的热量会散发出去，压力随之下降，带动阀针开度变小或完全关闭。反之，如感温包处于制冷剂蒸气中时，感温包的热量较难散发出去，压力会升高，使阀开度变大，从而使系统供液量增加。

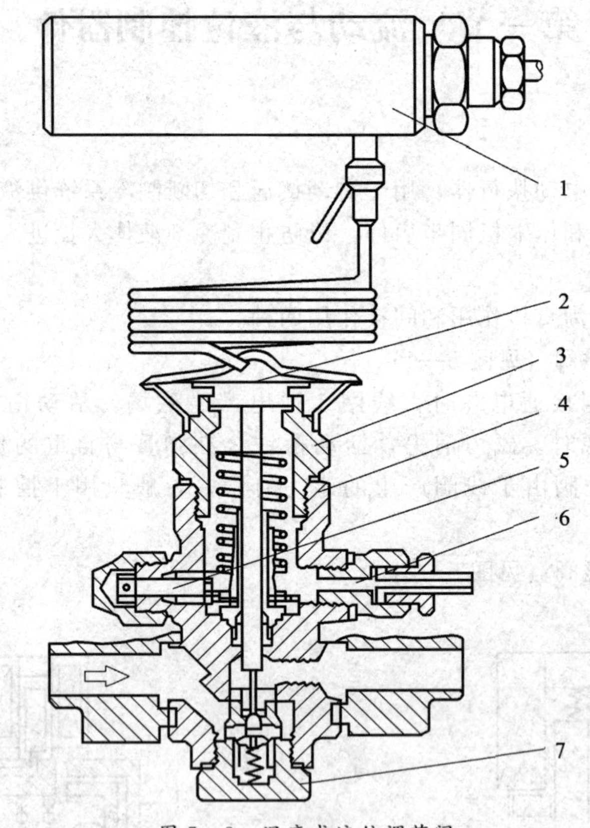

图 5—3　温度式液位调节阀

1—感温包　2—热力头　3—连接杆　4—阀体　5—设定杆　6—外平衡管接口　7—节流孔组件

三、电感式液位控制器

如图 5—4 所示为电感式液位控制器。电感式液位控制器主要对满液式蒸发器、冷凝器或高压储液器等的液位进行双位控制。

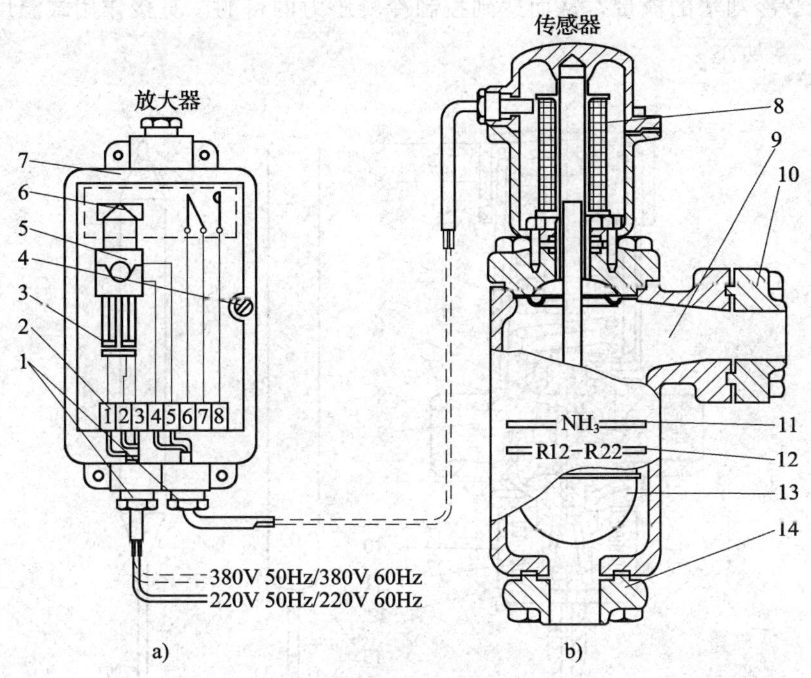

图 5—4　电感式液位控制器

a) 电器组件　b) 调节阀

1—进出线　2—接线端子　3—主变送器　4—接地端　5—放大器　6—继电器　7—防水罩　8—电感线圈　9—浮球室　10、14—法兰　11—NH_3的控制液位　12—R12 和 R22 的控制液位　13—浮球

其工作原理是：通过浮球 13 感受液位高低，从而带动铁芯连杆插入或退出电感线圈 8，以此引起线圈中电流的变化，并通过导线将液位信号转变成电信号，通过放大器 5 使继电器 6 触点发生通断变化，实现控制容器进口管、出口管上电磁阀的启闭，将容器中的液位控制在要求的范围内。

第二节　压力与温度控制器

一、冷凝压力调节阀

在制冷系统中，冷凝压力过高，会造成压缩机功耗增大；若冷凝压力过低，则使制冷系统不能正常工作，造成制冷量大幅度下降。因此，必须对冷凝压力进行控制。

水冷式冷凝器冷凝压力的调节是通过控制冷却水的流量来实现的。冷却水流量可以通过温度控制的水量调节阀和压力控制的水量调节阀来实现。

1. 温度控制的水量调节阀

温度控制的水量调节阀分为直接作用式和间接作用式两种。直接作用式水量调节阀的工作原理是：通过感温包感受冷却水出口处的温度，将冷凝器的出水温度信号转变成压力信号，通过毛细管传到波纹室 10，当水温升高时，波纹管 11 在压力作用下变形，通过波纹管 11 并带动阀芯 9 移动使阀开口变大；相反，水温降低时，阀开口变小，即根据冷却水温度的变化自动调节冷却水的流量，从而达到控制冷凝压力的目的。直接作用式温度控制的水量调节阀如图 5—5 所示。

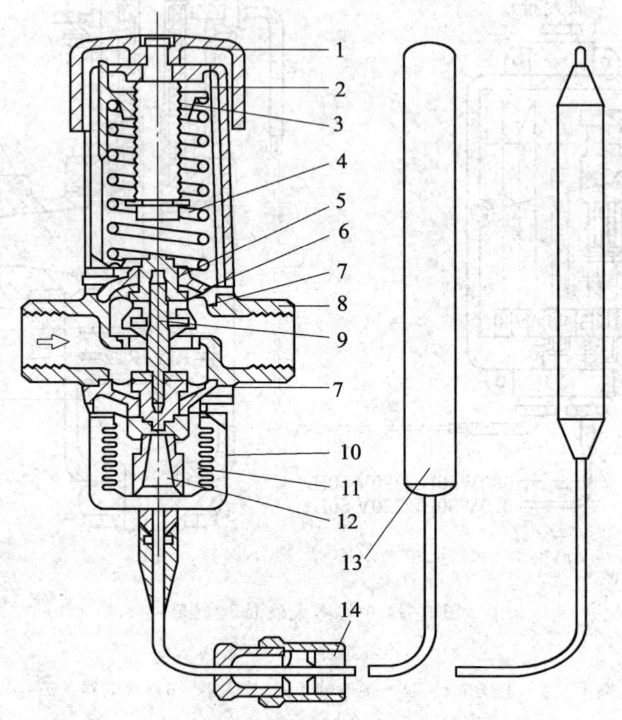

图 5—5　温度控制的水量调节阀（直接作用式）

1—手轮　2—弹簧室　3—设定螺母　4—弹簧　5—O 形圈　6—顶杆　7—膜片　8—阀体　9—阀芯　10—波纹室　11—波纹管　12—压力顶杆　13—感温包　14—毛细管连接密封件

间接作用式水量调节阀与直接作用式水量调节阀的不同之处在于：感温包感受到的温度信号不直接控制阀芯的开启，而是先控制导阀阀孔，从而破坏活塞上下侧流体压力平衡，来实现对冷却水流量的控制。间接作用式温度控制的水量调节阀如图 5—6 所示。

2. 压力控制的水量调节阀（见图 5—7）

压力控制的水量调节阀是直接用冷凝压力作为控制信号来进行阀的开度控制的。其工作原理与温度控制的水量调节阀相同。

二、蒸发压力调节阀

如图 5—8 所示为蒸发压力调节阀（直接作用式）。蒸发压力调节阀主要用于维持系统的蒸发压力稳定，也分为直接作用式调节阀和间接作用式调节阀两种。

其工作原理是：阀盘 4 与波纹管 3 及主弹簧 2 共同组成平衡力系。阀进口处的蒸发压力 p_o 作用在阀盘 4 上，当 p_o 升高时，作用在阀盘 4 上的力增大，使阀开度变大，制冷剂量增大，使蒸发压力减小；相反，当 p_o 下降时，使阀开度变小，又使蒸发压力增大。直接作用式调节阀一般用在小型制冷装置中。对于大型制冷设备，则采用由定压导阀与主阀组成的间接作用或蒸发压力调节阀。

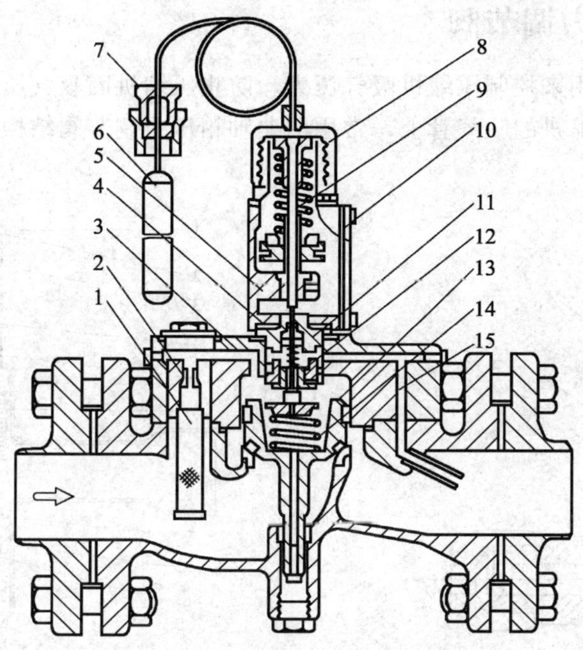

图 5—6　温度控制的水量调节阀（间接作用式）

1—过滤网　2—控制孔口　3—阀盖　4、10—密封垫　5—罩壳　6—感温包　7—连接件　8—波纹管　9—压杆　11—导阀　12—阀芯　13—主阀　14—弹簧　15—内部通道

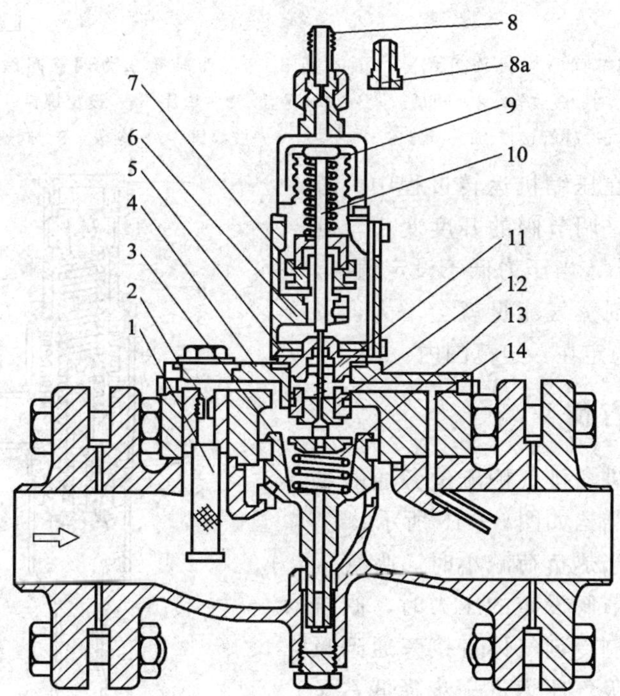

图 5—7　压力控制的水量调节阀（间接作用式）

1—过滤网　2—控制孔口　3—主阀　4—主阀盖　5—密封垫　6—罩盖　7—调节螺母　8、8a—引压接口　9—波纹管　10—顶杆　11—导阀　12—阀芯　13—弹簧　14—旁流通道

三、曲轴箱压力调节阀

曲轴箱压力调节阀用来控制压缩机吸气压力，防止压缩机因吸气压力过高而引起电动机过载。它一般安装在压缩机的吸气管上，常用的曲轴箱压力调节阀结构（直接作用式）如图5—9所示。

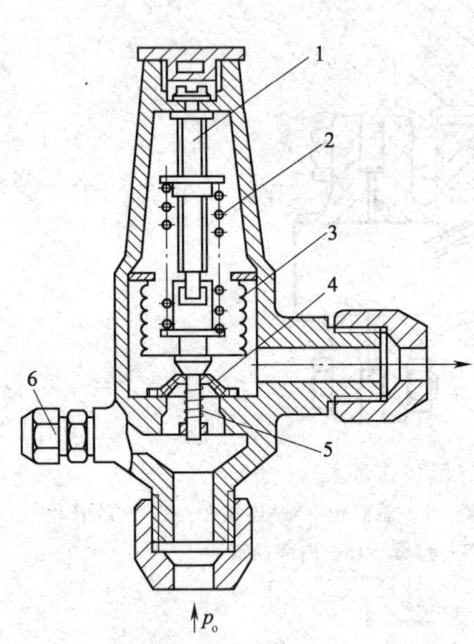

图5—8　蒸发压力调节阀（直接作用式）

1—调节杆　2—主弹簧　3—波纹管　4—阀盘　5—阻尼弹簧　6—外管接口

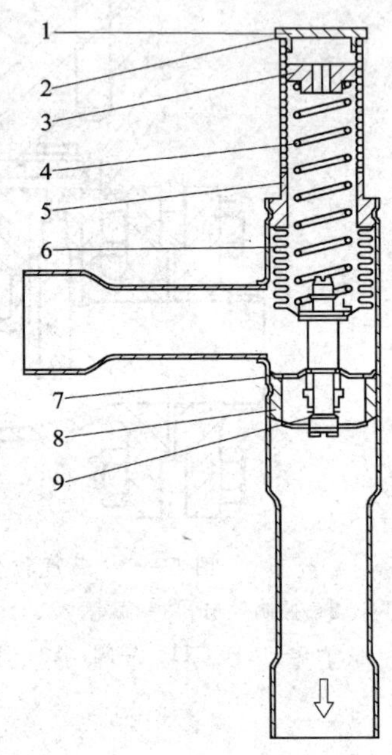

图5—9　曲轴箱压力调节阀结构（直接作用式）

1—护盖　2—垫片　3—设定螺钉　4—主弹簧　5—阀体　6—波纹管　7—阀板　8—阀座　9—阻尼机构

其工作原理是：在压缩机运转过程中，若吸气压力超出设定值，调节阀的开度变小，制冷剂蒸气流量就会减小；当压力低于设定值时，阀的开度变大，制冷剂蒸气流量就会增大，以维持曲轴箱内的压力稳定在一定范围内。

四、能量调节阀

这里是指压缩机进、排气侧流量旁通能量调节阀。能量调节阀结构如图5—10所示。

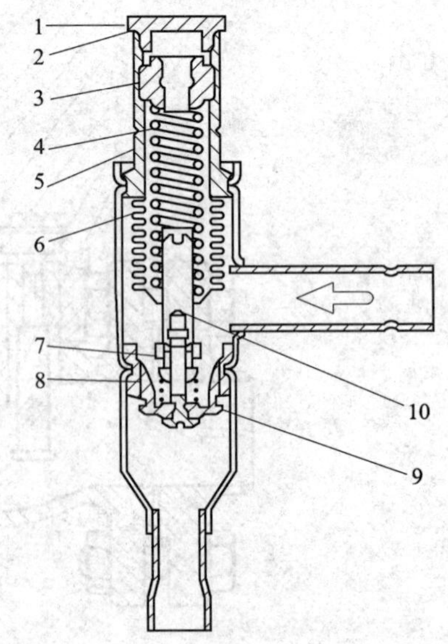

图5—10　能量调节阀（直接作用式）

1—护盖　2—密封片　3—设定螺钉　4—主弹簧　5—阀体　6—波纹管　7—阻尼机构　8—阀座　9—阀板　10—阀芯

其调节原理是：当热负荷减小时，吸气压力也降低，当低于调节阀设定的压力时，阀自动打开，使部分高压制冷剂气体直接旁通到吸气管。这样既能防止吸气压力进一步降低，又能使压缩机的净制冷量下降。由于旁通的制冷剂没有产生制冷量，这种调节阀显然是不经济的，因此只适用于小型制冷装置中。

第三节　空调系统参数测量仪表

一、温度测量仪表

在空调系统运行管理中常用的温度测量仪表有：

1. 液体温度计（见图5—11）

液体温度计利用玻璃管内的液体（如水银、酒精）热胀冷缩的体积变化来测量温度。当周围温度变化时，玻璃管内的液体体积发生变化，液面上升或下降。通过观察液面所处的平衡位置，便可以从标尺上确定温度的数值。水银温度计的测温范围为－33～550℃，酒精温度计的测温范围为－100～70℃。

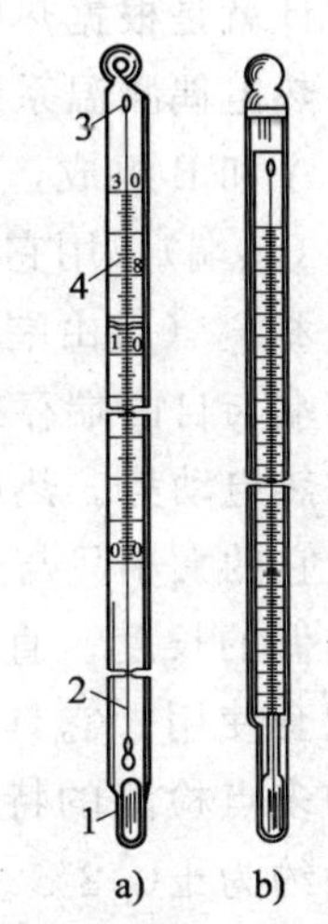

图5—11　液体温度计

a）棒式　b）内标式

1—感温包　2—毛细管

3—膨胀阀　4—刻度线

使用液体温度计时应注意如下事项：

（1）应按测量范围和精度选用相应分度值的温度计，并事先进行刻度校验。

（2）温度计放在测定地点待液柱稳定后（一般需3～5 min）方能读数，读数时先读小数，后读整数。读数时应手持温度计的上端，力求使眼睛、刻度线和液面处在同一水平面上。

（3）人体要离开液体温度计一定距离，不得用手去接触液体温度计的感温包，不要对着它呼吸。

（4）当发现液体温度计的水银柱断开时，应采取冷却、加热或冲击等方式加以消除。

2. 双金属片温度计

双金属片温度计是固体膨胀式温度计的一种。双金属片温度计的感温元件由两片线膨胀系数不同的金属片焊接而成。当周围空气温度发生变化时，双金属片便开始向线膨胀系数小的一边弯曲，其弯曲程度与温度变化成正比，并通过指针指示在刻度盘上，即所测的温度。

双金属片温度计如图5—12所示。其常用结构有两种：轴向结构式双金属片温度计和径向结构式双金属片温度计。轴向结构式双金属片温度计的刻度盘平面与保护管按垂直方向连接；径向结构式双金属片温度计的刻度盘平面与保护管按平行方向连接。双金属片温度计的外壳直径有60 mm、100 mm、150 mm三种，保护管直径有4 mm、6 mm、8 mm、10 mm、12 mm五种，其长度与直径有关。保护管的材料有黄铜、碳钢、不锈钢等，可根据被测介质的性质选择。

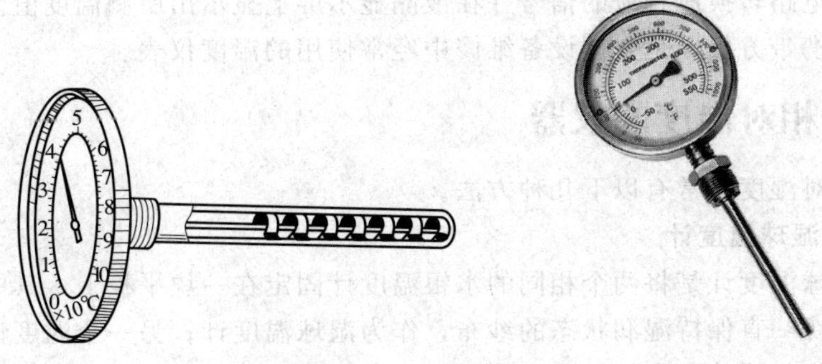

图5—12　双金属片温度计

双金属片温度计的最大优点是抗震性能好，结构紧凑。国内生产的双金属片温度计测量范围为－80～600℃，但精度较低。

3. 热电偶温度计

将两种不同材质导体的两端互相焊接或绞接形成一个闭合回路，只要两个接点处的温度不同，组成的回路内就有热电动势产生，这种现象称为热电效应，又称塞贝克效应。热电偶温度计就是根据热电效应的原理设计制作的。

热电偶测温系统如图 5—13 所示。由两根不同的导线（热电极）A 和 B 组成，它们的一端是互相焊接的，形成热电偶的工作端 t（热端），用它插入待测介质中以测量温度。而热电偶的另一端 t_1 和 t_2（自由端或冷端）则与显示仪表相连接。如果热电偶的工作端与自由端存在温度差时，显示仪表将会指示出热电偶所产生的热电动势。热电偶的热电动势随着工作端温度的升高而增大。它的大小只与热电偶的材料和热电偶两端的温度有关，而与热电偶的长度、直径无关。热电偶温度计通常用来与指示仪表等配套使用，它具有热惰性小、测温范围广并可用于远距离测量和多点检测的特点。缺点是使用调整较费时间，精度不够高，误差约为±0.2℃。

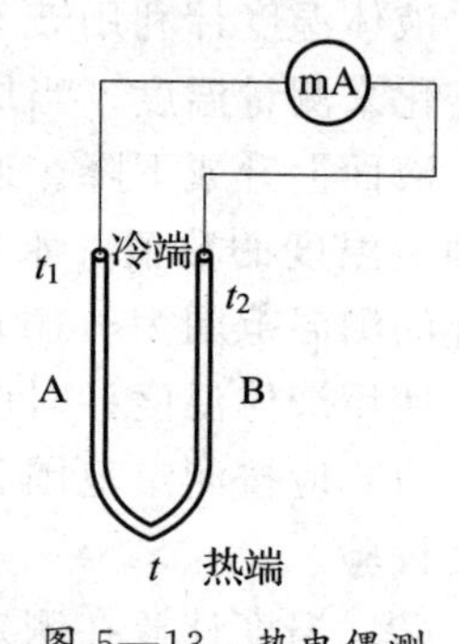

图 5—13　热电偶测温系统

灯光、电动机、加热器、人体和阳光的热辐射会对热电偶的工作端造成影响并产生热电动势，带来测量误差。所以应根据测温时现场的具体情况，采取相应的防热辐射措施。

4. 热电阻温度计

热电偶温度计多用于远端测量及较高温（一般 500℃以上）测量，因为在测量低温时，产生的热电动势较小。太小的热电动势对电位差计的放大器和抗干扰措施要求很高，仪表维修也比较困难。所以在中低温（－200～500℃）下，一般使用热电阻温度计测量效果较好。

热电阻温度计是利用金属导体电阻值随温度变化而变化的特点来实现温度测量的。常用的有铂电阻和铜电阻，铂电阻的测温范围为－200～850℃。铜电阻的测温范围为－50～150℃。

5. 半导体点温计

随着半导体技术的发展，半导体热敏电阻已大量地应用于空调设备的温度测量中。测温用的半导体热敏电阻为负温度系数的热敏电阻（NTC），当温度升高 1℃时其电阻值减小 3%～6%。热敏电阻的规格常用标称电阻值 R_{25} 来表示。$R_{25}=10\ \text{k}\Omega$ 是指在环境温度为 (25±0.2)℃时测得的电阻值为 10 kΩ，又称为冷阻。半导体点温计以热敏电阻作为温度传感器，通过电子电路转换成相应的信号并在液晶显示屏上显示出所测温度值。半导体点温计的反应速度快，携带方便，是空调设备维修中经常使用的温度仪表。

二、测量相对湿度的仪器

测量空气相对湿度通常有以下几种方法。

1. 固定式干湿球温度计

固定式干湿球温度计是将两个相同的水银温度计固定在一块平板上，其中一个温度计的感温包上缠有一块一直保持湿润状态的纱布，作为湿球温度计；另一个温度计的感温包直接暴露在空气中，作为干球温度计。

2. 通风式干湿球温度计（见图 5—14）

通风式干湿球温度计由两个精度较高的水银温度计组成。一个叫干球温度计，另一个叫湿球温度计。在温度计的上部装有一个电动小风扇，通过导管使气流通过两个温度计的感温包。该温度计的测量精度较高，可以用它作为校正测湿仪表。

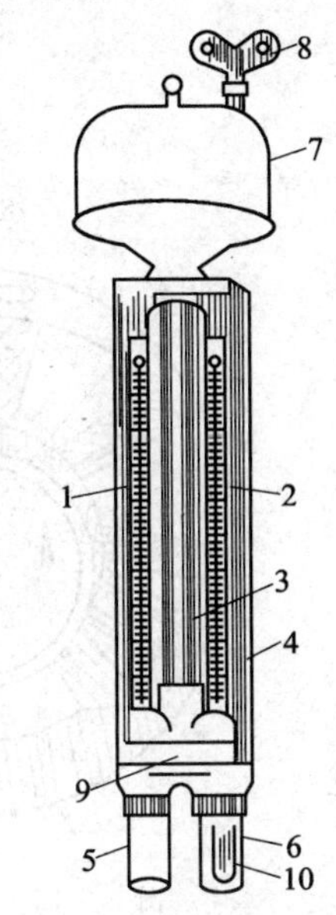

图 5—14　通风式干湿球温度计
1、2—水银温度计　3—金属管
4—护板　5、6—外护管
7—风扇外壳　8—钥匙
9—塑料箍　10—内管

3. 电容式湿度传感器

在 20 世纪 70 年代人们就开始使用电容式湿度传感器。它具有许多优点，例如，精度高、反应快；不受环境温度、风速的影响；抗污染能力强；稳定性好；便于远距离指示和调节湿度。

电容式湿度传感器的湿敏元件应用的是平板电容器原理，在绝缘基片上依次形成上电极、感湿膜、下电极。由高分子聚合物制成的感湿膜吸收周围环境中的水气，使其介电常数发生变化，从而引起电容量的变化，进而达到测量湿度的目的。感湿膜吸湿和放湿的程度随着被测空气相对湿度的变化而变化，因而电容量是空气相对湿度的函数。

将电容式湿度传感器与特制的电子电路组合在一起可以构成电容式湿度变送器，其能够输出与相对湿度成比例关系的电压信号。此时，显示仪表可以直接显示出所测空气的相对湿度。

三、测量风速的仪表

风速是空调工程中需要测量的基本参数。目前常用测量风速的仪表有：

1. 叶轮式风速仪（见图 5—15）

其工作原理是：当叶轮受到气流压力作用而产生旋转运动时，叶轮转速与风速成正比，其转速由轮轴上的齿轮传递给指针或计数器，在表盘上显示出风速数值。其测速范围为 0.5～10 m/s。

叶轮的转速由轮轴上的齿轮传递给指针和计数器，以指示出风速的大小。表盘中间的长指针每走一圈为 100 m，表盘右上角的短指针每走一刻度为 100 m，走一圈为 1 000 m；表盘左面的计时指针走一圈为 120 s，其中，前后 30 s 分别为准备和收尾时间，实际计时为两“咔嚓”声之间的 60 s，即 1 min。在此计时时间内，传动机构才与风速指针接触，使风速指针走动。因此，长短风速指针指示值之和，即为以分钟为单位的风速值。

在使用叶轮式风速仪前应检查长、短指针是否归零。测定时叶轮平面要垂直于气流方向。当叶轮旋转正常后，再按下启动压杆。

2. 杯转式风速仪（见图 5—16）

杯转式风速仪是通过半球形风杯、转轴与计速表盘等风速感应元件，感受气流压力，并转换成指针显示出数值。其测量风速范围为 1～40 m/s。

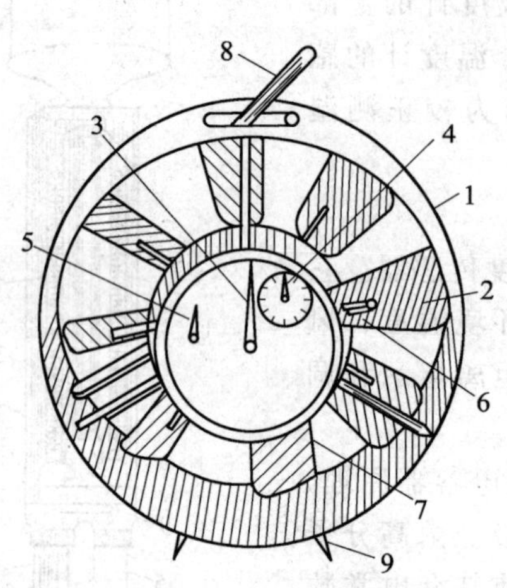

图 5—15 叶轮式风速仪

1—壳体 2—叶轮 3—长指针 4—短指针 5—计时指针 6—回零压杆 7—启动压杆 8—提环 9—座架

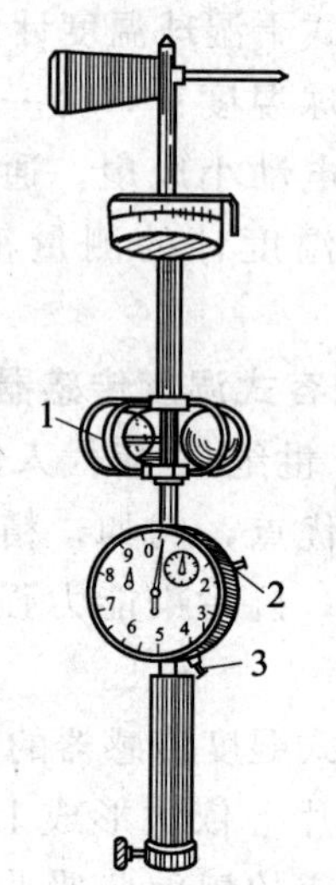

图 5—16 杯转式风速仪

1—风杯 2—回零压杆 3—启动压杆

3. 热球风速仪

热球风速仪是根据物体的散热率与风速存在的关系而制成的风速测量仪表。

其工作原理是：通过两个电路（加热电路、测温电路）将一定大小的电流通过加热电路线圈，使测温电路的热电耦产生热电动势，并由表头反映出来。风速越大，散热越快，温升越小，热电动势也就越小，可以在表头直接看风速刻度读出风速大小。

热球风速仪使用方便，对微风速反应灵敏，最小可测出 0.05 m/s 的风速，非常适合于测量室内气流速度。在使用时，如果热球上粘有粉尘，可能会引起较大误差，可用无水乙醇清洗，切不可用毛刷清洗。风速传感器是热球风速仪的关键部件，也是易损部件，发生故障时，应先检查传感器是否正常。

四、测量风压的仪器

1. U 形管压力计（见图 5—17）

U 形管压力计是最简单的测量风压的仪表。其工作原理是：当系统内的压力高于外界大气压力时，两者之间就会产生压力差，可以通过压差高度计算出压力值。计算公式如下：

$$\Delta p = p_1 - p_2 = 9.8\rho h$$

式中 Δp——压力差，Pa；

p_1——系统内的压力，Pa；

p_2——大气压力，Pa；

h——液体液面高度差，mm；

ρ——U 形管内注入的液体密度，g/cm³。

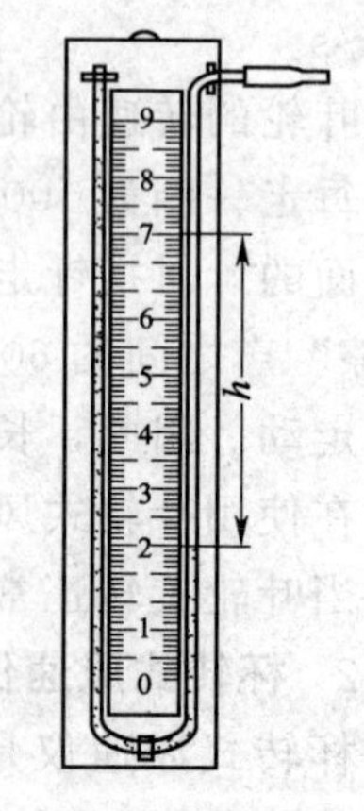

图 5—17 U 形管压力计

2. 倾斜式微压计

倾斜式微压计是在 U 形管压力计的基础上，将液柱倾斜放置，如图 5—18 所示。

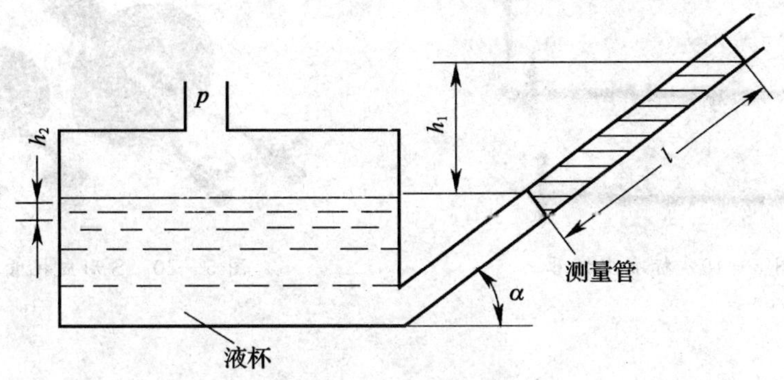

图 5—18　倾斜式微压计

倾斜式微压计由一根倾斜的玻璃毛细管做成测量管和一个横断面比测量管断面大得多的液杯构成。测量管与水平面间的夹角 α 是可调的。当有一个压力 p 作用在液杯上时，液杯液面下降高度 h_2，测量管液面升高 h_1，则液柱上升高度为 $h=h_2+h_1=h_2+l\sin\alpha$。由于液杯的下降高度 h_2 可以忽略不计，所以有：$h=l\sin\alpha$，于是所测得的压力为：

$$p=9.8\rho h=9.8\rho l\sin\alpha$$

式中　ρ——工作液体的密度，g/cm^3；

l——测量管液面上升长度，mm；

α——测量管与水平面间的夹角。

3. 皮托管

皮托管又称为毕托管，是与压力计配套使用的一次性仪表，把它插入风管内可将气流的静压、全压传递出来，并通过压力计指示出数值的大小。皮托管与压力计之间采用不同的连接方法，可单独测得静压或全压值，也能测得全压与静压之差值，即动压值。

由于气流的动压与流速的二次方成正比，测量动压后即可求出流速。因此，皮托管与压力计配套使用时，既是测量压力的仪表，又是测量风速的仪表。

（1）标准皮托管

标准皮托管如图 5—19 所示，是一个弯成 90°的双层同心圆管，其开口端同内管相通，用来测定全压；在靠近管头的外壁上开有一圈小孔，用来测定静压。按标准尺寸加工的皮托管校正系数近似等于 1。标准皮托管测孔很小，易被风道内粉尘堵塞，所以标准皮托管只适用于测定比较清洁的管道。

（2）S 形皮托管

S 形皮托管如图 5—20 所示，是由两根相同的金属管并联组成，测量时有方向相反的两个开口，测定时，面向气流的开口测得的相当于全压，背向气流的开口测得的相当于静压。由于测头对气流的影响，测得的压力与实际值有较大的误差，特别是静压。因此，S 形皮托管在使用前需用标准皮托管进行校正，S 形皮托管的动压校正系数一般为 0.82～0.85。S 形皮托管测孔较大，不易被风道内粉尘堵塞，因此，S 形皮托管在含尘污染源监测中得到广泛应用。

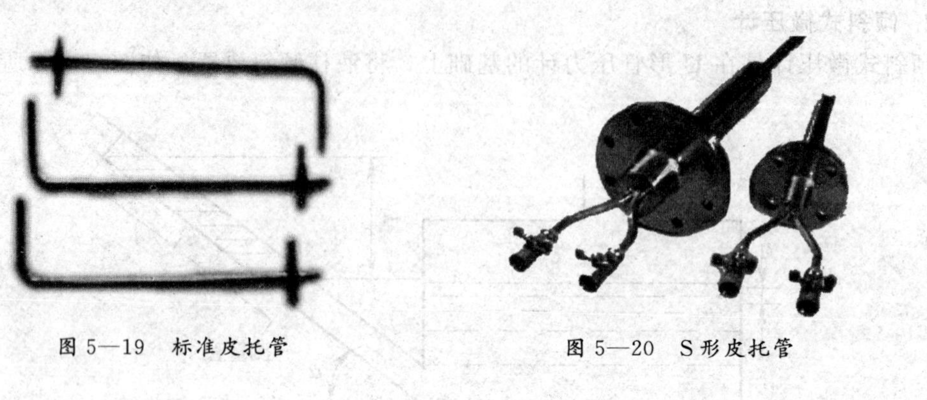

图 5—19　标准皮托管　　　　图 5—20　S 形皮托管

第六章　空调系统的自动控制

本章简述了自动控制原理的基础理论以及自动控制原理在中央空调中的各种应用，主要讲述了温度、湿度、风量、风速的自动控制和中央空调的综合自动控制。通过本章的学习，使制冷专业学员熟悉中央空调的自动控制系统。

第一节　中央空调的自动控制原理

一、中央空调自动控制系统的基本组成

中央空调自动控制系统一般由发信器、控制器、执行器和控制对象共4部分组成。

1. 发信器

发信器又称测量元件或敏感元件，它将温度、湿度、压力、风速等物理量转化为电信号。

2. 控制器

控制器又称为调节器，它将发信器送来的信号与设定值进行比较后得到偏差，进行综合放大并按一定的规律发出控制信号，如将电动、液动、气动及机械传动的信号输出到执行器。

3. 执行器

执行器接收控制器输出的控制信号后，自动控制电磁阀、电动阀、蒸汽阀等阀门的开或关以及开启度大小。

4. 控制对象

控制对象包括被控制的设备和被控制的参数，如风量、阀门、电热器及温度、湿度等。

下面以一个房间的温度控制为例，说明自动控制系统的工作过程。温度发信器将测得的房间温度送到控制器，在控制器中与给定值进行比较，根据偏差大小，控制器发出信号，指挥执行器动作，控制制冷剂流量。当温度达到上限值时，自动开启电磁阀，使制冷剂进入蒸发器，房间温度随之下降；当温度达到下限值时，自动关闭电磁阀，停止向蒸发器供液，防止房间温度继续下降，这样就可以起到自动调节房间温度的作用。如图6—1所示为自动控制系统的组成。

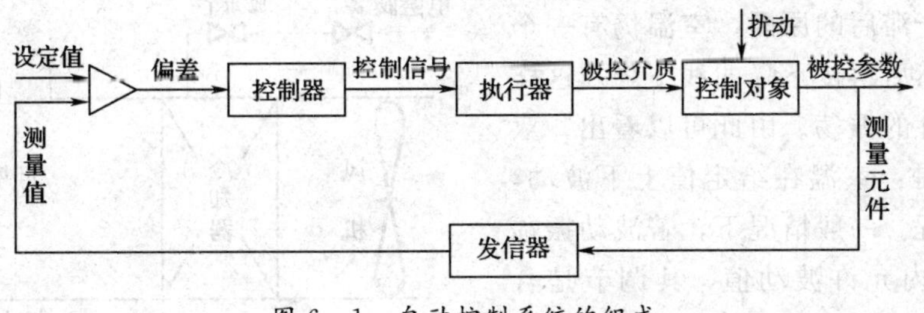

图6—1　自动控制系统的组成

二、自动控制的基本类型

1. 双位控制

在谈双位控制原理之前，先来学习自动控制系统的几个概念。

（1）静态和动态

被控参数不随时间而变化的平衡状态称为系统的静态，被控参数随时间而变化的不平衡状态称为系统的动态。

（2）干扰

凡是可能引起被调参数波动的外来因素（除调节作用外），在自动控制技术中称为干扰作用。受干扰作用的影响，被控系统平衡状态可能会遭到破坏，使被调参数偏离给定值。

（3）过渡过程

系统在干扰作用下，平衡状态遭到破坏，从一个稳态过渡到另一个稳态的过程，也就是被调参数随时间而变化的过程，称为过渡过程。

（4）静态偏差

静态偏差又称为稳态偏差、残余偏差。静态偏差表示控制系统受到干扰作用后，达到新的平衡状态时，被调参数相对于原给定值的偏差。

（5）动态偏差

动态偏差表示调节过程中被调参数相对于新稳定值的最大偏差。动态偏差越大说明控制系统的调节质量越差，稳定时间越长。

双位控制即在控制机构中有两个固定位置——开启或关闭的控制。双位控制原理如图6—2所示。在夏季空调温度控制中，温度控制器常配合空气冷却器的供液电磁阀使用。当空调室内回风温度升高到温度控制器给定值上限时，则开启供液电磁阀，空气冷却器工作；反之，当空调室内温度下降到控制器给定值下限时，则切断电路，关闭电磁阀，空气冷却器停止工作。

如图6—3所示为空调降温时温度双位调节过程。供液电磁阀（或冷水阀）开启后，由于调节对象的滞后，在τ_0时间内室温仍维持初温，然后在τ_1时间内室温急骤下降到（$t-\Delta t$），制冷停止。但因室温滞后，室温继续下降，然后再按上升曲线上升，当τ_2时间内室温上升到高于温度给定值上限，即（$t+\Delta t$）时，供液电磁阀再次接通，空气冷却器再次投入工作，同样由于滞后的原因，室温仍有一个上升的过程，然后再按下降曲线下降，这样即形成了周期性的振荡。由此可以看出，双位调节的特点是：室温在给定值上下波动，呈等幅振荡过程。一般情况下，若波动振幅不超出空调室内允许波动值，其调节是合理的。

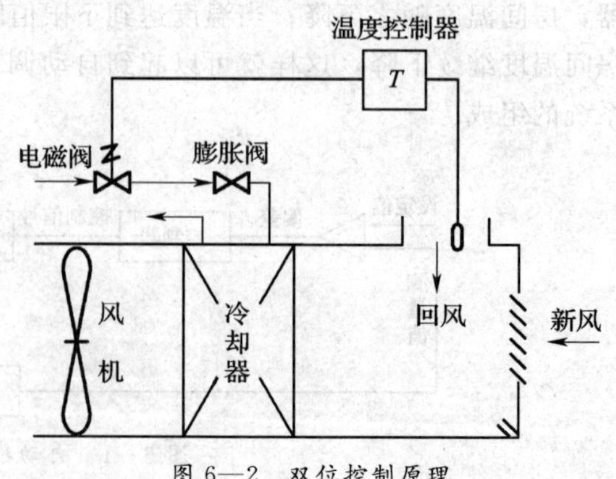

图6—2　双位控制原理

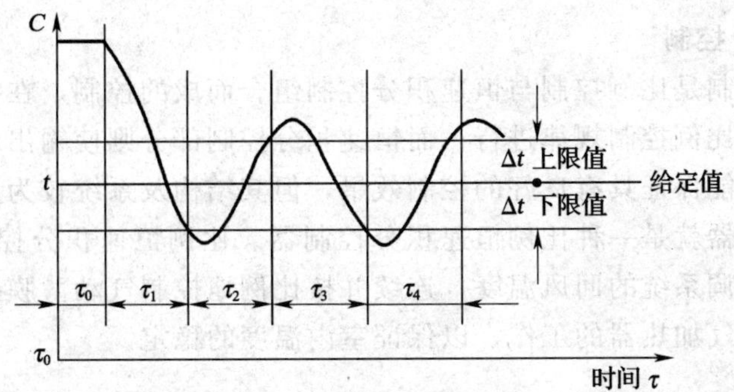

图 6—3 温度双位调节过程

2. 比例控制

比例控制即输入信号与输出信号成比例的控制。按其作用方式分为直接作用式和间接作用式两大类，如制冷循环系统的热力膨胀阀、蒸发压力调节阀、WBT－1226 型温度控制器及下面将述及的 HJ－71 型薄膜式温度控制器等都是比例控制器。

如图 6—4a 所示为冬季空调控制送风温度的直接作用式比例控制系统。当空调器出口被加热的空气温度升高时，通过感温包和控制阀的作用，按比例地关小直至关闭蒸汽阀；反之，当空气温度下降时，则按比例地开大蒸汽阀，直到蒸汽阀全开。

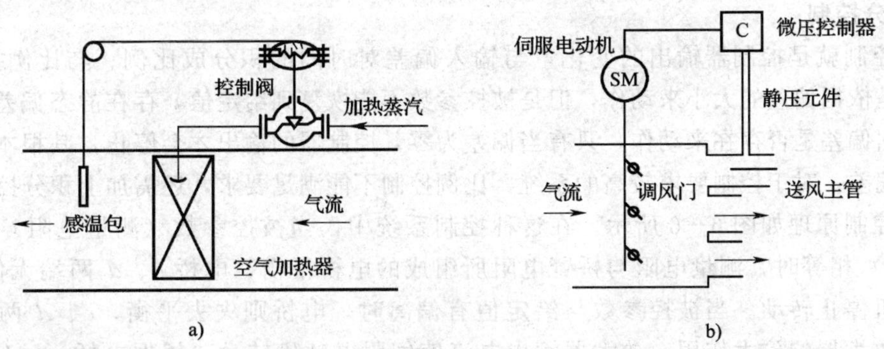

图 6—4 比例与恒速积分控制原理

a）比例控制系统 b）恒速积分控制系统

比例控制作用能够连续地进行，且能经常保持控制参数值与控制机构位置之间成一定的比例关系。比例控制在空调中应用最为广泛。

3. 恒速积分控制

比例控制能使系统稳定下来，但是恒速积分控制即输出信号对执行器（如控制阀）的作用，是随输入信号作用的时间积累起来的控制。换言之，在恒速积分控制中，控制器的输出信号将随其输入信号而连续地作用于执行器。如图 6—4b 所示就是在空调送风静压控制器输入一定的静压信号后，控制器把输入的信号进行综合处理，又输出控制信号给伺服电动机。于是伺服电动机作为执行机构等速回转而移动调风门（风门也作等速回转）。即当控制器有信号输入时，伺服电动机才能做等速转动。无信号输入时，伺服电动机即停止工作。而且在有信号输入时，其输出信号（风门位移变化）是随输入信号作用的时间而积累起来，即控制器输入信号时间长，其输出信号作用的时间积累也长，风门开度变化则大。另外，恒速积分控制器的输出信号与输入信号作用的大小是无关的。

4. 比例恒速积分控制

比例恒速积分控制是比例控制与恒速积分控制组合而成的控制。在控制器内，比例控制部分使输出信号按照比例控制规律进行；而恒速积分控制部分则使输出信号按恒速积分控制规律进行。这种控制能保证具有良好的控制效果，但其结构及系统较为复杂。如空调空气加热系统中的气动控制器就是一种比例恒速积分控制器。比例恒速积分控制原理如图 6—5 所示。这种控制根据空调系统的回风温度，连续并按比例地控制气动薄膜控制阀动作，改变阀门开度，从而控制空气加热器的工作，以保证室内温度的稳定。

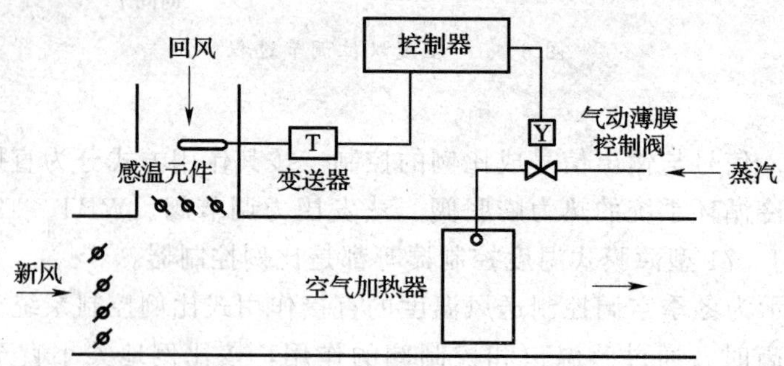

图 6—5　比例恒速积分控制原理

5. 积分控制

积分控制就是控制器输出的变化量与输入偏差对时间的积分成比例。与比例控制相比，比例控制是依据偏差的大小来动作，但是被控参数不能恢复到给定值，存在静态偏差。而积分控制是根据偏差是否存在来动作，只有当偏差为零，控制器的输出才会停止，其根本的作用是消除静态偏差。对于控制要求较高的系统，比例控制不能满足要求，还需加上积分控制。

积分控制原理如图 6—6 所示。在这种控制系统中，当被控参数（测量电阻）与给定值（定值电阻）相等时，测量电阻与桥臂电阻所组成的电桥平衡，电桥 c、d 两端无信号输出，伺服电动机停止转动。当被控参数与给定值有偏离时，电桥则失去平衡，c、d 两端有信号输出，经放大器的放大作用，放大器输出电流使伺服电动机转动。根据电桥 c、d 两端信号极性不同，伺服电动机的转向也不同。由于放大器的输出电流与输入信号成正比例关系，流过伺服电动机的电流与输入信号成比例，使伺服电动机的转速也与输入信号成比例。因此，由伺服电动机传动的控制阀（或调风门等）的移动速度与被控参数对给定值的偏差成比例。

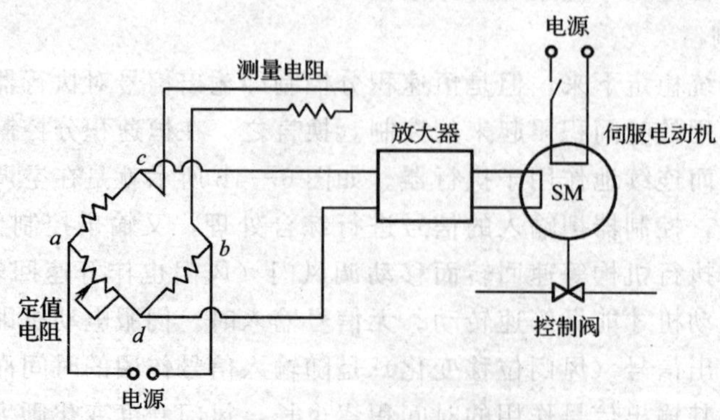

图 6—6　积分控制原理

另外，还有比例积分控制器和比例积分微分控制器，前者由比例控制和积分控制组合而成，后者由比例控制、积分控制和微分控制组合而成，二者通常用于较为复杂的控制系统中。

第二节　温度自动控制

如图 6—7 所示为空调温度自动控制基本原理图。温度自动控制是一般空调中广泛采用的方法。在空调温度自动控制中，控制系统的感温元件置于空调器的出口端，感受被加热（或冷却）后的空气温度，即空调器的送风温度。感温元件感受的温度信号通过变送（传感）器传送给控制器，与给定的温度控制值相比较后，发出信号给控制阀，控制阀门的开启或关闭，从而控制供给空气冷却（加热）器的冷、热媒，使空调器出口送风温度稳定在一定范围之内。在空调系统中，冷（热）媒系指制冷剂、载冷剂、蒸汽或冷、热水。

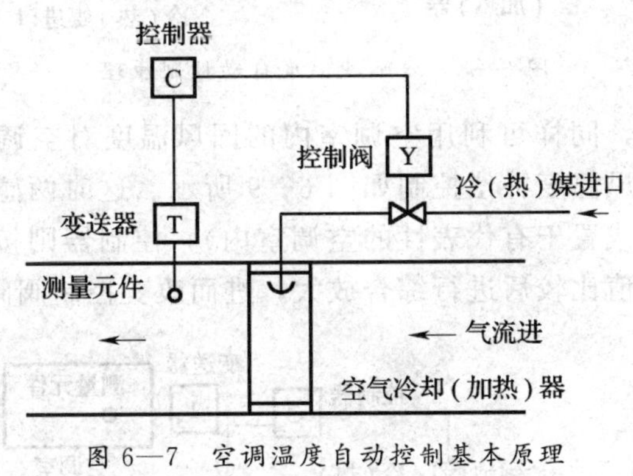

图 6—7　空调温度自动控制基本原理

一、温度自动控制系统的类型

1. 单脉冲控制系统

如图 6—7 所示温度自动控制的方法，在外界温度变化剧烈导致室内的渗入热变化很大时，如按给定的送风温度送风，则室内温度将随外界气温变化而产生较大的波动。当然，此时若在空调室内手调送风量或改变载热（冷）量，对室内温度波动能有所改善。但即使这样，往往也很难达到满意的效果。因此，空调自动控制系统中多把感温元件置于空调器的回风口或出风口，直接感受空调室内的温度变化。此时，感温元件根据空调室内回风温度变化，通过控制器及控制阀改变对空气冷却（加热）器的冷（热）能量供给，即可保证空调室内具有更为稳定的温度。

上述温度控制的感温元件仅置于空调器进口和出口，即只感受送风温度或回风温度。对其控制器来说仅有一个信号输入，故这类系统通常称为单脉冲控制系统。

2. 双脉冲控制系统

随着空调技术和自动控制技术不断发展，在空调自动控制中更多地采用了双脉冲控制系统，即温度自动补偿系统。

双脉冲温度自动控制原理如图 6—8 所示。空调双脉冲温度控制系统设有两个感温元件，分别置于空调器进出口，感受室外空气温度和空调器送风温度。根据外界空气温度变化，对送风温度作自动补偿修正。两信号通过变送（传感）器送入控制器，由控制器综合调节放大，并与给定值比较后发出信号给控制阀，使控制阀阀门改变开度，以此控制空气冷却（加热）器的冷（热）量供给。

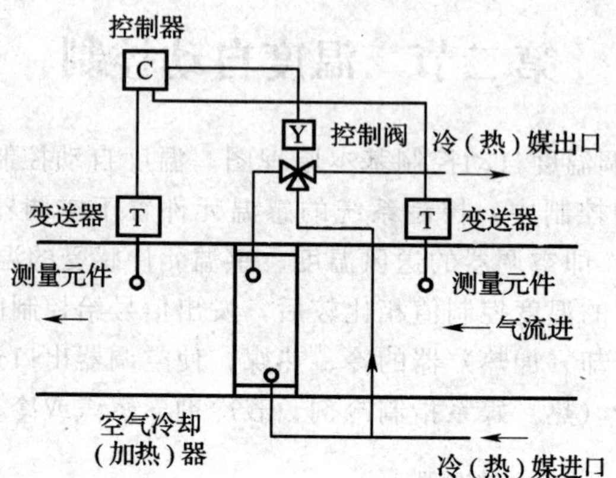

图 6—8　双脉冲温度自动控制原理

在双脉冲控制系统中，同样可利用空调室内的回风温度对空调器送风温度进行补偿修正，以稳定室内温度。回风温度补偿控制如图 6—9 所示。这时两感温元件分别置于空调器出口和空调器回风进口（或置于有代表性的空调室内），控制器则按空调器出口送风和室内回风两个温度信号与给定值比较后进行综合放大，进而改变控制阀阀门的开度。

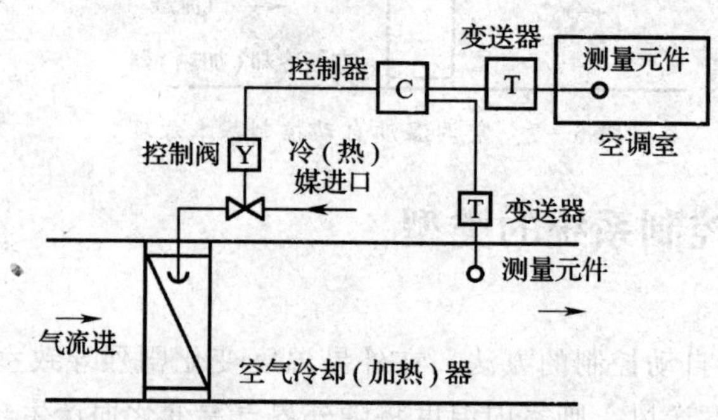

图 6—9　回风温度补偿控制

双脉冲温度控制又称室外温度补偿控制。在全年运行的空调系统中，采用不固定的温度控制方法，根据外界温度变化，室内温度允许有一定的波动范围。这样不仅可降低空调运行费用，而且使人体更适应室内外温度的差别，使人感到更为舒适。如图 6—10 所示为冬季和夏季温度补偿调节过程。

在冬天，当室外温度传感器检测到气温逐渐降低时，室内控制温度也逐渐降低。而在夏季，室外温度逐渐升高时，室内控制温度也逐渐升高，实现温度的补偿调节。

二、感温元件

空气调节控制系统采用的感温元件很多，如热敏电阻、气体或液体感温包、感温管等。热敏电阻按温度变化改变电阻值，输出电信号给控制器；感温包按其温度变化，造成内部气体或液体的膨胀或汽化，输出压力信号给控制器；感温管按温度变化，产生伸缩，输出位移

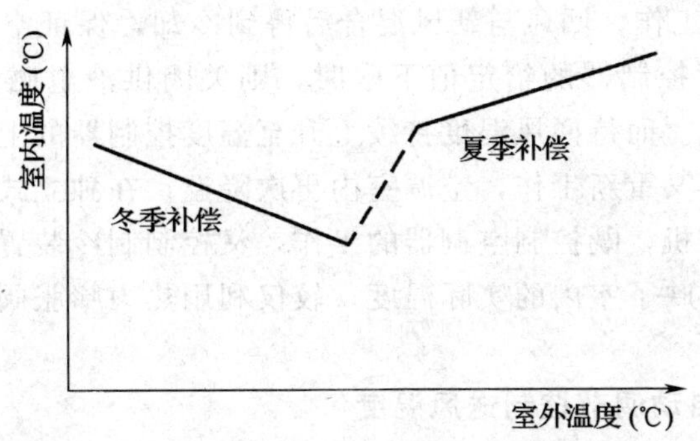

图 6—10　冬季和夏季温度补偿调节过程

信号给控制器。控制器接收电流、压力、位移信号与给定值比较，而后综合、放大，再以电流、压力或位移信号操纵控制阀动作。实际上控制器接收到信号后，往往又改变其信号输出方式给控制阀，如接收压力信号、输出电流信号，接收位移信号、输出压力信号等。

三、夏季空调温度控制系统

夏季，当空调运行时，空气通过空气冷却器冷却降温，而空气冷却器对空气的冷却程度又取决于制冷系统的冷量供给情况。如果制冷循环系统工作正常，其冷量供给则决定于通过膨胀阀进入空气冷却器的制冷量。在间接冷却系统中，则决定于通过冷水阀送入空气冷却器的冷水量。

1. 单脉冲双位温度控制器控制室内温度

选择单脉冲双位温度控制器来控制室内温度，是夏季空调温度控制系统目前广泛采用的控制方法。如图 6—11 所示为夏季空调利用温度控制器控制室内温度的原理图。

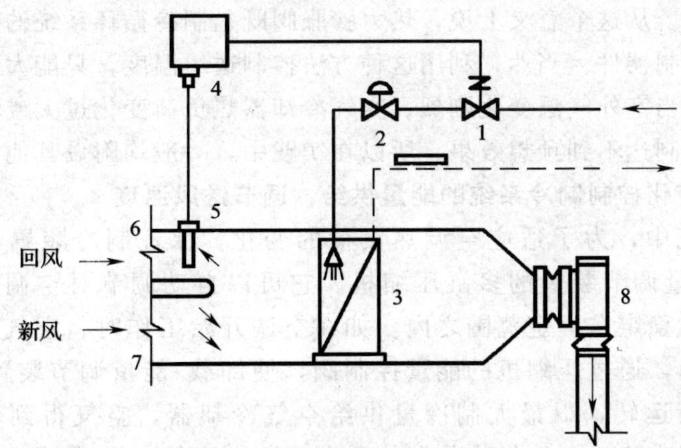

图 6—11　夏季空调的温度控制原理

1—供液电磁阀　2—膨胀阀　3—空气冷却器　4—温度控制器　5—感温包
6—回风进口　7—新风进口　8—风机

这种系统以感温包 5 和毛细管作为敏感元件和传感器。感温包直接感受空调室的回风温度，并把信号通过毛细管传送给温度控制器 4。温度控制器按其给定值操纵供液电磁阀 1，改变对空气冷却器 3 的冷量供给，最后达到控制空调室内温度的目的。在集中式空调制冷系统中，当各空调室内回风温度超过温度控制器的给定值上限新风时，控制器动作，开启供液电磁阀1，则空气冷却器工作，回风与新风混合后得到冷却，保证空调送风要求；反之，当回风温度下降到低于温度控制器的给定值下限时，则关闭供液电磁阀，空气冷却器停止工作，空调室内仅通风换气。而待回风温度持续上升至温度控制器的上限动作值时，再次开启供液电磁阀，空气冷却器又重新工作，空调室内再次降温。在独立式空调制冷系统中，温度控制器将同时启、停压缩机，既控制空调器的工作，又控制制冷装置的运转。上述控制温度的方法，由于回风直接反映了室内的实际温度，较仅利用热力膨胀阀自调性能控制温度更接近空调室内的实际要求。

2. 通过节流装置的自动调节控制送风温度

在直接冷却系统中，通过膨胀阀的节流作用向空气冷却器供给一定数量的制冷剂，保证了制冷循环的正常进行，而空气冷却器的正常工作又保证了空气得到预定的冷却降温。因此，在一定的制冷工况下，热力膨胀阀对空气冷却器的供液量决定了对空气冷却器所能提供的制冷量。膨胀阀在制冷系统中用以对高压液体制冷剂进行节流，向空气冷却器供液，并保证压缩机实现“干压”，即保证压缩机吸入具有一定过热度的制冷剂蒸气。而制冷剂蒸气的过热度大小又与空气冷却器热负荷大小有关。这就是说空气冷却器热负荷变化，改变了空气冷却器出口制冷剂蒸气过热度的大小，进而又通过膨胀阀的自调性能改变节流孔的开度。如此，使空气冷却器的热负荷与制冷剂的供给量相适应。

在空调器的进风量一定的条件下，若进风温度一定，那么空调器的热负荷也一定。此时如果制冷工况稳定，膨胀阀阀门将维持一定的开度，保证一定的制冷剂量，使空调器出来的送风温度一定。但是，当空调器回风温度升高时，空气冷却器热负荷必然增大，制冷剂回气过热度升高，进而使膨胀阀开度加大，提高制冷剂流量，最后就使经过空气冷却器的空气得到较大的降温。反之，空调器回风温度下降时，经过上述一系列的反向调节，空气仅得到较小的降温。所以在夏季空调中，借助于制冷系统热力膨胀阀本身的自调特性，则可以维持空调器一定的送风温度。从这个意义上说，热力膨胀阀既是制冷循环系统的控制器件，又是空气冷却系统的温度控制器件。当然，利用这种方法控制送风温度，只能大致将送风温度保持在一定范围之内。而当室外气温变化剧烈、空气冷却器热负荷变化过大或者膨胀阀自调性能不良时，均会使其控制达不到预想效果，所以在实践中，一般均附设其他自控设备。

3. 根据热负荷变化控制制冷系统的能量供给，调节送风温度

在某些空调系统中，为了适应空调热负荷的变化，保证制冷装置经济合理地使用，常采用具有卸载-能量调节装置的多缸压缩机。它可以自动调节对空调系统的能量供给，使空调送风温度大致稳定在一定范围之内。如在空调开始工作时，空气冷却器热负荷大，蒸发压力和温度较高，通过压缩机的能量控制阀，使卸载-能量调节装置动作，压缩机自动增缸，直到全负荷运转，以最大制冷量供给空气冷却器，空气得到较大的冷却降温。反之，随着空调室逐步降温，空气冷却器热负荷也不断下降，蒸发压力和温度随之降低，则通过能量调节装置，使压缩机减缸运转，减少制冷量，结果通过空气冷却器的空气得到较小的降温。这种调节能量的方法既保证了制冷系统对空气冷却器能量的合理供给，控制了送风温度，又保证了压缩机的经济运行。

4. 间冷式表冷器的送风温度控制（见图6—13）

送风温度多采用三通调节阀调节水流量或调节冷水温度，当采用调节水量时，为了防止主水管流量的波动，应在供水管路中增设稳压或压差控制装置。

调节水量如图 6—12a 所示，是根据送风温度或室内温度变化，自动比例调节表冷器的冷水流量，而冷水温度不变。调节水温如图 6—12b 所示，是根据送风温度变化，自动地调节表冷器进水温度。

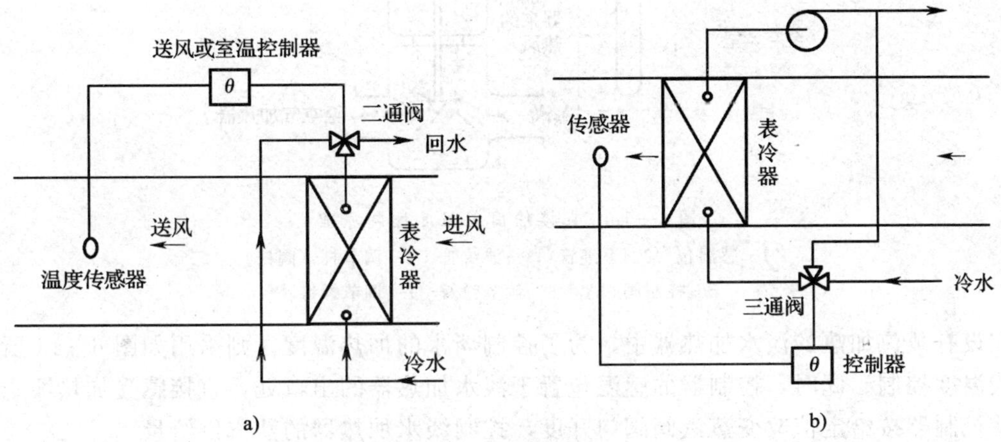

图 6—12 间冷式表冷器的送风温度控制

a）调节水量 b）调节水温

四、冬季空调温度控制系统

在冬季空调中，多采用蒸汽或热水作为空气加热的热源。利用减压至表压0.2～0.3 MPa之间的低压蒸汽，或以蒸汽加热的热水（50～60℃）通过空气加热器对空气加热，提高空气温度。因此，冬季空气温度的控制是通过控制空气加热器的蒸汽或热水供给来实现的。

冬季空气调节加热温度的控制，根据工作系统不同，有直接作用式和间接作用式两类。这两类控制作用均由敏感元件输出信号，通过控制器直接或间接启闭热媒（蒸汽或热水）的供给以控制空气加热温度。

1. 直接作用式温度控制

如图 6—13 所示为直接作用式温度控制原理。它用于冬季空调空气加热系统，控制空气加热温度。该控制系统由测温、控制两个部分组成：测温部分由感温包、毛细管、波纹管组成；控制部分由调节杆（阀杆）、控制阀阀芯、调节弹簧、调节螺钉组成。在测温部分内部充有一定量的低沸点液体或气体。其感温包置于空气加热器出口（或空调器回风进口）气流中，以感受空气温度。

工作时，感温包 1 感受空气温度后，内部即产生一定的压力，压力通过毛细管 2 又传至波纹管 3 的外部空间。在正常情况下，这一压力与调节弹簧 6 的弹力相平衡，使调节阀处于某一给定开度，向空气加热器供给一定量的蒸汽。当被加热的空气温度过高或过低时，由于测温部分内部压力升高或降低，使作用在波纹管 3 上的压力与调节弹簧 6 的弹力失去平衡，波纹管 3 将压缩或伸张。此时，控制阀阀芯 5 在阀杆 4 的作用下，自动将阀门关小或开大，以减少或增加空气加热器的蒸汽供给量。直到波纹管 3 上的压力与调节弹簧 6 的弹力达到新的平衡，控制阀才又处于新的稳定开度。这样，加热空气的温度就得到控制。空气温度控制值可通过调节螺钉 7 改变调节弹簧 6 的弹力来给定。

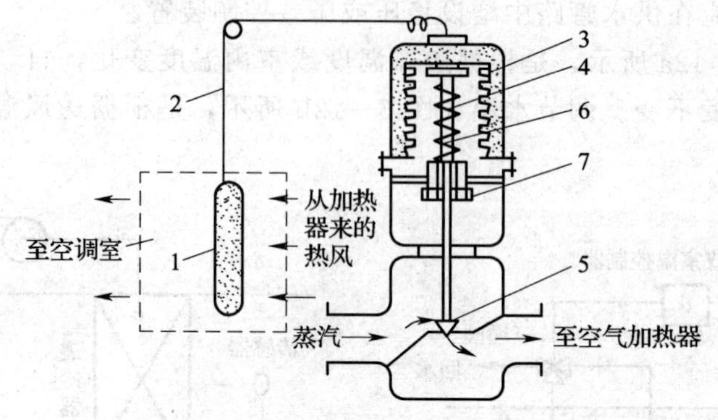

图 6—13　直接作用式温度控制原理

1—感温包　2—毛细管　3—波纹管　4—调节杆（阀杆）

5—控制阀阀芯　6—调节弹簧　7—调节螺钉

在设有蒸汽加热的淡水加热器中，为了控制淡水的加热温度，则采用如图 6—14 所示的直接式温度控制。此时，控制器的感温包置于淡水加热器的出口处，直接感受加热淡水的温度，使控制器按给定值改变蒸汽阀阀门开度，控制淡水加热器的蒸汽供给量。

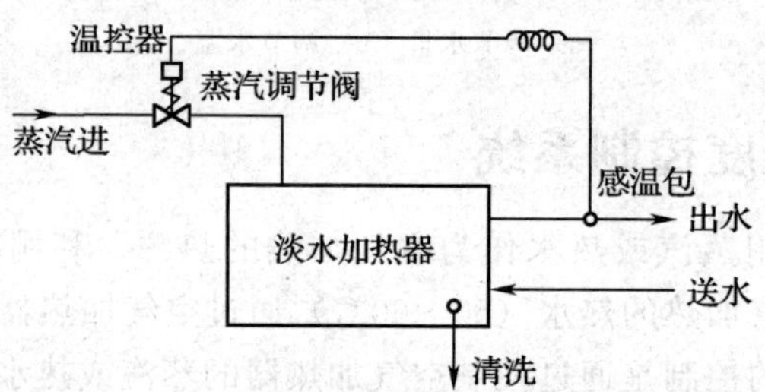

图 6—14　直接式温度控制

如图 6—15 所示为采用双脉冲直接作用式温度控制阀的空调自动控制系统。温度控制阀的两个测温元件分别置于空调器新风进口和空调器出口空气分配室内，利用外温对送风温度进行自动补偿，而使室内得到更为满意的空调调节效果。

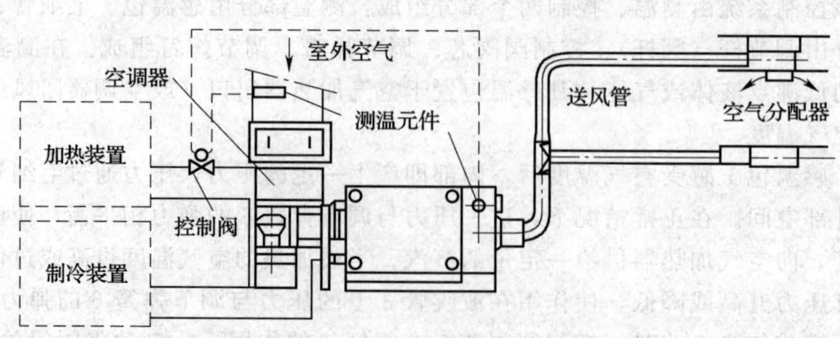

图 6—15　单风管空调系统送风温度控制

在某些双风管空调系统中，为了对一、二级风管的温度进行合理控制，则采用如图 6—16 所示的单脉冲和双脉冲两种直接作用式温度控制器，分别控制一、二级风的送风温度。

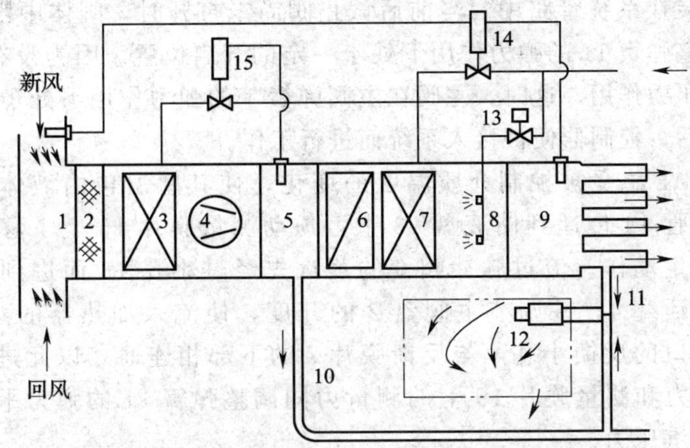

图 6—16　双风管空调系统送风温度控制

1—空气混合室　2—空气过滤器　3—一级空气加热器　4—风机　5—一级空气分配室　6—空气冷却器　7—二级空气加热器　8　空气加湿器　9—二级空气分配室　10—一级风送风管　11—二级风送风管　12—室内空气诱导器　13—蒸汽加湿电磁阀　14—双脉冲直接式温度控制器　15—单脉冲直接式温度控制器

如图 6—17 所示为单风管空调系统送风温度控制中目前采用较多的 HJ－71 型薄膜式温度控制器。控制器由薄膜式感温包感温元件和活塞式减压阀两部分组成。感温包感受被控制介质（如蒸汽、空气、水）的温度变化，通过减压阀的作用，自动控制进入加热器的蒸汽流量，以实现温度自动控制。

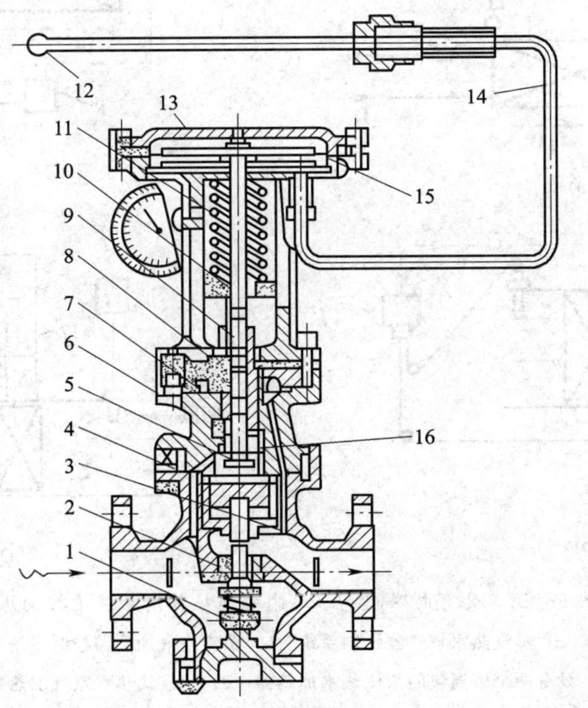

图 6—17　HJ－71 型温度控制器

1—主阀弹簧　2—主阀盘　3—反馈小孔　4—平衡活塞　5—脉冲弹簧　6—脉冲阀　7—反馈膜片　8—压座　9—顶杆　10—调整螺母　11—调整弹簧　12—感温包　13—储液盘　14—毛细管　15—测量膜片　16—小孔

控制器直接安装在系统管路中。当前后截止阀尚未打开时，阀体中没有蒸汽流过。此时，脉冲阀 6 在调整弹簧 11 的弹力作用下处于一定的开启位置。因为没有蒸汽通过，平衡活塞 4 上面无蒸汽压力作用。这时，主阀在主阀弹簧 1 的弹力作用下处于关闭状态。然而，把前后截止阀打开后，控制器便被接入系统而进行工作。

这里，感温包 12 感受被控制介质温度的变化，使其感温包内液体压力相应地发生变化，并通过毛细管 14 传递到储液盘 13 中，顶动测量膜片 15 上下移动，以此带动顶杆 9 使脉冲阀 6 发生动作。流过脉冲阀 6 的蒸汽先经过小孔 16 而进到平衡活塞 4 的上部，进而推动平衡活塞 4，并调节主阀盘 2 的开度，使流入加热器的蒸汽量产生变化。阀后压力通过阀出口的反馈小孔 3 与反馈膜片 7 的下部相连通，以此进行反馈，保证反馈膜片 7 上的反馈力和测量膜片 15 上的测量力同调整弹簧 11 的弹力平衡，这样即限制了进入加热器的蒸汽压力。

2. 间接作用式温度控制

这类控制主要是通过温度控制器接通、切断或改变控制电路，以启、闭或调节空气（或热水）加热器的蒸汽供给阀，进而达到控制加热空气（或热水）温度的目的。图 6—18 所示为具有电磁阀或三通阀的间接作用式温度控制原理。

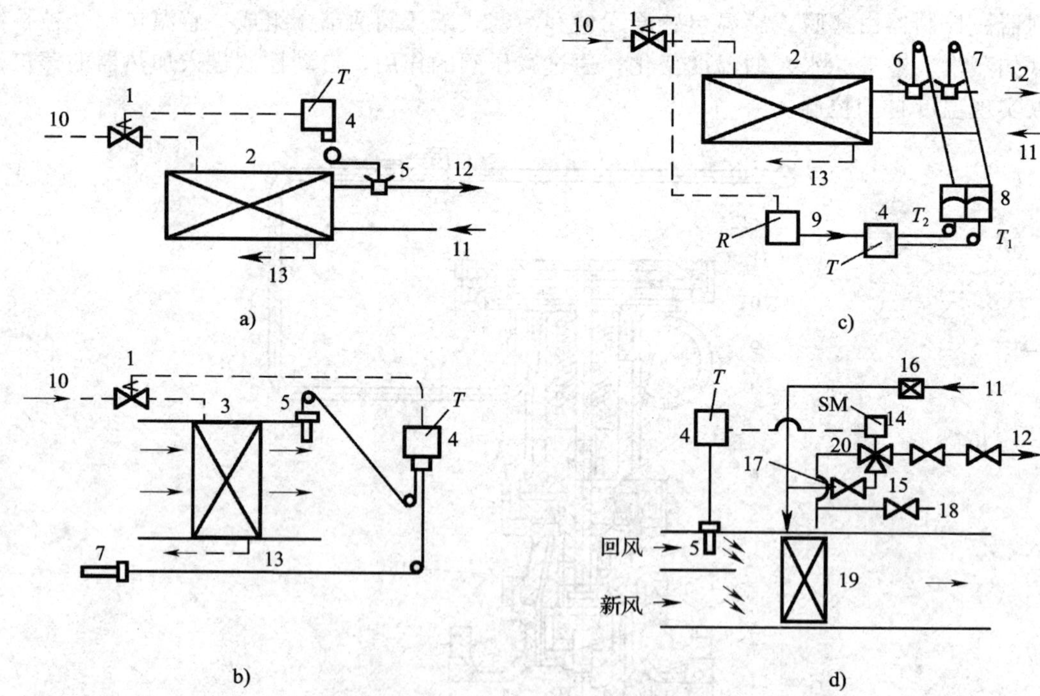

图 6—18 具有电磁阀或三通阀的间接作用式温度控制原理

a）蒸汽热水加热器控制系统 b）蒸汽空气加热器控制系统

c）设有两个感温包的蒸汽热水加热器 d）间接式热水空气加热系统

1—电磁阀 2—蒸汽热水加热器 3—蒸汽空气加热器 4—温度控制器 5、6、7—感温包 8—转换控制开关 9—控制箱 10—蒸汽引入管 11—热水进入 12—热水排出 13—凝水排出 14—伺服电动机 15—三通阀 16—热水过滤器 17—调节阀 18—加热器手动放水阀 19—热水空气加热器 20—加热器排水通路如图 6—18a 所示为蒸汽热水加热器控制系统。它通过感温包 5 及温度控制器 4 的作用启、闭蒸汽热水加热器 2 的蒸汽供给电磁阀 1，控制热水温度。

如图 6—18b 所示为蒸汽空气加热器控制系统。其特点是选用双脉冲式温度控制器。它设有两个感温包 6 和 7，在温度控制中利用外界温度（感温包 7）对送风温度进行补偿修正，而启、闭蒸汽供给电磁阀 1。

如图 6—18c 所示为设有两个感温包的蒸汽热水加热器。两个感温包与两只转换控制开关配合使用，可分别控制蒸汽热水加热器两种温度工况范围（如 $T_1=60\sim90$℃，$T_2=40\sim70$℃）。每个感温包温度转换控制开关都可单独与温度控制器 4、控制箱 9 及电磁阀 1 组成一个控制系统。使用中根据所控制的热水温度范围，选择其中任一组来对热水温度进行控制。

如图 6—18d 所示为间接式热水空气加热系统中采用的一种温度控制方法。系统中主要设有温度控制器 4、三通阀 15 及伺服电动机 14。温度控制器 4 接收回风感温包 5 的信号，按给定值向伺服电动机 14 输出控制信号，操纵三通阀 15 的通路和开度变化，最终保证送风温度稳定。例如，当回风温度升高时，感温包 5 内的压力升高，信号传给温度控制器 4。如果回风温度超过温度控制器 4 的给定值上限，温度控制器 4 则输出信号，使伺服电动机 14 动作，于是三通阀 15 将空气加热器排水通路 20 关闭，热水经控制阀 17 被旁通直接流入排出管。反之，如果回风温度下降，并低于温度控制器 4 给定值下限，则温度控制器 4 又会输出信号，伺服电动机 14 动作，将三通阀 15 中的旁通通路关闭，重新开启加热器供水通路，热水又流入空气加热器，对空气加热。

第三节　湿度自动控制

空气的湿度控制一般是指对空气相对湿度 φ 的控制。按舒适空调的要求，空气相对湿度可以允许有较大的变动范围，通常夏季相对湿度 φ 为 50%～60%，冬季相对湿度 φ 为 35%～50%。

空调中冬季空气湿度处理多采用喷蒸汽法。湿度控制是由湿度感受元件发出湿度信号，通过湿度控制器和执行器（控制阀）调节喷湿蒸汽量，以完成对空气湿度的控制。

夏季，室外空气湿度一般都比较高，空气降温过程也是一个降湿过程，故控制空气冷却器不同的蒸发温度（或冷水温度）就可得到不同的降湿效果。通常，除了某些特殊房间外，一般空调湿度均不做严格控制。

一、湿度控制基本原理

空调室内空气相对湿度的调节方法有露点法、湿球温度法和相对湿度法等。

1. 露点法

只用于喷水式系统中，它是将敏感元件放在喷水室后，控制露点温度至一定值。因为露点的相对湿度基本保持一定，所以处理后空气含湿量可控制在一定范围内。在空调室内热负荷及温度波动不大时，室内相对湿度可保持在一定范围内。

2. 湿球温度法

直接控制室内或总回风管内的湿球温度。当干球温度一定时，室内空气相对湿度即相应得到保证。

3. 相对湿度法

直接控制空调室内或回风的相对湿度。

空调湿度控制很大程度上取决于湿度敏感元件的选择和信号转换的方法。目前，空调中采用的湿度测量元件有各种干湿球温度计、脱脂毛发、尼龙丝、尼龙膜、氯化锂（LiCl）等。相应所采用的湿度控制器有干、湿球式湿度控制器，毛发（或尼龙丝）式湿度控制器，铂电阻式湿度控制器，氯化锂湿度控制器等类型，本节着重介绍干、湿球式湿度控制器和氯化锂湿度控制器。

在一般空调湿度控制中，一类是控制室内空气相对湿度不大于（或不小于）某一给定值，即采用双位式控制；另一类是控制室内空气相对湿度在某一给定值范围之内，即采用比例式控制。通常双位式控制应用较多。

二、干、湿球式湿度控制

将两只温度敏感元件（如感温包、热敏电阻等）均置于测量点（如空调器出口、空气分配室或回风口），其中一只敏感球外套湿纱布，通过干、湿温度差效应，感受空气的相对湿度。

所谓干、湿温度差效应，就是指潮湿物体表面水分蒸发而冷却的效应。其冷却程度取决于周围空气相对湿度 φ 的大小。φ 越小蒸发强度越大，潮湿物体表面冷却程度越大，其温降也越大，则它与干球温度差就越大；反之，φ 越大蒸发强度越小，潮湿物体表面温降也越小，则它与干球温度差就越小；当 $\varphi=1$ 时，空气饱和，潮湿物体表面温度则与干球温度相等。

图 6—19 所示为一种采用感温包为感湿元件的干、湿球湿度控制器。两只感温包中，其中一只套有湿纱布，纱布另一端浸在盛水容器内并保持经常性湿润。一干一湿的两只感温包将空气相对湿度 φ 转变为温度差，又通过毛细管、波纹管再转变为压力差，最后使拨盘产生位移拨动电触点，于是控制器发出电信号。湿度控制器即按干湿球温度信号及相对湿度给定值发出信号而启闭加湿阀，以达到对空气湿度的双位式控制。系统中的加湿阀除受湿度控制器控制外，还与风机连锁。在风机停转或一旦动力失控时，蒸汽阀自动关闭。

干、湿球式湿度控制器除靠感温包发出信号外，目前较多采用电阻发出信号（如铂电阻、镍电阻）。如国产 CSC－1101 型电子式自动干湿球湿度计，其敏感元件采用了两只铂电阻计（一干一湿），利用两只铂电阻将空气相对湿度 φ 转变为温差，而温差感应信号再被引入桥式测量电路，反映出不平衡电压，此电压与给定值比较后再输入放大器作为控制器的输出信号，最后通过执行机构（控制阀）完成对空气相对湿度的控制。

把空气相对湿度转换为电压或压力差，作为输入信号送入控制器，控制器按给定值综合后，经放大器发出信号到执行器。这类湿度控制器可以是电动的，也可以是气动的。其不足之处是控制范围小、误差大，受气流速度影响也较大。

三、电阻式湿度控制

电阻式湿度控制器是利用对空气湿度较为敏感的吸湿材料（如氯化锂 LiCl）吸湿或放湿后电阻值相应成正比例变化的原理制成。它根据感湿元件电阻值的变化，得到空气相对湿度的变化，进而通过控制器、执行器达到控制空气相对湿度的目的。

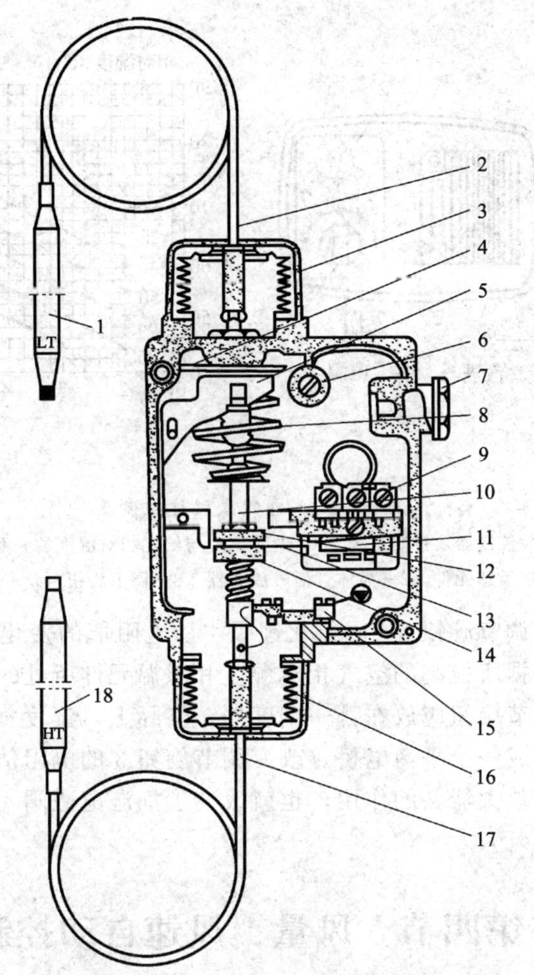

图 6—19 干、湿球湿度控制器

1—低温感温包（湿球） 2、17—毛细管 3—低温波纹管组件 4—调节盘 5—主标尺 6—接线柱 7—电缆线引入 8—调节弹簧 9—接线柱 10—主轴 11—开关 12—上导钮 13—拨臂 14—下导钮 15—接地线 16—高温（干球）波纹管组件 18—高温感温包（干球）

如图 6—20 所示为电阻式湿度控制器。其湿度敏感元件 1 是一个绝缘的圆柱体（或平板），在圆柱体（或平板）上面平绕（或平排）两根银丝（或铂丝），外面涂上一层吸水性较强的氯化锂（LiCl）涂料，两根银丝互不接触，而是靠氯化锂涂料层构成回路。氯化锂在两根银丝间形成一定的电阻值，这一阻值的变化取决于氯化锂涂料层含水量，即取决于空气中相对湿度的变化。感湿元件电阻值又与通过的电流成比例变化。将电流信号的变化经过晶体管信号放大器 2 放大后，就可以控制蒸汽加湿电磁阀 4 的启闭，控制加湿蒸汽的变化，调节空气的湿度。

这种湿度控制器为双位式，即当空气相对湿度降低到低于湿度给定值下限时，由于感湿元件电阻值减小，电流改变，通过放大器的作用，加湿电磁阀开启，则空气被加湿；反之，当空气被加湿而相对湿度上升到湿度控制给定值上限时，则加湿电磁阀关闭，停止对空气加湿。

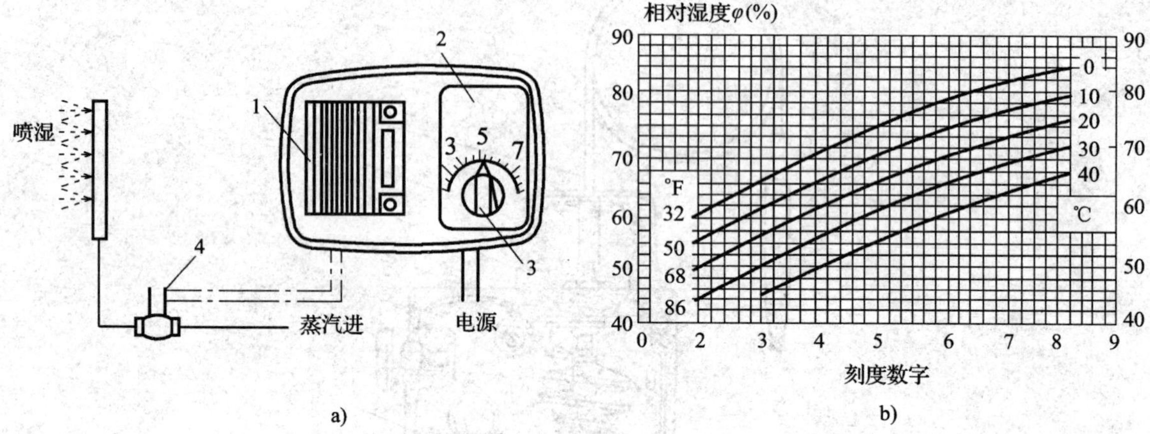

图 6—20　电阻式湿度控制器

a）控制器及控制系统　b）调湿刻度与给定相对湿度的关系曲线

1—湿度敏感元件　2—晶体管信号放大器　3—调节旋钮　4—加湿电磁阀

湿度控制器中设有调节旋钮 3，因氯化锂吸水后电阻值的变化不但与空气湿度有关，还与温度有关，所以要根据所控制的空气相对湿度和感温元件所处的环境温度，按生产厂家给定的关系曲线来决定调节旋钮应放在哪一刻度挡。实际上，湿度敏感元件 1、调节旋钮 3 及晶体管信号放大器 2 构成一个平衡电桥。改变调节旋钮 3 的电阻值即改变了湿度敏感元件 1 的电阻值对晶体管信号放大器 2 的作用，也就改变了加湿电磁阀 4 的启闭条件，湿度由此得到控制。

第四节　风量、风速自动控制

在空调送风系统中，部分房间空气分配器的送风量改变或出风口被关闭，则会引起送风系统风压骤然变化，造成其他房间送风量的变化、温湿度波动及噪声增大。为保证在这种情况下系统的送风平衡，以稳定系统中风量的分配，在空调送风系统中常采用风量控制设备。

送风管中空气静压的变化会引起风管气流速度的变化，所谓风量控制就是设法稳定各风管的静压，保证各风管送风速度和送风量一定。

风量控制系统主要由静压控制器及执行机构（如伺服电动机、调风门等）组成，如图 6—21 所示。当空调送风系统中部分房间空气分配器或诱导器的风门关小或关闭时，风管调风挡板后的静压升高，静压信号通过静压毛细管反馈到静压控制器，静压控制器按静压给定值综合放大后，则发出控制信号，并通过控制机构把调风门（或挡板）关小。这就使该风管静压下降，风量也随之减小。经过调节之后，因系统内的静压减小，反馈压力也减小，则调风门处于另一平衡位置。反之，当部分室内空气分配器或诱导器重新开启或开大时，该风管的静压降低，通过静压控制器和执行机构又使调风门随之开大，于是该风管送风量增大。这样就可以稳定各空调室的送风量，避免其温、湿度波动。

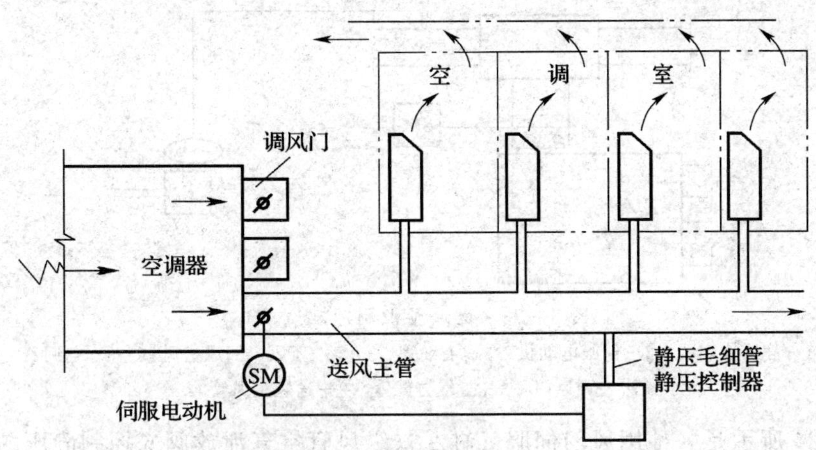

图 6—21　送风量控制原理（一）

在集中式空调系统中，常采用的送风量控制方法除上述通过风管调风门控制风量的方法外，还有风机进口端设置导向叶片调节法（见图 6—22a）、风机出风端风门调节法（见图 6—22b）、风机多余空气泄放法（见图 6—22c）、风机出口端与进口端间空气回流旁通法（见图 6—22d）等，常采用的是风机多余空气泄放和风机出风端风门调节法。风管静压控制的静压值与送风系统选择有关，不同的送风系统或不同的风管风速，其静压控制值范围相差很大，一般可在 20～60 mm 汞柱之间变化。

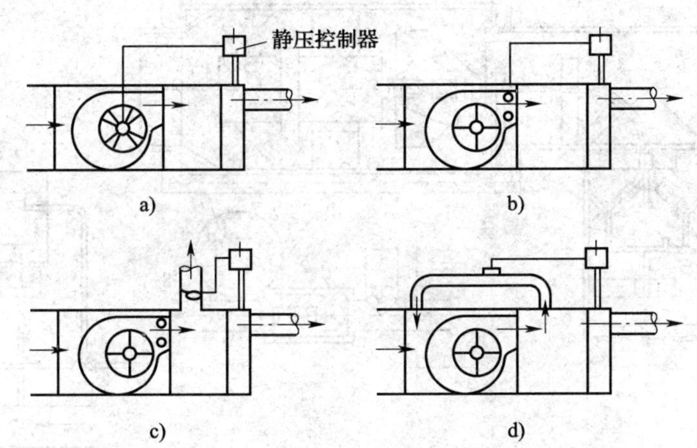

图 6—22　利用静压控制送风量

a）导向叶片调节法　b）风门调节法　c）多余空气泄放法　d）空气回流旁通法

图 6—23 所示为在空调器出口设置调风挡板的送风控制系统。该系统设有静压控制器、伺服电动机、调风挡板及静压毛细管等。当送风主管中静压发生变化时，通过静压控制系统中的伺服电动机，改变调风门的开度，调节空调器出口的总风量，以保持系统送风的稳定。系统中采用薄膜式静压控制器，由静压毛细管输入静压信号。当主风管中静压发生变化时，静压毛细管把信号输入给静压控制器，使控制器中的电触点动作，于是伺服电动机（与风管调风门连接）转动或改变方向，进而转动调风门，改变空调器出风量，使各主风管的静压得到稳定。

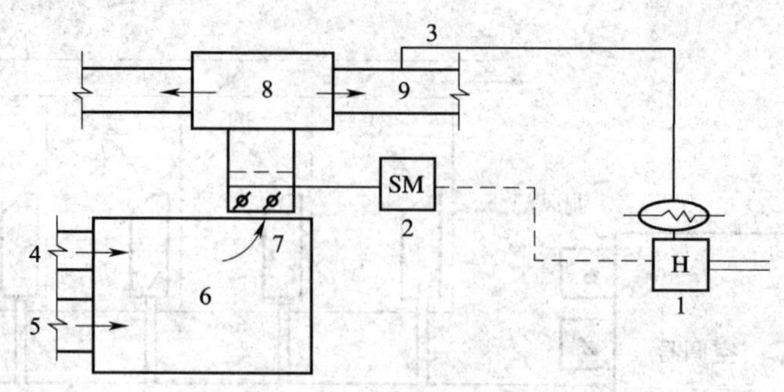

图 6—23　送风量控制原理（二）

1—静压控制器　2—伺服电动机　3—毛细管　4、5—新风、回风进风口　6—空调器
7—调风门　8—空气分配室　9—送风主风管

如图 6—24 所示是一种用风门伺服气缸 2 操纵风管空气泄放阀 6 控制静压的方法。在空气分配室的主风管中装有用压缩空气驱动的风门伺服气缸 2。风门伺服气缸 2 活塞杆另一端与风管风量控制阀 4 相接，同时通过一个软导管 5 带动空气泄放阀 6。当主送风管 7 静压升高时，由于气动控制系统的作用，压缩空气推动伺服气缸内的活塞向左移动并使风管风量控制阀 4 把风管通路关小。同时，通过软导管 5 把空气泄放阀 6 开启，使部分空气由空气泄放阀 6 释放。反之，当主风管静压降低时，通过相反的调节作用，开大风管风量控制阀 4，关小或关闭空气泄放阀 6，因此，主风管中静压又得到稳定。该静压控制属于比例控制。

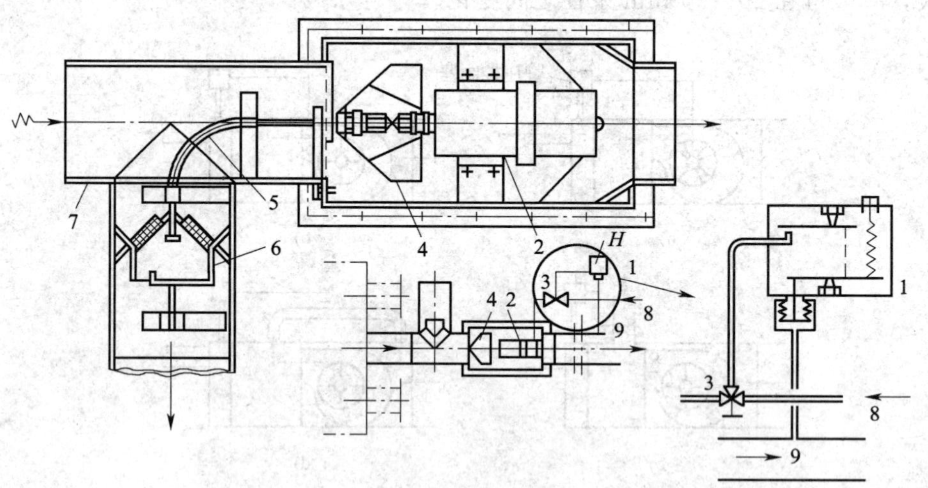

图 6—24　风管静压控制器结构和工作原理

1—静压控制器　2—风门伺服气缸　3—三通节流阀　4—风管风量控制阀　5—软导管　6—空气泄放阀
7—主送风管　8—气源（压缩空气）　9—静压信号输入

如图 6—25 所示为全年运行空调送风控制系统原理。当室内温度低于室内（或回风）温度控制器 T1 的给定值时，电动调风门 M1 启动，按手动开关 S1 给定的位置，接收最小新风量。室内温度升高时，T1 使夏天温度控制器 T3 和冬天送风温度控制器 T2 控制混合调节风门的电动机 M1 和 M2。温度控制器 T2 控制这些调风门。当新风温度低于 T3 给定值时，保持送风温度不变。当室外温度达到 T3 给定值时，调风门则恢复到 S1 的最小开度位置。另外，如果风机停止工作，新风调风门即完全关闭。

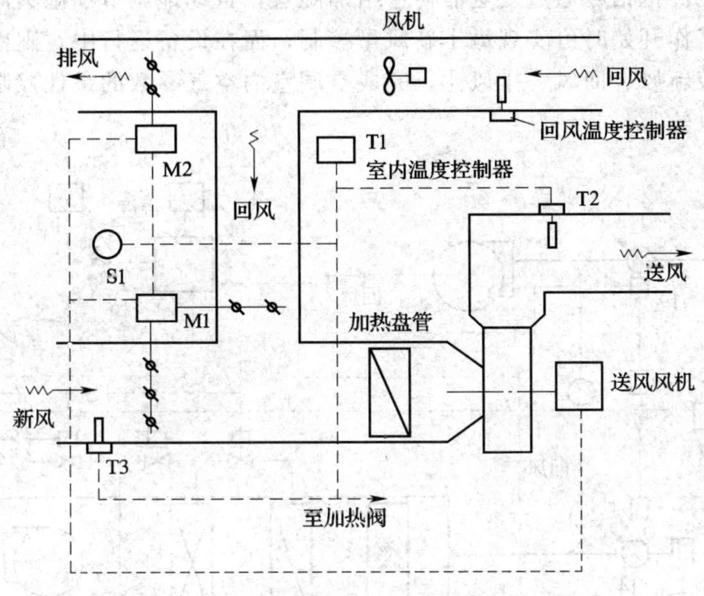

图 6—25　全年运行空调系统送风控制系统原理

类似的系统布置可使新风得到经济控制，以 T2 作为低限温度控制器，将 T2 置于加热盘管之前的混合空气中，并要求在新风进口处增加冬季新风温度控制器。室内温度在给定值以下时，电动调风门关至最小位置。在超过给定值时，夏季温度控制器 T3 或冬季温度控制器对调风门进行自动调节。

第五节　综合控制系统

一、综合控制系统的类型

综合控制系统分为自动式控制和电子式控制两种类型。

自动式控制是通过敏感元件直接把信号传递给控制器的执行机构，执行机构自动地调节开度，实现对流量、压力、温度等参数的控制。如制冷系统中的热力膨胀阀、直接式蒸发压力调节阀和空调系统中的蒸汽或热水调节阀等均属此类。

电子式控制是通过敏感元件把信号传递给控制器的机械变位机构，进而改变电气触点位置，再通过电路及电动阀动作，实现对空调冷、热源的能量调节，完成空调空气参数的控制。

电子式控制一般采用电子式敏感元件，把信号传递给电子控制回路，并通过选择、放大后实现对冷、热、湿源能量的控制及新风、回风和排风的调节。例如，在空调工作过程中，室外空气温度发生升降波动时，温度控制系统自动地对空调送风参数进行自动补偿。电子式控制可以实现远距离的自动调节控制，如果把信号采集、传递、放大等送入空调集中控制室的计算机网络，则可以实现计算机自动显示和打印记录。

如图 6—26 所示为典型的电子式控制系统。它通过温度敏感元件，把信号传递给电子式温度控制器，温度调节阀即自动地调节冷、热水阀的开度，并对外界气温波动实行补偿调节；而湿度敏感元件把信号通过变送器传递给加湿阀，自动地调节加湿蒸汽供给。这类控制系统在空调设备工作开始时可实现最小新风量控制，而在设备运行中，则根据室内空气参数变化，自动地调节新风、回风、排风比，完成空调室内空气参数的最佳控制和冷、热、湿源能量的经济合理供给。

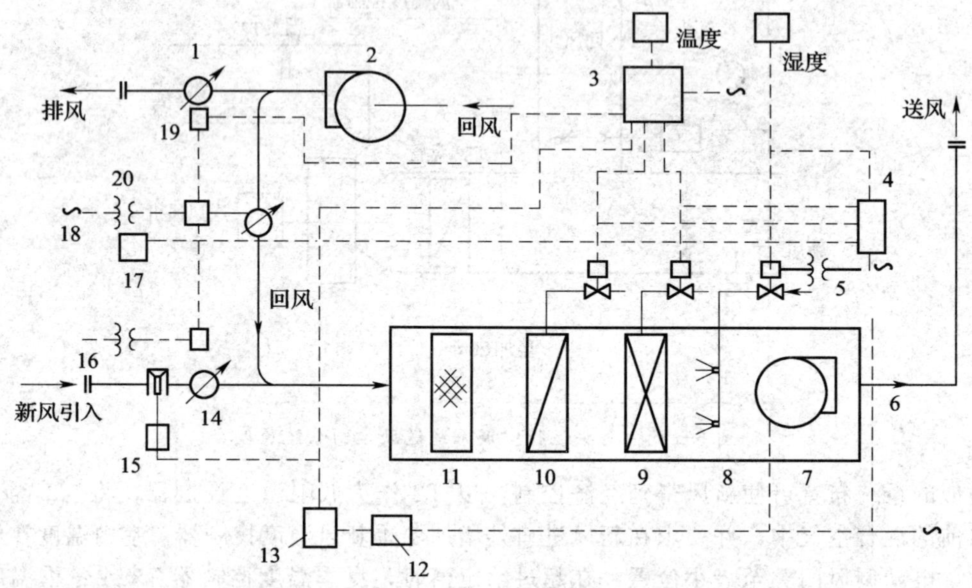

图 6—26 空气调节电子式控制系统基本原理

1、14—调风门 2、7—风机 3—电子式温度控制器 4—变送器 5、16、20—变压器 6—送风管 8—加湿器 9—加热器 10—空气冷却器 11—过滤器 12—时间控制器 13—变送器 15—调风调节器 17—最小开度调定 18—电源 19—伺服电动机

二、直冷式综合控制系统

如图 6—27 所示为较典型的直冷式空调综合控制系统，该系统的空气冷却温度由温度控制器控制，空气加热、加湿及风管静压均由气动控制。空调器为直接蒸发压出式。回风和新风被离心风机吸入后，经过滤、冷却、除湿或加热、加湿，从空气分配室进入各主送风管。空气冷却时，以空调室内回风温度作为温度控制信号；空气加热、加湿时，则以空调器出口空气温度和湿度作为控制信号。

夏季，空气经空气冷却器冷却处理，以温度控制器 10 的感温包所感受的回风温度作为控制信号控制冷却器工作。当回风温度在控制器给定温度范围内时，由温度控制器操纵的供液电磁阀 7 开启，空气冷却器工作。当室内回风温度下降到温度控制器给定值下限时，温度控制器动作，关闭供液电磁阀，空气冷却器停止工作。这时压缩机因蒸发器停止供液，吸入压力下降，直至低压控制器动作而压缩机停止运转。待室内温度回升到温度控制器给定值上限时，温度控制器动作，供液电磁阀再次开启，压缩机回气压力上升，直至低压控制器动作，压缩机再次启动，空气冷却器重新工作。设有卸载-能量调节装置的多缸压缩机，在空气降温过程中，压缩机吸入压力将随空气温度和蒸发器热负荷不断地下降，根据压缩机能量控制阀的给定值，压缩机将自动减缸工作。如采用 8 缸压缩机，则负荷将逐步从 8 缸减至 6

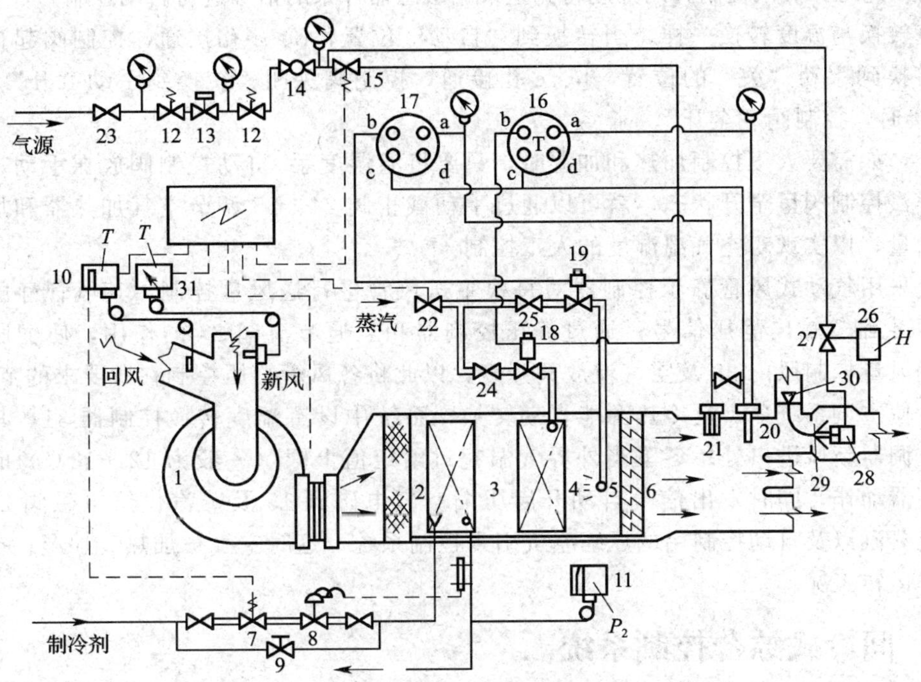

图 6—27 直冷式综合自动控制系统基本原理

1—风机 2—空气过滤器 3—空气冷却器 4—空气加热器 5—加湿器 6—挡水板 7—供液电磁阀 8—膨胀阀 9—手动膨胀阀 10—温度控制器 11—低压控制器 12—安全阀 13—减压阀 14—压缩空气总控制阀 15—电磁阀 16—手-自动温度转换阀 17—手-自动湿度转换阀 18—气动温度控制阀 19—气动湿度控制阀 20—气动温度敏感器 21—气动湿度敏感器 22—蒸汽供给电磁阀 23—压缩空气引入总阀 24、25—手动截止阀 26—静压控制器 27—三通节流阀 28—风门伺服气缸 29—风门 30—空气泄放阀 31—温度转换控制器

缸、4 缸。当回风温度下降到温度控制给定值上限时，则供液电磁阀重新开启，回气压力上升，压缩机则按 4 缸、6 缸至 8 缸逐步增缸运转。

冬季，空气被加热、加湿处理。在空调器出口设有气动温度敏感器 20 和气动湿度敏感器 21。它们可以根据空调器出口空气温湿度的变化来改变控制系统的气压信号，调节气动蒸汽控制阀 18、19 的开度，调节进入空气加热器 4 和加湿器 5 的蒸汽量，以保证空调室内的空气温度和相对湿度在给定范围之内。

气动控制系统由压缩空气系统供给，经减压后表压为 0.14 MPa 的压缩空气为气源。压缩空气先经过压缩空气总控制阀 14、电磁阀 15，然后至温湿度手-自动转换阀 16、17，气动控制阀（放大器）18、19 和温湿度敏感器 20、21。温湿度转换阀各有三个控制位置，即 b、a 自控位置，b、c 关闭位置，b、d 全开位置。

在温度转换中，当转至手动“关”位置时，由压缩空气总控制阀 14、电磁阀 15 来的压缩空气直接进入 c 孔，并流向 b 孔，即 b、c 接通。由于压缩空气直接进入气动温度控制阀 18 膜片下方，最后将控制阀完全“关闭”，切断蒸汽的供给；当转至手动“开”位置时，则切断 b、c 孔，接通 b、d 孔，控制阀 18 膜片下面及膜盒上部几乎不存在压力，控制阀完全“开启”，蒸汽供给量最大；而当转至“自动”位置时，则 b、a 孔接通，气动温度敏感器 20 发出压力信号给控制器，此时，蒸汽控制阀的开度将完全根据敏感器件来的信号进行自动控制。

湿度转换与温度转换一样，当转换到“自动”位置，b、a 孔接通，控制阀起自动控制作用；转换到手动“关”的位置，b、c 孔接通，控制阀关闭；转换到手动“开”的位置，b、d 孔接通，控制阀“全开”。

此外，如需要人工控制加热和加湿时，只要将温湿度手-自动控制阀放在手动“开”的位置。蒸汽控制阀呈全开状态，就可以通过手动截止阀 24、25 调节空气加热器和加湿器的蒸汽供给量，以实现对空气温湿度的人工控制。

系统采用气动式风管静压控制器对每根主送风管进行送风量控制。其风管静压控制器 26 的感压毛细管输出静压信号，通过静压控制器和三通节流阀 27 的作用，使伺服气缸动作，改变风量控制风门 29 及空气泄放阀开度，以此将各风管静压控制在所要求的范围之内。

为了使空调系统冬、夏冷热源能自动转换，系统中设有温度转换控制器 31，其感温元件放在空调器新风进口处。冬季当外界气温超过给定值上限（一般为 12～13℃）时，温度转换控制器动作，同时发出信号自动开启压缩空气电磁阀 15 及蒸汽供给电磁阀 22，把加热、加湿蒸汽以及自动控制用的压缩空气引入控制系统。这时空气被加热、加湿，空调装置进入冬季运转工况。

三、间冷式综合控制系统

在间冷式单风管空调系统中，采用如图 6—28 所示的全年运行的全自动控制系统。在这种系统中，除设有室内温湿度敏感元件（发信器）、温湿度控制器、蒸汽控制阀及静压控制器外，又增设了信号选择器和新风、回风、排风调节装置。

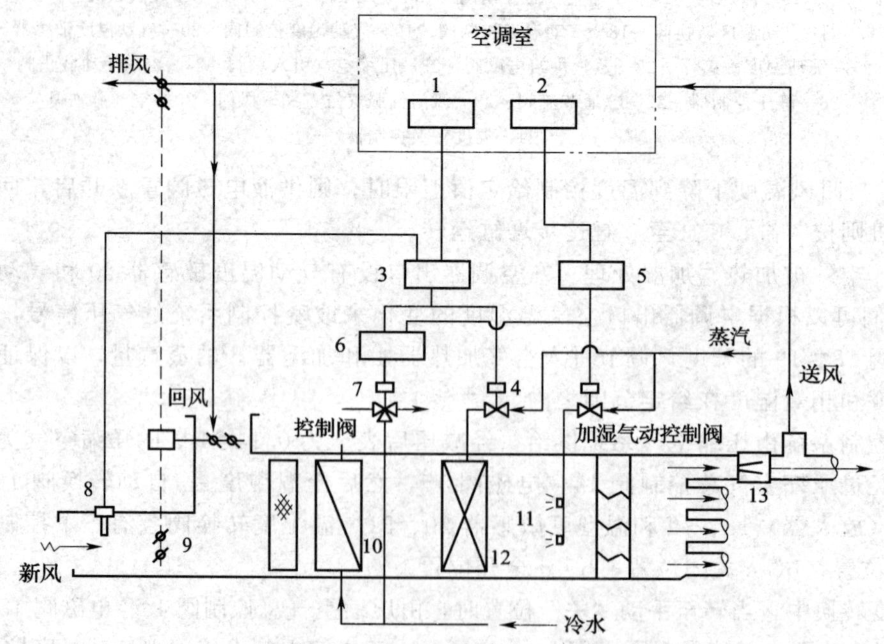

图 6—28　全年运行的全自动控制系统基本原理

1—温度敏感元件　2—湿度敏感元件　3—温度控制器　4—加热气动控制阀　5—湿度控制器　6—信号选择器　7—三通控制阀　8—感温元件　9—风门　10—空气冷却器　11—加湿器　12—空气加热器　13—静压控制器

在自动控制系统中，温度敏感元件直接感受室内温度或回风温度，输出气动压力信号给气动温度控制器（双脉冲），同时由新风温度敏感元件检测新风温度作为其温度补偿信号。湿度敏感元件输出气压信号给湿度控制器（单脉冲）。系统中的信号选择器也称气动选择开关，能接收温度控制器和湿度控制器两者的信号（气压），经比较选择而输出控制信号给气动执行机构——加热、加湿气动控制阀。加热气动控制阀上的气动定位器接收温度控制器和气动信号选择器来的信号后，使加热气动控制阀按气动信号大小，按比例操纵控制阀的开度，以调节空气加热器的蒸汽供给量。与此同时，加湿气动控制阀按照湿度控制器和信号选择器发出的信号，自动按比例地调节加湿蒸汽的流量。在系统中设有三通控制阀，它可以按温度控制器和信号选择器发出的信号，自动按比例地调节空气冷却器冷却水的旁通流量。另外，若在新风、回风及排风管装上自动调风门，根据室外温度或比焓值，自动调节新风与回风混合的最佳温度，或采用卫生条件允许的最小新风量，则使空调系统全年运行更为经济合理。

这种空调自动控制系统的控制线路简单，使用仪表少，不论室内外热湿负荷及空气参数如何变化，都能实现全年全自动温湿度的控制。

如图 6—29 所示为集中式全年运行的空调自动控制系统。该系统设有湿度敏感元件 H、室外新风温度补偿敏感元件 T1 和室内温度敏感元件 T、送风温度敏感元件 T2 及室外空气比焓或湿球敏感元件 T3、风机联锁装置 M1～M6 以及总控制台。

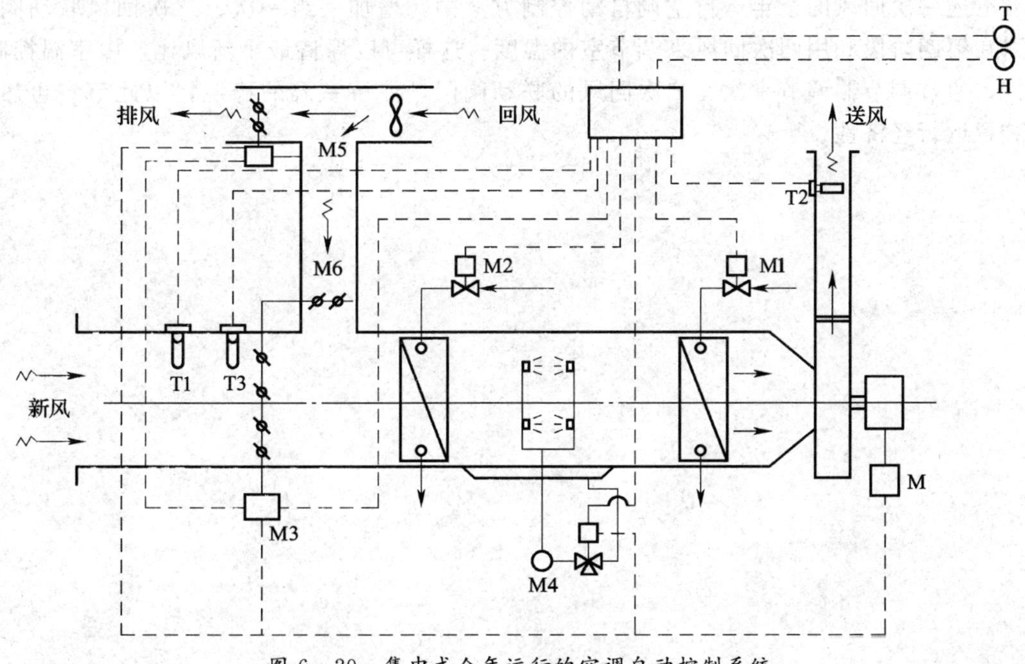

图 6—29　集中式全年运行的空调自动控制系统

这种空调系统全年运行自动控制方案如下：

1. **第一阶段**

新风阀门处于最小开度，保持最小新风量，而一次风阀门在最大开度，总风量保持不变，排风阀处在最小开度。室温控制由敏感元件 T 和 T2 控制，通过调节器 M1 的动作，调节再热器的再热量；湿度控制由湿度敏感元件 H 控制，通过调节器 M4 的动作，调节加湿量，直接控制室内相对湿度值。

2. 第二阶段

室内温度仍由敏感元件 T 和 T2 调节再热器的再热量来控制。在此阶段，湿度敏感元件 H 将湿度调节过程从加湿量调节自动转换为新风和回风量比例的调节。即通过调节器使 M3 动作，开大新风阀门，关小回风阀门（总风量不变），同时相应开大排风阀门，直接控制室内相对湿度。

3. 第三阶段

随着外界气温逐渐升高，新风阀门逐步开大，以提高新风量。直至新风阀门全开，回风阀门全关，则调节过程进入第三阶段。这时，湿度敏感元件自动地从调节新回风混合阀门转换到调节喷水室三通阀门，开始启用制冷装置来对空气进行冷却减湿或冷却加湿处理。进而通过调节器使 M4 动作，自动调节冷水和循环水的混合比，以改变喷水温度来满足室内空气相对湿度的要求。此时，室温控制仍由敏感元件 T1、T2 调节再热器的再热量来完成。

4. 第四阶段

当室外空气比焓值远大于室内空气比焓值时，通过调节器，使 M3 动作，控制新风阀门再回到最小开度，保持最小新风量，提高运行经济性。而湿度敏感元件 H 仍通过 M4 动作，控制喷水室三通阀门，调节喷水温度，控制室内空气相对湿度。室温控制仍由感应元件 T 和 T3 调节再热器的再热量来实现。

在上述一次回风的全年运行空调自动控制方案中，增加一组一次、二次回风联动阀门，即可以在第四阶段利用两次回风来调节室内温度。这样可以保持最小新风比，由室温控制敏感元件，通过调节器调节一次、二次回风的联动阀门，保持室温的稳定，以此节省再热量，提高装置运行经济性。

第七章 空调系统的使用与维护

本章主要讲述中央空调系统的正确使用与维护管理，这直接影响着空调系统的运行质量和成本。本章的重点是各种系统的运行管理与维护，难点是各种系统的启、停方法，运行中故障原因的分析判断以及系统的故障维修。

空调系统运行正常与否，不仅直接影响空调系统的空气调节技术指标，而且也影响空调系统的运行费用。空调系统运行正常，既能满足空调房间各种空气调节技术指标，又能节省运行费用，所以空调系统的正确使用与良好维护管理是一项细致、复杂的工作。

第一节 集中式空调系统的使用与操作

集中式空调系统是低速、单风道、典型的全空气系统，主要由过滤器、空气热湿处理系统、风机、风量分配装置等组成。如图 7—1 所示是一典型的集中式空调系统示意图。空气热湿处理系统根据功能需要进行组合，称为组合式空调机组，常用功能段如图 7—2 所示。用于舒适性空调工程的组合式空调机组通常采用新回风混合段、过滤段、表冷器段、风机段等基本功能段。在舒适性空调中经常使用柜式风机盘管，柜式风机盘管常称风柜或空调箱，主要由风机（包括电动机及传动装置）、肋片式换热器（盘管）、过滤装置组成，并组装在一个箱体内。结构形式有立式（柜式）、卧式和吊顶式。

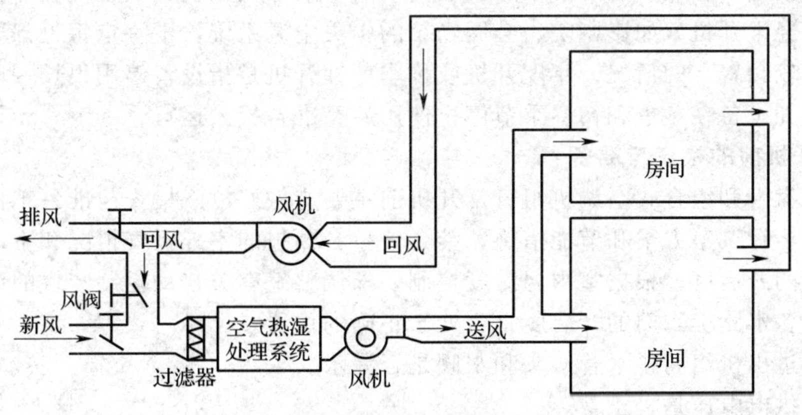

图 7—1 集中式空调系统示意图

柜式风机盘管与常规风机盘管系统最大的区别是一台柜式风机盘管的容量（包括风量、供冷供热量、机外静压）要比一台普通风机盘管大得多，而且要外接十几米到近百米的风管道，通过众多风口送风，其空调作用范围可以从几十到几百乃至上千平方米。而一台普通风机盘管通常最多外接 4 个送回风口，其空调作用范围在 40 m^2 以内。此外，柜式风机盘管一般通过自带的新风口采集室外新风，而常规风机盘管系统通常要另外配套独立新风系统。

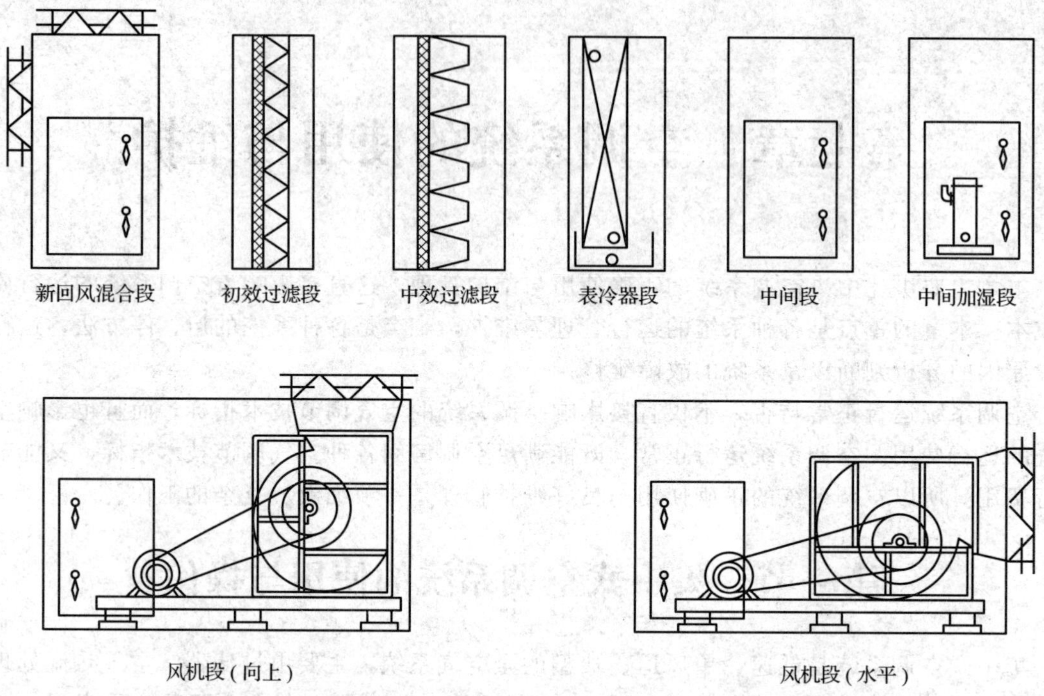

图 7—2 空气处理机组常用功能段示意图

一、空调系统启动前的准备工作

柜式风机盘管和组合式空调机组开机前的检查与准备工作，因设备准备投入运行前的状态不同，内容也略有差别。通常用日常开机前和年度开机前的检查与准备来区别。

日常开机指每天开机（如写字楼、大型商场的中央空调系统，通常晚上停止运行，早上重新开机）或经常开机（如影剧院、会展场馆的中央空调系统，不一定每天都要运行，但运行的次数也比较频繁）的情况。年度开机或称季节性开机是指设备停用很长一段时间后重新投入使用，例如设备在冬季和初春季节停止使用后又准备投入运行。

1. 日常开机前的检查与准备

柜式风机盘管和组合式空调机组日常开机前主要应做好以下检查与准备工作：

（1）根据运行调节方案和节能措施，结合气象台预报的室外天气情况和室内负荷情况确定新回风阀门的开启度，根据室内温湿度控制要求调整好有关自动控制装置的设定值。

（2）检查各水路上阀门的开启度是否处于正确的位置。

（3）检查进出机组的各水管接头和水阀是否漏水。

（4）检查供电电压是否正常。

（5）检查组合式空调机组各功能段之间以及检修门的密封性。

2. 年度开机前的检查与准备

如果是年度开机，则除了要做好上述日常开机前的各项检查与准备工作，还要做好以下工作：

（1）用手盘动传动带轮或联轴器，检查风机叶轮是否有卡住和摩擦现象。

（2）检查风机各根传动带的松紧程度是否合适、一致。

（3）检查风机调节阀门动作是否灵活，定位装置是否可靠。

(4) 通电点动检查风机叶轮的旋转方向是否正确。

(5) 拧开放气阀，检查表面式换热器（表冷器或加热器）是否已充满了水。

二、空调系统的启动

对于舒适性空调系统来说，柜式风机盘管和组合式空调机组的启动实质上主要是风机的启动，因此比较简单，在柜式风机盘管或组合式空调机组所在机房就地合上电闸或按下按钮启动即可。

对于双风机配置的机组要稍加注意，风机应逐台启动，而且要在一台风机的运转速度正常后才能再启动另一台。在没有特殊要求的情况下，启动顺序一般是先开送风机，后开回风机，以保证空调房间不形成负压。

当中央空调系统配备多台柜式风机盘管或组合式空调机组时，若采用在中央控制室集中远程遥控启动，此时只能采用顺序式逐台启动的方法，即一台柜式风机盘管或组合式空调机组启动后，隔一段时间（启动电流峰值过后，等运行电流正常）再启动下一台，不能多台同时启动，以防止由于启动瞬间启动电流过大使电网电压下降过快，造成控制回路或主回路中熔断器熔断。

在冬季，当加热器使用蒸汽供热时，要先开加热器的蒸汽供应阀，然后再启动风机，以免蒸汽冷凝太快而产生“水击”。当加热器使用热水供热时，也要先开加热器的热水供应阀，然后再启动风机，以免因先启动风机而造成中央空调系统运行初期送冷风时间过长和空调房间升温过慢。

三、空调系统的运行管理

1. 值班人员的职责

空调系统启动完毕后便可以投入运行。值班人员应忠于职守，认真负责，勤巡视，勤检查，勤调节，并根据外界条件的变化随时调整运行方案。要随时注意控制盘上各仪表及计算机显示屏上参数的变化情况，并按规定时间做好运行记录，读数要准确，填写要清楚，对空调运行记录表（见表7—1）中各种参数要逐一填写。填写数据时，不允许涂改。应对刚维修过的设备加强运行监测，掌握其运转情况，发现问题及时处理，重大问题应立即报告。

表7—1　　空调运行记录表　　年　月　日　天气

项目/数据/时间	室外		一次混合温度	冷冻送水温度	喷雾水温度	露点温度	加热送水温度	加热回水温度	送风温度			回风温度			被调房间（℃）			设备开、停时间						
	温度	湿度							干球（℃）	湿球（℃）	水蒸气分压力（kPa）	干球（℃）	湿球（℃）	水蒸气分压力（kPa）	01	02	03	设备名称	上午开机	上午停机	下午开机	下午停机	晚上开机	晚上停机
																		风机						
																		喷水泵						
																		回水泵						
																		油过滤器						
																		电加热器						

续表

项目 / 数据 / 时间	室外		一次混合温度	冷冻送水温度	喷雾水温度	露点温度	加热送水温度	加热回水温度	送风温度			回风温度			被调房间（℃）			设备开、停时间						
	温度	湿度							干球（℃）	湿球（℃）	水蒸气分压力（kPa）	干球（℃）	湿球（℃）	水蒸气分压力（kPa）	01	02	03	设备名称	上午		下午		晚上	
																			开机	停机	开机	停机	开机	停机
																		备注						
运行记录																								

值班员　　上午　　下午　　晚班

2. 空调系统正常运行时的巡视

空调系统进入正常运行状态后，应按时进行下列项目的巡视。

(1) 动力设备的运行情况，包括风机、水泵和电动机的振动、润滑、传动、负荷电流、转速、声响等。

(2) 喷水室、加热器、表面冷却器、蒸汽加湿器等运行情况。

(3) 空气过滤器的工作状态（是否过脏）。

(4) 空调系统冷、热源的供应情况。

(5) 制冷系统运行情况，包括制冷机、冷媒水泵、冷却水泵、冷却塔及油泵等运行情况和冷却水温度、冷凝水温度等。

(6) 空调运行中采用的运行调节方案是否合理，系统中各有关调节执行机构是否正常。

(7) 控制系统中各有关调节器、执行调节机构是否有异常现象。

(8) 使用电加热器的空调系统，应注意电气保护装置是否安全可靠，动作是否灵活。

(9) 空调处理装置及风路系统是否有泄漏现象，对于吸入式空调系统，尤其应注意处于负压区的空气处理部分的漏风现象。

(10) 空调处理装置内部积水、排水情况，喷水室系统中是否有泄漏、不通畅等现象。

对上述各项巡视内容，若发现异常应及时采取必要的措施进行处理，以保证空调系统正常工作。

3. 运行调节

空调系统运行管理中很重要的一环是运行调节。在空调系统运行中进行调节的主要内容有：

(1) 采用手动控制的加热器，应根据被加热后空气温度与要求偏差进行调节，使其达到设计参数要求。

(2) 对于变风量空调系统，在冬、夏季运行方案变换时，应及时对末端装置和控制系统中的夏、冬季转换开关进行运行方式转换。

(3) 采用露点温度控制的空调系统，应根据室内外空气条件，对所供水温、水压、水量、喷淋排数进行调节。

(4) 根据运行工况，应结合空调房间室内外空气参数适当地进行运行工况的转换，同时确定运行中供热、供冷的时间。

(5) 对于既采用蒸汽、热水加热又采用电加热器作为补充热源的空调系统，应尽量减少电加热器的使用时间，多使用蒸汽和热水加热装置进行调节，这样既降低了运行费用，又减少了由于电加热器长时间运行时引发事故的可能性。

(6) 根据空调房间内空气参数的实际情况，在允许的情况下，应尽量减少排风量，以减少空调系统的能量损失。

(7) 在能满足空调房间内工艺条件的前提下，应尽量降低室内的正静压值，以减小室内空气向外的渗透量，达到节省空调系统能耗的目的。

(8) 空调系统在运行中应尽可能地利用天然冷源，降低系统的运行成本。在冬季和夏季时可采用最小新风运行方式，而在过渡季节中，当室外新风状态接近送风状态点时，应尽量使用最大新风或全部采用新风的运行方式，以减少运行费用。

四、空调系统的停机

空调系统的停机分为正常停机和事故停机两种情况。

空调系统正常停机的操作要求是：接到停机指令或达到定时停机时间时应首先停止制冷装置的运行或切断空调系统的冷、热源供应，然后再停止空调系统中的送风机、回风机、排风机。若空调房间内有正静压要求时，系统中风机的停机顺序为：排风机、回风机、送风机；若空调房间内有负静压要求时，则系统中风机的停机顺序应为：送风机、回风机、排风机。待风机停止程序操作完毕之后，用手动或采用自动方式关闭系统中的风机负荷阀、新风阀、回风阀、一次和二次回风阀、排风阀及加热器、加湿器调节阀和冷媒水调节阀等阀门，最后切断空调系统的总电源。

需特别引起注意的是对于使用蒸汽供热的加热器，一定要在关闭加热器的蒸汽供应阀后3～5 min才能停风机，以免因风机先停使进入加热器的蒸汽热量无法被流动的空气带走，而引起加热器表面温度迅速升高，烤焦附着在加热器表面的粉尘和加热器附近部件的油漆，产生异味。

还需引起注意的是集中式空调机组在寒冷季节停机后有可能因机房气温低于0℃致使表面式换热器内水温过低而结冰冻裂换热器管。特别是机房设有新风窗和有新风采集管的机组与新风机组，室外冷空气在渗透作用下很容易进入机组，为避免此类问题的发生，除了在水里添加防冻剂（如乙二醇）外，还应在新风窗或新风采集管上加装电动保温风阀，并使其与机组连锁，当机组停机后风阀也随之关闭。对于使用热水供热的加热器，如果热水可以保证连续供应，也可以在机组停机后热水控制阀不关，保持热水在加热器中不断流动，以此来防冻。如上述办法不能解决问题或不具备使用条件，则要将表面换热器内的水全部排放干净。

在空调系统运行过程中，若电力供应系统或控制系统突然发生故障，为保护整个系统的安全，需要做出紧急停机处置，紧急停机又称为事故停机，其操作方法如下：

1. 电力供应系统发生故障时的停机操作

迅速切断冷、热源的供应，然后切断空调系统的电源开关。待电力系统故障排除恢复正常供电后，再按正常停机程序关闭有关阀门。空调系统再次启动前，应检查空调系统中有关设备及其控制系统，确认无异常后，再按启动程序启动运行。

2. 空调系统设备发生故障时的停机操作

在空调系统运行过程中，若由于风机及其驱动电动机发生故障，或由于加热器、表冷器以及冷、热源输送管道突然破裂而产生大量蒸汽或水外漏，或由于控制系统中调节器、调节执行机构（如加湿器调节阀、加热器调节阀、表冷器冷媒水调节阀等）突然发生故障，不能关闭或关闭不严或者无法打开时，使系统无法正常工作或危及运行和空调房间安全时，应首先切断冷、热源的供应，然后按正常停机操作方法使系统停止运行。

在空调系统运行过程中，若报警装置发出火灾报警信号，值班人员应迅速判断出发生火情的部位，立即停止有关风机的运行，并向有关单位报警。为防止意外，在灭火过程中应按正常停机操作方法使空调系统停止工作。

五、空调系统运行中的交接班制度

空调系统需要连续运行，交接班是保障空调系统安全运行的一项重要措施。空调系统交接班制度应包括下述内容：

1. 接班人员到岗时间

接班人员应按时到岗。若接班人员因故没能准时接班，交班人员不得离开工作岗位，应向主管领导汇报，有人接班后，方准离开。

2. 交班人员应如实地向接班人员说明的内容

（1）设备运行情况。

（2）各系统的运行参数。

（3）冷、热源和电力供应情况。

（4）当班运行中所发生的异常情况及原因和处理结果。

（5）空调系统中有关设备、供水、供热管路及各种调节器、执行器的运行情况。

（6）运行中遗留的问题，需下一班次处理的事项。

（7）上级的有关指示，生产调度情况等。

3. 交班

值班人员在交班时若有需要及时处理或正在处理的运行事故，必须在事故处理结束后方可交班。

4. 接班注意事项

接班人员在接班时除应向交班人员了解系统运行的各项参数外，还应弄清楚交班中的疑点问题，方可接班。

5. 交接班的责任认定

如果接班人员没有进行认真检查及询问了解情况而盲目地接班，发现上一班次出现的所有问题（包括事故）均应由接班者负全部责任。

第二节　集中式空调系统的故障分析和排除方法

一、集中式空调系统的日常维护

空调系统正常工作的基本保证是要做好日常维护。集中式空调系统的日常维护要做好两个方面的工作，一是保证设备处于良好的技术状态，二是认真执行日常维护规程。

1. 保证设备处于良好的技术状态

保证设备处于良好的技术状态的基本要求是：操作者在启动并运行空调系统前，应对空调系统设备的结构、功能、技术指标、使用维护及技术安全方面的知识进行全面的学习和实际操作技能的训练，经技术考核合格后持证上岗。操作者上岗后要认真遵守“三好”原则。一是“管好”，就是对所操作的设备负责，应保证设备主体及其随机附件、仪表和防护装置等的完好。设备启动运行后，不能擅离岗位。设备发生故障后，应立即停机，切断电源并及时向有关人员报告，不隐瞒事故情节。二是“用好”，就是严格执行操作规程，不让设备超负荷运行。三是“修好”，就是应使设备的外观和传动部分保持良好状态，发现隐患及时向有关人员报告，配合修理人员做好设备的修理工作。

在完成“三好”的基础上还应做到“四会”，即会使用、会保养、会检查、会排除简单的运行故障。“会使用”要求操作者按操作规程对空调系统进行操作运行，并熟悉设备的结构、性能等。“会保养”要求操作者会做简单的日常保养工作，执行好设备维护规程，保持设备的内外清洁、完好。“会检查”要求操作者在交接班时应认真检查各种设备的运行状态，检查系统的运行参数是否在要求的范围内，如果发现设备出现故障或运行中出现问题，应告知交班人员进行处理或上报，待处理完毕后才能继续运行或交班离岗。在设备运行过程中，应注意观察各部位的工作情况，注意运转的声音、气味、振动情况及各关键部位的温度等。“会排除简单的运行故障”要求操作者熟悉运行设备的特点，能够鉴别设备工作正常或异常，会做一般的调整和简单的故障排除，不能自己解决时要及时报告并协同维修人员进行排除。

2. 认真执行日常维护规程

基本内容是：熟悉日常维护的四项基本要求，掌握设备维护规程的基本内容。

（1）日常维护的四项基本要求

1）整齐。工具、工件、附件放置整齐，设备零部件及安全防护装置齐全。

2）清洁。设备内外清洁，无跑、冒、滴、漏现象。

3）润滑良好。按时给设备加油、换油，使用的润滑油质量合格。

4）安全。熟悉设备结构，遵守操作和维护规程，精心维护，始终使设备运行在最佳状态。

（2）设备维护规程的基本内容

1）启动前应认真检查风机传动带的松紧程度，各种阀门所处状态是否处于待启状态。检查合格后方可启动。

2）必须按照说明书和有关技术文件的规定顺序和方法进行启动运行。

3）严格按照设备的技术条件要求进行运行，不准超负荷运行。

4）设备运行时，操作者不得离开工作岗位，并要注意各部位有无异味、过热、剧烈振动或异常声响等。若发现有故障应立即停止运行，及时排除。

5）设备上一切安全防护装置不得随意拆除，以免发生事故。

6）认真做好交接班工作，特别要向接班人员讲清楚设备发生故障后的处理情况，使接班者做到心中有数，做好防范工作。

3. 熟悉维护保养对象

集中式空调系统的维护保养对象主要是空气过滤器、表面式换热器、接水盘、加湿器、喷水室、风机等。

（1）空气过滤器

空气过滤器通常是采用化纤材料做成的过滤网、多层金属网板或滤纸等。

根据组合式空调机组或柜式风机盘管工作时间的长短、使用周期的不同，其清洁的周期与方式也不同。一般情况下，在连续使用期间应每个月清洁一次。

对于可多次使用的空气过滤器，可首选吸尘器清洗方式，优点是清洁时不用拆卸过滤网。对于不易吸干净的粉尘，可拆下过滤网，采用药水、清洁剂浸泡和刷洗，清洁晾干后重新装回。

（2）表面式换热器

表面式换热器主要采用清水冲洗，或用药水、清洁剂等喷洒后刷洗，一般每年清洗一次。季节性使用的空调系统，在空调使用季节结束后清洗一次。

（3）接水盘

接水盘内落有粉尘及沉积的黏稠菌。接水盘一般每年清洗两次。如果是季节性使用的空调系统，接水盘在空调使用季节结束后清洗一次。一般用清水冲刷接水盘，为了消毒杀菌，再用消毒水刷洗一遍。为了避免微生物在接水盘内滋生、繁殖，应在接水盘内放置片剂型专用杀菌剂，并定期检查其消耗情况和杀菌效果。

（4）加湿器

一般每两周清洗一次电极式加湿器和电热式加湿器的内壁，以及电极和电热管上的水垢。

（5）喷水室

喷嘴和挡水板一般每两个月左右清洗一次，储水池和喷淋水回水过滤器一般每年清洗两次，浮球阀和溢流部件每周查看一次，有问题及时修理。

（6）组合式空调机组各功能段和检修门的密封条

发现密封材料老化或破损引起漏风时要及时修理或更换。

二、空气处理设备的故障

空气处理设备的故障主要是指对空气进行热、湿处理和净化处理的设备所发生的故障。表7—2所列为空气处理设备的常见故障及处理方法，可作为空调系统维护操作时的参考资料。

表7—2　空气处理设备的常见故障及处理方法

设备名称	故障现象	处理方法
喷水室	喷嘴喷水雾化不够，热、湿交换性能不佳	（1）加强回水过滤，防止喷孔堵塞 （2）提供足够的喷水压力 （3）检查喷嘴布置密度、形式、级数等，对不合理的布置进行改造 （4）检查挡水板的安装情况，测量挡水板对水滴的捕集效率
表面换热器	（1）热交换效率下降 （2）凝水外溢 （3）有“水击”声	（1）清除管内水垢，保持管面洁净 （2）修理表面冷却器凝水盛水盘，疏通盛水盘泄水管 （3）以蒸汽为热源时，要设置坡度为0.01左右，以利排水

续表

设备名称	故障现象	处理方法
电加热器	裸线式电加热器的电热丝表面温度太高，黏附其上的杂质分解，产生异味	更换管式电加热器
加湿器	(1) 加湿量不够 (2) 干式蒸汽加湿器的噪声太大，并使水蒸气有其他气味	(1) 检查湿度控制器 (2) 改用电加湿器
净化处理设备	(1) 净化不达标 (2) 过滤阻力增大，过滤风量减小 (3) 高效过滤器使用周期短	(1) 重新评估净化标准，合理选择空气过滤器 (2) 定时清洁过滤器 (3) 在高效过滤器前增设初中效过滤器，延长高效过滤器的使用寿命
风道	(1) 噪声过大 (2) 送风量不足 (3) 隔热板脱落，保温性能下降	(1) 避免风道急剧转弯，尽量少装阀门，必要时在弯头、三通支管等处装导流片；消声器损坏时，更换新的消声器 (2) 经常检查所有接缝处的密封性能，更换不合格的法兰垫圈，紧固法兰 (3) 补上隔热板，完善隔热层和防潮层

三、集中式空调系统常见故障分析与解决方法

衡量集中式空调系统运行是否正常，主要是看其运行参数是否合乎要求。若出现运行参数与设计参数有明显的偏差时，就需弄清产生偏差的原因，找出解决方法，保证系统安全、高效、节能地运行。表 7—3 为集中式空调系统的常见故障分析与解决方法。

表 7—3　　集中式空调系统的常见故障分析与解决方法

序号	故障现象	产生原因	解决方法
1	送风参数与设计值不符	(1) 空气处理设备选择容量偏大或偏小；空气处理设备产品热工性能达不到额定值 (2) 空气处理设备安装不当，造成部分空气短路 (3) 空调箱或风管的负压段漏风，未经处理的空气漏入；送风管道保温不好 (4) 挡水板挡水效果不好，凝结水再蒸发	(1) 调节冷热媒参数与流量，使空气处理设备达到额定能力，如仍达不到要求，可考虑更换或增加设备 (2) 检查设备和风管，消除短路 (3) 检查设备和风管，消除漏风；加强送风管保温 (4) 检查并改善喷水室表冷器挡水板

续表

序号	故障现象	产生原因	解决方法
2	室内温度、相对湿度均偏高	(1) 制冷系统冷量不足 (2) 喷水室喷嘴堵塞 (3) 通过空气处理设备的风量过大，热湿交换不良 (4) 回风量大于送风量，室外空气渗入 (5) 送风量不足（可能过滤器堵塞） (6) 表冷器结霜，造成堵塞	(1) 检修制冷系统 (2) 清洗喷水系统和喷嘴 (3) 调节通过处理设备的风量，使风速正常 (4) 调节回风量，使室内正压 (5) 清理过滤器，使送风量正常 (6) 调节蒸发温度，防止结霜
3	室内温度合适或偏低，相对湿度偏高	(1) 送风温度低（可能是一次回风的二次加热未开或不足） (2) 喷水室过水量大，送风含湿量大（可能是挡水板不均匀或漏风） (3) 机器露点温度和含湿量偏高 (4) 室内产湿量大（如增加产湿设备，用水冲洗地板，漏气、漏水等）	(1) 正确使用二次加热 (2) 检修或更换挡水板，堵漏风 (3) 调节三通阀，降低混合水温 (4) 减少湿源
4	室内温度正常，相对湿度偏低（这种现象常发生在冬季）	室外空气含湿量本来较低，未经加湿处理，仅加热后即送入室内	(1) 有喷水室时，应连续喷循环水加湿 (2) 表冷器系统应开启加湿器
5	系统实测风量大于设计风量	(1) 系统的实际阻力小于设计阻力，风机的风量因而增大 (2) 设计时选用风机容量偏大	(1) 有条件时可改变风机的转速 (2) 关小风量调节阀，降低风量
6	系统实测风量小于设计风量	(1) 系统的实际阻力大于设计阻力，风机风量减小 (2) 系统中有阻塞现象 (3) 系统漏风 (4) 风机出力不足（风机达不到设计能力或叶轮旋转方向不对，传动带打滑等）	(1) 条件许可时，改进风管构件，减小系统阻力 (2) 检查并清理系统中可能的阻塞物 (3) 堵漏 (4) 检查并排除影响风机出力的因素
7	系统总送风量与总进风量不符，差值较大	(1) 风量测量方法与计算不正确 (2) 系统漏风或气流短路	(1) 复查测量与计算数据 (2) 检查堵漏，消除短路
8	机器露点温度正常或偏低，室内降温慢	(1) 送风量小于设计值，换气次数少 (2) 有二次回风的系统，二次回风量过大 (3) 空调系统房间多，风量分配不均	(1) 检查风机型号是否符合设计要求，叶轮转向是否正确，传动带是否松弛，送风阀门消除风量不足因素 (2) 调节并降低二次回风量 (3) 调节风量，使各房间风量分配均匀

续表

序号	故障现象	产生原因	解决方法
9	室内气流速度超过允许流速	(1) 送风口速度过大 (2) 总送风量过大 (3) 送风口的形式不合适	(1) 增大风口面积或增加风口数，开大风口调节阀 (2) 降低总送风量 (3) 改变送风口形式，增加紊流系数
10	室内气流速度分布不均，有死角区	(1) 气流组织设计考虑不周 (2) 送风口风量未调节均匀，不符合设计值	(1) 根据实测气流分布图，调整送风口位置，或增加送风口数量 (2) 调节各送风口风量，使与设计要求相符
11	室内空气清洁度不符合设计要求（空气不新鲜）	(1) 新风量不足（新风阀门未开足，新风道截面积小，过滤器堵塞等） (2) 人员超过设计人数 (3) 室内有吸烟或燃烧等耗氧因素	(1) 对症采取措施，增大新风量 (2) 减少不必要的人员 (3) 禁止在空调房间内吸烟和进行不符合要求的耗氧活动
12	室内洁净度达不到设计要求	(1) 过滤器效率达不到要求 (2) 施工安装时未按要求清理设备及风管内的灰尘 (3) 运行管理未按规定进行清扫和清洁 (4) 生产工艺流程与设计要求不符 (5) 室内正压不符合要求，室外有灰尘渗入	(1) 更换不合格的过滤器材 (2) 设法清理设备管道内的灰尘 (3) 加强运行管理 (4) 改进工艺流程 (5) 增加换气次数和正压
13	室内噪声大于设计要求	(1) 风机噪声高于额定值 (2) 风管及阀门、风口风速过大，产生气流噪声 (3) 风管系统消声设备不完善	(1) 测定风机噪声，检查风机叶轮是否碰壳，轴承是否损坏，减振是否良好，对症处理 (2) 调节各种阀门与风口，降低过高风速 (3) 增加消声弯头等设备

第三节　风机盘管机组的运行调节及维护

风机盘管机组的运行调节一般可分为两部分：

一是由使用者根据使用情况（即空调房间内的温、湿度，主要是温度情况），利用风机盘管机组的高、中、低三挡风量调速装置，改变风机盘管的空气循环量，来满足空调房间内的空气状态要求。

二是通过自动或手动控制方式，来调节通过风机盘管机组的冷（热）水流量或温度，达到所供冷（热）量，满足空调房间的使用要求。

风机盘管机组运行时的调节方法可分为局部运行调节方法和全年运行调节方法。

一、风机盘管机组的局部运行调节方法

在设计风机盘管空调系统时，一般是考虑空调房间在最大不利条件下的最大冷（热）负荷来选择风机盘管机组。但风机盘管机组在实际运行中，由于室外、室内条件均在发生着变化，为了适应变化了的条件，风机盘管机组设有两种局部调节方法来进行冷（热）量的调节。

1. 水量调节

当空调房间内、外条件发生变化时，为了维持空调房间内一定的温度、湿度条件，可通过安装在风机盘管机组供水管道上的直通或三通调节阀进行调节，即室内冷负荷减少会减少进入盘管内的冷媒水量，使盘管中的冷媒水吸收热量的能力下降，以适应冷负荷减少的变化。反之，室内的冷负荷增加会加大盘管中冷媒水的流量，使冷媒水吸收热量的能力增加。

2. 风量调节

风机盘管机组利用风量调节来实现其负荷调节，是使用最为普遍的方法。它是通过风机盘管机组上风扇电动机的挡位变化来实现的。当空调房间内的冷（热）负荷变化时，导致室内温、湿度发生变化，使用者可以通过改变风扇电动机的转速，来改变通过风机盘管机组的空气处理量，实现空调房间内的温湿度调节。随着技术的不断进步，目前风机盘管机组在调节风量时也有用无级调速方法的。

二、风机盘管机组的全年运行调节方法

风机盘管机组的全年运行调节是指新风不负担房间内的冷、热负荷，或新风只负担房间围护结构温差传热所造成的冷、热负荷，而空调房间内的冷、热负荷均由盘管中的冷、热源承担的处理空气的方法。其调节方法是：

当空调系统的新风不承担室内冷、热负荷时，只需将新风温度处理到和室温相同时即可，使新风对室温不起调节作用，由盘管中的冷媒水承担全部室内冷负荷。依靠风机盘管的局部调节来满足室内温度、湿度的要求。

当空调系统的新风需要承担由围护结构温差传热所造成的冷（热）负荷，而盘管只承担室内稳定冷（热）负荷（即人员和电气设备的冷、热负荷）时，可随着室外空气干、湿球温度的变化，采用新风处理设备中的二次加热器或冷却器集中升高或降低新风的温度，使新风的温度 t_1 满足下式：

$$t_1 = t_N - 0.99T(t_w - t_N + m)$$

式中 T——对应于 1 kg/s 新风量在室内外温差为 1℃时围护结构的温差传热量，kJ/(kg·℃)；

t_1——新风温度，℃；

t_w——室外侧空气温度，℃；

t_N——室内侧空气温度，℃；

0.99——空气的质量定压热容，C_p 的倒数，C_p=1.01 kJ/(kg·℃)；

m——当量温差，℃。

当量温差是指全年中除围护结构传热外的室内最小显热负荷所相当的围护结构传热温差，通常取 $m=5$℃。

对于普遍使用的双水管（两管制）的风机盘管机组，在同一时间内只能供应所有机组同一温度的水（冷水或热水）。在过渡季节运行时，随着室外空气温度的降低，应集中调节新风的加热量，逐渐提高新风的温度，以抵消传热负荷变化带来的冷负荷，从而使进入机组盘管中的水温保持不变，此时风机盘管机组依靠水量调节方法，来消除室内的瞬变负荷（室内照明、设备、人员和太阳辐射）的影响。当室外空气温度降低到某一值时，只采用新风就能吸收室内的显热负荷，此时只要向机组盘管内送入热水，即可适应过渡季节调整的需要。此后，随着显热冷负荷的进一步减少，只需调节盘管中的供水温度，即可保持室内的空气参数要求。

三、风机盘管机组的使用要求

风机盘管机组的使用要求主要有：

1. 机组夏季供给的冷媒水温度应不低于 7℃，冬季供给的热媒水温度应不高于 65℃，水质要清洁、软化。

2. 机组的回水管上备有手动放气阀，运行前需要将放气阀打开，待机组盘管及系统管路内的空气排干净后再关闭放气阀。

3. 风机盘管机组中的风扇电动机轴承因采用双面防尘盖滚珠轴承，组装时轴承已加好润滑脂，因此，使用过程中不需要定期加润滑脂。

4. 风机盘管表面应定期吹扫，保持清洁，以保证其具有良好的传热性能。装有过滤网的机组应经常清洗过滤网。

5. 装有温度控制器的机组，在夏季使用时，应将控制开关调整至夏季控制位置。而在冬季使用时，再调至冬季控制位置。

四、风机盘管机组的维护

风机盘管机组在使用中的维护工作，主要有及时清洗或更换空气过滤器、风机盘管机组换热器的维护、风机的维护及机组底盘的定时清理等。

1. 空气过滤器的清洗和更换

风机盘管机组都装有空气过滤器，以作为对室外新风或回风空气净化滤尘之用。风机盘管机组在使用了一段时间后，其空气过滤器表面将积存许多灰尘，若不及时清理，会增加通过风机盘管机组的空气阻力，从而影响机组的换热效率，使机组无法满足空调房间内的气流组织和温、湿度的要求。如果在空气过滤器上的灰尘厚度超过极限值，则有可能将进风通路堵死，使机组无法工作。因此，必须及时清洗或更换空气过滤器。空气过滤器的清洗或更换周期由机组所处的环境、每天的工作时间及使用条件决定，一般机组连续工作时，应每半个月清洗一次空气过滤器，一年更换一次即可。

2. 风机盘管机组换热器的维护

机组在使用时为防止盘管及进、出水管结垢，应对冷媒水做软化处理；冬季运行时禁止使用高温热水或蒸汽作为热源，使用的热水温度不宜超过 60℃。如果机组在运行过程中供水温度及压力正常，而机组的进、出风温差过小，应怀疑是否为盘管内水垢太厚所致，应对盘管进行检查和清洗。

夏季初次启用风机盘管机组时，应控制冷水温度，使其逐步降至设计水温，避免因立即通入温度较低的冷水而使机壳和进、出水口产生结露滴水现象。

在运行过程中，若盘管与翅片之间积有明显灰尘，就可用压缩空气吹除。若发现盘管有冻裂或腐蚀造成泄漏时，应及时用气焊进行补漏。

3. 风机盘管机组的维护

机组风机扇叶在长时间运转过程中会黏附许多灰尘，影响风机的工作效率。因此，当风机扇叶上出现明显灰尘时，应及时用压缩空气予以清除。

4. 定期清理风机盘管机组的滴水盘

风机盘管机组在夏季运行中，当盘管结露以后，冷凝水便落到滴水盘中，并通过防尘网流入排水管中排出。但由于空气中的灰尘慢慢地黏附在滴水盘内，会造成防尘网和排水管堵塞，如果不及时对其进行清理，冷凝水就会从滴水盘中溢出，造成房间滴水或污染天花板等现象。滴水盘一般应在每年夏季使用前清洗一次，机组连续制冷运行三个月后再清洗一次为宜。

5. 风机盘管机组的排污和管道保温

风机盘管机组在使用过程中由于要进行冷、热水转换，因此，管道中会进入空气而产生锈渣，积存在管道中，开始送水后便会将其冲刷下来带至盘管入口和阀门处，造成堵塞。因此，应在机组盘管的进、出水管上安装旁通管。在机组使用前，利用旁通管冲刷供、回水管路，将锈渣带到回水箱中，再设法清除。

在机组运行过程中，要随时检查管道及阀门的保温情况，防止保温层断裂，造成管道或阀门凝水污染天花板或墙壁。

五、风机盘管机组的常见故障及维修方法

风机盘管机组的常见故障及维修方法见表 7—4。

表 7—4　　风机盘管机组的常见故障与维修方法

序号	故障	原因	维修方法
1	风机不转	（1）电压低 （2）配线错误或接线端子松脱 （3）电动机故障 （4）电容器质量出现问题 （5）开关接触不良	（1）查明原因 （2）用万用表查线路并修复 （3）用万用表检查后修复或更换 （4）更换 （5）修复或更换
2	风机能转动，但不出风或风量少	（1）电源电压异常 （2）反转 （3）风口有障碍物 （4）空气过滤器堵塞	（1）查明原因 （2）改变接线 （3）去除障碍物 （4）清洗空气过滤器

续表

序号	故障	原因	维修方法
3	风不冷（或不热）	（1）盘管内有空气 （2）供水循环停止 （3）调节阀关闭 （4）阀被异物堵塞	（1）从排气阀排出空气 （2）检查水泵 （3）将调节阀开启 （4）取出异物
4	机壳外面结露	（1）内部保温层破损 （2）机壳在装配时与火焰接触，保温层烧毁 （3）冷风有泄漏 （4）室内有造成结露的条件	（1）修补 （2）不要接触火焰，将保温层重新包好 （3）修补 （4）去除结露的条件
5	有异物吹出	（1）由于腐蚀造成风机叶片表面有锈蚀物 （2）过滤器破损、劣化 （3）保温材料破损、劣化 （4）机组内灰尘太多	（1）更换风机 （2）更换空气过滤器 （3）更换保温材料 （4）清扫内部
6	漏电	电线有破损、漏电	修复线路
7	漏水	（1）安装不良 （2）接水盘倾斜 （3）排水口堵塞 （4）水管有漏水处 （5）冷凝水从管子上滴下 （6）接头处安装不良 （7）排气阀忘记关闭	（1）机组水平安装 （2）调整 （3）清除堵塞物 （4）检查并更换水管 （5）检查后重新保温 （6）检查后紧固 （7）将排气阀关闭
8	关机后风机不停	（1）开关失灵 （2）控制线路短路	（1）修复或更换开关 （2）检查线路，排除短路
9	有振动与杂声	（1）机组安装不良 （2）外壳安装不良 （3）固定风机的部件松动 （4）风管通路上有异物 （5）风机电动机故障 （6）风机叶片破损 （7）送风口百叶松动 （8）盘管内有空气 （9）冷冻水（热水）流得太快 （10）水内有大量空气进入 （11）使用定量阀时，差压太大	（1）重新安装调整 （2）重新安装 （3）紧固 （4）去除异物 （5）修复或更换电动机 （6）更换 （7）紧固 （8）排空气 （9）检查水的流速 （10）去除水中空气 （11）更换合适的阀

续表

序号	故障	原因	维修方法
10	冷风（热风）效果不良	（1）调节阀开度不够 （2）盘管堵塞、通风不良 （3）盘管内部有空气 （4）电源电压下降 （5）空气过滤器堵塞 （6）供水（冷热水）不足 （7）供水温度异常 （8）风机反转 （9）送风口、回风口有障碍 （10）前板安装不正规 （11）气流短路 （12）室内风分布不均匀 （13）设备选用不当 （14）天花板吊顶式的机组连接处漏气 （15）温度调节不当 （16）房间日照或开窗	（1）重新调节开度 （2）清扫盘管 （3）排空气 （4）查明原因 （5）清洗空气过滤器 （6）调节供水阀 （7）检查冷冻水（或热水）温度 （8）重新接线 （9）去除障碍物 （10）安装正规 （11）检查风口有无障碍 （12）检查并调整风口 （13）重新设计选用 （14）修理 （15）重新调整送风挡次 （16）关窗，挂窗帘

第四节　风机的日常维护及常见故障的处理方法

一、风机的启动

1. 风机启动前的检查

风机在启动前应进行认真的检查，其内容包括：

（1）检查风机准备加入的润滑油的名称、型号是否与要求一致，按规定的操作方法向风机注油孔内加注额定量的润滑油。

（2）用手盘动风机的传动带或联轴器，以检验风机叶轮是否有卡住和摩擦现象。

（3）检查风机机壳、带轮罩等处是否有影响风机转动的杂物，以及传动带的松紧程度是否合适。

（4）检查风机及电动机的地脚螺栓是否有松动现象。

（5）用点动方式检查风机的转向是否正确。

（6）关闭风机的入口阀或出口阀，以减轻风机的启动负荷。

2. 风机的启动顺序

按启动顺序逐台启动风机，若风机启动后发现叶轮倒轮，停机后需等叶轮完全停稳后才能再次启动。

风机启动以后逐渐调整风阀至正常工作位置。

二、风机的日常维护

风机在启动运行以后还要做好运行监测和日常维护工作。

1. 风机的运转监测

风机的运行监测主要有以下几项工作内容：

（1）监测风机电动机的运转电流、电压是否正常。

（2）监测风机及电动机的运行声音是否正常，有无异常振动现象。

（3）监测风机及电动机的轴承温度是否正常。

（4）监测风机及电动机在运转过程中是否有异味。

一旦风机在运转过程中出现异常情况，特别是运行电流过大，电压不稳，出现异常振动或产生焦煳味时，应立即停机，进行检查处理，排除故障后才可继续运行，绝对禁止带故障运行，以免酿成大祸。

2. 风机的日常维护

风机的日常维护工作主要有以下几项内容：

（1）随时用仪器测量风量和风压，确保风机处于正常工作状态。

（2）检查传动带的松紧程度是否合适，用测量仪表检查风机主轴转速是否达到要求，用直尺检测风机与电动机的带轮是否在一个平面上，出现偏差应及时调整，经常用钳形电流表检查电动机三相电流是否平衡。

（3）定期向风机轴承内加入润滑油。

（4）经常检查风机进、出口法兰接头是否漏风。若发现漏风，应及时用石棉绳堵上。

（5）经常检查风机及电动机的地脚螺钉是否紧固，减振器受力是否均匀。

（6）检查风机叶轮与机壳间是否有摩擦声，叶轮的平衡性是否良好。

（7）随时检测风机轴承温度，不能使温升超过 60℃。

（8）监听风机的振动与运转噪声是否在允许的范围内。

三、风机常见故障和处理方法

风机常见故障和处理方法见表 7—5。

表 7—5　风机常见故障和处理方法

故障现象	原因分析	处理方法
轴承箱振动剧烈	（1）机壳或进风口与针轮摩擦	（1）进行整修，消除摩擦部位
	（2）基础的刚度不够或不牢固	（2）基础加固或用型钢加固支架
	（3）叶轮铆钉松动或带轮变形	（3）将松动铆钉铆紧或调换铆钉重铆，更换变形带轮
	（4）叶轮轴盘与轴松动	（4）拆下松动的轴盘用电焊加工修复或调换新轴
	（5）机壳与支架、轴承箱与支架、轴承箱盖与座连接螺栓松动	（5）将松动螺栓旋紧，在容易发生松动的螺栓中添加弹簧垫圈，以防止松动
	（6）风机进出气管道安装不良	（6）在风机出口与风道连接处加装帆布或橡胶布软接管
	（7）转子不平衡	（7）校正转子至平衡

续表

故障现象	原因分析	处理方法
轴承温升过高	（1）轴承箱振动剧烈 （2）润滑脂质量不良、变质、填充过多或含有灰尘、砂垢等杂质 （3）轴承箱盖座的连接螺栓过紧或过松 （4）轴与滚动轴承安装歪斜，前后两轴承不同心 （5）滚动轴承损坏 （6）轴承磨损过大或严重锈蚀	（1）检查振动原因，并加以消除 （2）挖掉旧的润滑脂，用煤油将轴承洗净后调换新油 （3）适当调整轴承座盖螺栓紧固程度 （4）调整前后轴承座安装位置，使之平直同心 （5）更换新轴承 （6）更换新轴承
电动机电流过大或温升过高	（1）开车时进气管道内闸门或节流阀未关闭 （2）风量超过规定值 （3）输送气体密度过大，使压力增高 （4）电动机输入电压过低或电源单相断电 （5）联轴器连接不正，橡皮圈过紧或间隙不匀 （6）受轴承箱振动剧烈的影响 （7）受并联风机发生故障的影响	（1）关闭风道内闸门或节流阀（离心式） （2）调整节流装置或修补损坏的风管 （3）调节节流装置，减小风量，降低负载功率。若经常有类似现象，需调换较大功率的电动机 （4）电压过低应通知有关部门处理，电源单相断电应立即停机修复 （5）调整联轴器或更换橡皮圈 （6）停机排除轴承座振动故障 （7）停机检查和处理风机故障
传动带滑下	两带轮中心位置不平行	调整两带轮的位置
传动带跳动	两带轮距离较近或传动带过长	调整电动机的安装位置
风量、风压不足或过大	（1）转速不合适，或系统阻力不合适 （2）风机旋转方向不对 （3）管道局部阻塞 （4）调节阀门的开度不合适 （5）风机规格不合适	（1）调整转速或改变系统阻力 （2）改变三相交流电动机的接线相序 （3）清除杂物 （4）检查和调节阀门的开度 （5）选用合适的风机
风机使用日久后风量、风压逐渐减小	（1）风机叶轮、叶片或外壳锈蚀损坏 （2）风机叶轮或叶片表面积尘 （3）传动带太松 （4）风道系统内积有杂物	（1）检修或更换损坏部件 （2）彻底清除叶轮和叶片表面的积尘 （3）调整传动带的松紧程度 （4）清除
风机噪声过大	（1）风机噪声较大 （2）振动太大 （3）轴承等部件磨损、间隙过大	（1）采用高效率、低噪声的风机 （2）检查叶轮的平衡性，检查减振器等隔振装置是否完好 （3）更换损坏部件

第五节　水泵与冷却塔常见故障的处理方法

一、水泵的安装要求

水泵的安装方法基本上大同小异，其主要安装要求是：

1. 当泵房设在地面上时，可用地脚螺栓直接固定在混凝土基础上。若泵房设在楼板上，则可将水泵安装在减振装置上。可采用 WJ 型橡胶万能减振垫，在泵座的 4 个耳朵处垫上 150 mm×150 mm 的减振垫 4 块。当泵房设在高层建筑地下室时，可不装配地脚螺栓，而在水泵座的四角填垫 240 mm×240 mm 的减振垫 4 块，较大的泵可在泵座中部加垫两块减振垫。减振时，除可配装橡胶减振垫外，也可配装弹簧减振器。

2. 水泵进出水管端必须安装橡胶软接头，并且要在进水管上加装过滤器和阀门，在出水管上加装止回阀和闸阀，进出水管段必须固定。

3. 为使水泵保持最佳运行性能，应在水泵进出口处配装扩散管，以减小阻力损失。扩散管扩口的流速应为：吸水管流速 $v \leqslant 1.5$ m/s，出水管流速 $v \leqslant 2$ m/s。

二、水泵的运行保养

1. 采用机械密封的水泵不准在断水状态下运转。调试时，也只可做瞬间点动。正常运转时机械密封的摩擦环处不应有较大漏水，否则应检修或更换动、静摩擦环。

2. 对于采用半封闭型轴承的水泵，出厂时已填充了高温润滑脂，可连续运行两年，两年后每年需加润滑脂一次。若使用机油润滑，可从轴承体的备用加油孔加入机油即可。

3. 如遇水泵叶轮损坏或轧入异物时，应拆下轴承体和尾盖，向后面拉出轴和叶轮进行检修，泵体及进出水管可不动。

4. 水泵应配套准备三年维修使用的主要易损件（如联轴器弹性块、机械密封动静摩擦环和 O 形橡胶圈等）。

三、水泵的常见故障及处理方法

水泵的常见故障及处理方法见表 7—6。

表 7—6　　水泵的常见故障及处理方法

故障现象	原因分析	处理方法
泵体振动	（1）地脚螺栓或各连接螺栓螺母有松动 （2）有空气进入，发生气蚀 （3）轴承破损 （4）叶轮破损 （5）叶轮局部有堵塞 （6）水泵与电动机的轴不同心 （7）水泵轴弯曲	（1）拧紧 （2）查明原因，杜绝空气进入 （3）更换 （4）修补或更换 （5）拆泵清除 （6）调整找正 （7）校直或更换

续表

故障现象	原因分析	处理方法
启动后有水但立刻停止	（1）进水管中有大量空气积存 （2）有大量空气进入	（1）查明原因，排除空气 （2）检查进水管口以及轴承的严密性
流量不足、压力不够或不出水	（1）泵体和吸水管路内没有灌引水或灌水不足 （2）底阀入水深度不够 （3）底阀叶轮或管道阻塞 （4）吸水管路漏气 （5）扬程超过规定值 （6）吸上扬程超过允许值 （7）密封环或叶轮磨损过多 （8）旋转方向错误 （9）转速低 （10）填料损坏或过松 （11）泵的水封管路阻塞	（1）检查底阀是否漏水并重新向水泵内灌足引水 （2）底阀浸入吸水面的深度应大于进水管直径的 1.5 倍 （3）清除脏物 （4）拧紧法兰螺栓 （5）降低管路阻力 （6）减小吸上扬程、降低吸水阻力 （7）更换磨损零件 （8）改变电动机接线相序 （9）检查电路的电压 （10）调换填料 （11）清除水封管路脏物
功率消耗过多	（1）总扬程低于规定范围，供水量增加 （2）填料压得过紧 （3）水泵与电动机的轴线不同心 （4）泵轴弯曲或磨损过大	（1）关小闸阀 （2）适当放松填料压盖 （3）调整水泵和电动机的轴线 （4）校正或更换泵轴
产生振动、噪声大或滚球轴承发热	（1）吸上扬程超过允许值，水泵产生气蚀 （2）水泵与电动机轴线不同心 （3）滚球轴承损坏 （4）泵轴弯曲或磨损过多 （5）润滑油不够 （6）有水进入轴承壳内使滚球轴承生锈	（1）降低吸上扬程要求或调换合适的水泵 （2）调整水泵的电动机轴线 （3）更换滚球轴承 （4）校直或更换泵轴 （5）添加润滑油 （6）查出进水原因，调换润滑油和滚球轴承
填料过热或填料函漏水过多	（1）填料压得太紧，冷却水进不去，填料盖压得太松或磨损后失去弹性和密封作用 （2）泵轴弯曲和摆动，或泵轴表面磨损 （3）填料缠法错误或接头不正确	（1）调整填料压紧螺钉或更新填料 （2）检修泵轴 （3）更换填料

四、冷却塔的常见故障及处理方法

空调系统的冷却水必须符合水质标准，否则不合格冷却水中的金属离子会附着在管壁上结成水垢，这样不但影响传热效果，而且还会使管径缩小，导致冷却水循环量不符合冷却需要，引起制冷系统制冷能力严重下降。另外，当冷却水吸收制冷机的冷凝热量后送上冷却塔，经冷却塔喷淋与大气直接接触，使冷却水中的二氧化碳逸散，溶解氧增加，部分水分蒸发后使水中溶解盐类的浓度和浊度增大，循环水水质恶化，给水系统带来结垢、腐蚀、污泥和菌藻等问题。因此，制冷空调系统中使用的循环水必须符合中央空调循环软化水质标准。

为保证水质，必须使用软化水（去离子水）或电子、静电（离子棒）水处理仪和臭氧发生器等对水进行处理，并按标准进行日常管理，每个月进行一次取样测试。

冷却水塔的日常维护与管理的主要内容有：

1. 定期清除水槽内的青苔、泥垢和杂物，每年春、秋季至少各清扫一次。经常检查和消除水槽的泄漏、断裂、破损等缺陷。

2. 及时清除配水装置管道、喷头、喷嘴的积垢和脏物，确保冷却水量不会逐渐减少。通常每月清洗一次。

3. 因地制宜调整水力分配措施，如有必要可部分改变喷嘴直径、调整配水槽标高、装设配水槽调节阀门等，以达到全塔配水均匀。

4. 淋水填料必须经常保持完整良好。淋水板及其支撑梁局部破损、塌落时应予以及时修补、配齐或更新。

5. 保持循环水滤网的完整清洁，污脏堵塞时应及时清理，锈蚀损坏时要及时修理或更新。

6. 保持淋水填料清洁，污脏堵塞时应查明原因和分析影响，再采取必要措施恢复原来状态。

7. 注意保持塔区周围的通风条件和环境卫生。在冷却塔周围 15 m 以内不应有影响冷却塔进风的障碍物；防止泥水和其他杂物随风吹入和雨水进入冷却塔集水池。

8. 定期检查循环水水质，及时排放旧水，补充新水。根据水质情况，向水槽内添加阻垢剂、杀菌剂，以减少结垢、积藻。

9. 及时完成循环水沟、压力管道、排污系统等设施的维护工作。对阀门及其他传动装置应定期加油保养，保持其开关灵活，除冬季外，每月冷却系统各阀门向两个方向旋转 2～3 圈，防止锈死卡涩。

10. 秋季做好防冻准备工作，冬季采取有关防冻措施。

11. 冷却塔中的钢支架、钢梁等各种钢结构件和水管应每两年进行一次除锈，并进行防锈、防腐处理。

12. 因风机的电动机工作在高温、高湿的环境，每年停机后，需对电动机进行外观常规检查及绝缘测试，并进行保养。

13. 每年夏季之前，冷却塔还需进行以下两方面工作：

（1）清理工作：把冷却塔内水沟、水槽、水池、淋水填料、喷嘴等的污物、泥沙打扫清理干净，保证流水、空气畅通无阻。

（2）修复和补充工作：淋水填料、喷溅装置、配水管槽、旋转设备、润滑油系统等有损坏和遗缺时都应给予修复和补充，以保证在夏季能安全经济地运行。

冷却塔的常见故障及处理方法见表 7—7。

表 7—7　　冷却塔的常见故障及处理方法

故障现象	原因分析	处理方法
配水不均匀	（1）喷嘴或配水管道断裂、堵塞 （2）供水量过大	（1）检修损坏部件，清除杂物和清理水过滤网 （2）调整供水量
冷水温度过高	（1）回水温度过高，室外湿球温度升高 （2）水量过大 （3）填料不正常 （4）风量不足	（1）调整回水温度 （2）减少循环水量 （3）整理填料 （4）增加送风量

续表

故障现象	原因分析	处理方法
水量散失过多	(1) 布水系统不正常 (2) 收水器效果不好或损坏 (3) 水量过大	(1) 清洗喷嘴、喷孔 (2) 检查和整理收水器 (3) 减少循环水量
变速箱出现异常噪声	(1) 轴承或齿轮组磨损、歪曲 (2) 油质不良或油位太低 (3) 防护罩与齿轮摩擦	(1) 检修或调整轴承和齿轮组 (2) 更换或添加润滑油 (3) 调整间距，消除摩擦
主轴和联轴器振动	(1) 联轴器中心线不正 (2) 联轴器内有杂物 (3) 主轴弯曲或偏离中心 (4) 齿轮磨损	(1) 调整中心线 (2) 清除杂物 (3) 检修和调整 (4) 更换齿轮

第八章　冷水机组的运行管理

本章着重介绍了常用冷水机组的运行管理内容，掌握这几种冷水机组的开、停机程序和运行调节方法以及常见故障的处理是本章的重点和难点。

冷水机组是中央空调系统在进行供冷运行时采用最多的人工冷源。冷水机组用电量大，耗能多，运行费用占总使用费用90％以上（见图8—1）。运行管理的质量直接关系到机组的使用寿命、经济性和安全性。常用冷水机组的运行管理，主要包括开机前的检查与准备、机组及其水系统的启动、运行调节、机组及其水系统的停止、维护保养、常见故障处理等。

图8—1　冷水机组使用费用组成示意

第一节　运行管理的基本内容及操作规程

一、运行管理的基本内容和要求

制冷设备的管理是指对制冷设备的运行操作、维护修理、设备的更新改造及设备的报废处理全过程的管理。

1. 管理内容

(1) 设备的选型、购置。

(2) 设备的使用和维护保养。

(3) 设备的检修计划。

(4) 设备的事故处理预案。

(5) 设备的技术改造、更新和报废处理。

(6) 设备技术资料的管理。

2. 管理要求

（1）编制各类计划和规划，包括制冷设备大、中、小检修计划，备品、备件及材料的外购计划等。

（2）制定科学系统的管理制度，包括安全操作规程、定期检查制度、交接班制度等。

（3）建立设备技术档案。

二、制冷设备的操作规程

1. 设备的操作规程

（1）试运行程序

试运行程序包括润滑油和制冷剂的充加程序等。

（2）正常启动程序

正常启动程序包括压缩机、风机、泵的正常启动程序和水路启动程序等。

（3）正常停机程序

正常停机程序包括压缩机等制冷设备的先后关闭顺序及保持必要的压力、温度等。

（4）正常运行时的巡查内容

正常运行时的巡查内容包括巡查系统中的各种压力、温度、流量、声响、振动是否正常。

（5）事故排除预案

设备运行中事故的排除预案。

（6）紧急停机操作程序

紧急停机操作程序包括水系统的突然中断、供电系统的突然中断、制冷系统突发事件等。

（7）设备运行中的安全保护。

2. 制冷设备的管理规程

（1）交接班工作的主要内容

1）清楚当班生产任务、设备运行情况和用冷部门的要求。

2）检查运行操作记录是否完整，记录是否清楚。

3）检查有关工具、用品等是否齐全。

4）检查工作环境和设备是否清洁，周围有无杂物。

（2）运行记录的主要内容

1）开、停机时间。

2）系统工作参数。

3）每班组的水、电、气和制冷剂的消耗情况等。

第二节　活塞式冷水机组的运行管理

一、活塞式冷水机组开机前的准备工作

活塞式冷水机组开机前的检查与准备，分为日常开机前和年度开机前的检查与准备。

1. 日常开机前的检查与准备

（1）检查制冷压缩机的油质、油温、油位。压缩机的油质应清洁，油位在视油镜的2/3

处以上。曲轴箱的表压不应超过 0.2 MPa。对于有油温加热器的压缩机，开机前应检查曲轴箱内的油温，若油温过低，应适当加热（40～60℃），以减少冷冻机油中的制冷剂，防止压缩机启动时，由于曲轴箱压力急剧下降，使油中的制冷剂迅速蒸发，把冷冻油带入气缸中产生“液击”现象，造成曲轴箱内的油量减少。

（2）检查制冷剂的液位。储液器的制冷剂液位应在液面指示器的 2/3 处。

（3）具有手动卸载－能量调节装置的压缩机，应将能量调节阀的手柄放在“0”位置或最小能量位置。

2. 年度开机前的检查与准备

（1）制冷压缩机的运转部位应无障碍物，联轴器的安全保护罩应固定良好。

（2）因冬季防冻而排空水的冷凝器和蒸发器及相关管道要重新排除空气，充满水。检查冷冻、冷却水系统有无漏水。检查机组和水系统中的所有阀门是否操作灵活，无泄漏或卡死现象；各阀门的开关位置是否符合系统的运行要求等。

（3）测定压缩机电动机的相电压，其平均不稳定相电压应不超过额定电压的 2%。

（4）检查制冷系统内的制冷剂是否达到规定的液面要求，是否有泄漏。

（5）检查并调节高、低压力继电器的保护动作值，使其指示值在要求的范围内。R22 制冷剂高压保护的断开值为 1.65～1.75 MPa，闭合值比断开值低 0.1～0.3 MPa；低压保护断开值的大小应调整为比最低蒸发温度低 5℃的相应饱和压力值，但不低于 0.01 MPa。对于设置安全阀的装置，安全阀的开启保护压力为（1.7±0.05）MPa，其高压控制器的保护动作值比安全阀的开启保护压力低 0.1 MPa。

（6）检查并调节油压差控制器的保护动作值。有能量调节装置时，油压差可控制在 0.15～0.3 MPa；无能量调节装置时，油压差在 0.075～0.1 MPa。

完成上述各项检查与准备工作后，再接着做日常开机前的检查与准备工作。当全部检查与准备工作完成后，合上所有的隔离开关，即可进入冷水机组及其水系统的启动操作阶段。

二、活塞式冷水机组及其水系统的启动

1. 开启冷却水泵或冷却风机，使冷却系统运行，冷水或冷风系统提前工作。

2. 压缩机先点动运行 2～3 次，确认压缩机正常后再启动。

3. 逐步开启压缩机吸气阀，开启不宜过大、过快，以防出现“液击”现象。

4. 缓慢打开储液器出液阀，向系统供液。待压缩机启动完毕运行正常后将出液阀开至最大。

5. 若压缩机设置能量调节装置，待压缩机稳定以后，应根据吸气压力调整能量调节装置，每隔 15 min 左右换一个挡位，直到达到所要求的容量为止。

6. 检查各处的温度值和压力值是否在正常范围内。

三、氟利昂活塞式冷水机组正常运行的标志及运行调节

冷水机组正常运行的标志是蒸发器冷冻水进出水的温度和压力、冷凝器冷却水进出水的温度和压力、蒸发器中制冷剂的温度和压力、冷凝器中制冷剂的温度和压力、压缩机电动机的电流和电压、润滑油的压力和温度等参数在正常范围内。下面以使用 R22 为制冷剂的冷水机组为例进行说明。

1. 制冷压缩机制冷剂的吸气温度比蒸发温度高 5～15℃，排气温度不超过 150℃。

2. 一般情况下的制冷剂排气压力要达到 1.4～1.8 MPa，最高不超过 1.8 MPa。

3. 运行时其油压比吸气压力高 0.1～0.3 MPa。

4. 曲轴箱的油温一般保持在 40～60℃，最高不超过 70℃，最低不低于 10℃。油位不得低于视油镜的 1/2。

5. 制冷机在正常运转时，应只有吸、排气阀发出清晰有节奏的声音，气缸、曲轴箱和轴承等部位不应有异常的撞击声。

6. 制冷压缩机的气缸壁不应有局部发热和结霜现象，吸气管不应结霜。

7. 压缩机电动机的运行电流应稳定，整机各部位温度应没有很大的变化。

8. 在运行中整个系统各部位不应有油迹，否则意味着有泄漏，需停机检漏。

四、活塞式冷水机组及其水系统的停机

冷水机组及其水系统的停机，根据运行工况可分为正常停机和紧急停机，正常停机包括手动停机和自动停机，紧急停机包括故障停机和安全保护停机。

1. 正常停机

下面以开利 30 HK/HR 机组为例进行介绍。

（1）手动停机

1）日常停机：按下“OFF”或“O”按钮，机组停止运行。过 10 min 后再停水泵，最后切断电源。

2）长期停机：关闭供液阀，将制冷剂储存在冷凝器中，按下“OFF”或“O”按钮，机组停止运行。过 10 min 后再停水泵，关闭压缩机吸排气阀，切断 380 V 和 220 V 电源。

（2）自动停机

冷水机组在运行过程中会出现一些故障，其相对应的故障指示灯会亮，在实际处理时，首先确定是哪种故障引起的停机，并停机检查故障原因，之后排除。

2. 紧急停机

在运行过程中，冷水机组因外界原因出现突然性的停电、停水或火灾等特殊情况，若不能自动停机，会给机组带来危害时，需要采用紧急措施，使机组在最短时间内停止运行，冷水机组的紧急停机分为以下几种情况：

（1）突然停电时的紧急停机

当突然停电时，首先应立即关闭供液阀（储液器或冷凝器的出口阀）或节流阀，停止向蒸发器供应液态制冷剂，以免机组下次启动时因蒸发器内液体过多而产生湿冲程，然后切断压缩机电动机的电源，最后按照日常停机程序处理其他设备。

（2）冷却水突然断水时的紧急停机

当因其他原因造成冷凝器的冷却水突然供应中断时，此时应立即切断压缩机电动机的电源，停止压缩机的运转，以免高温高压状态的制冷剂蒸气得不到冷却，而致使管道或阀门爆裂；然后迅速关闭供液阀或节流阀，最后按照日常停机程序处理其他设备。

（3）冷冻水突然断水时的紧急停机

当因某种原因造成冷冻水突然中断供应时，首先应立即关闭供液阀或节流阀，停止向蒸发器供应液态制冷剂，以免机组下次启动时因蒸发器内液体过多而产生湿压缩；之后切断压

缩机电动机的电源，停止压缩机的运转；再按日常停机程序处理其他设备。

(4) 发生火灾时的紧急停机

当制冷机房或机房外相邻处发生火灾，并危及冷水机组的安全时，应首先切断压缩机电动机的电源，停止压缩机的运转；然后迅速关闭供液阀或节流阀，再按正常停机程序处理设备。

(5) 发生故障机组不能自动停机时的紧急停机

当机组出现故障，或机组已报警且液晶显示屏上有显示故障情况但机组不能自动停机时，应按发生火灾时的紧急停机处理。

当恢复供水供电并确认机组正常或火警解除故障排除后，应先保持供液阀的关闭状态，按正常程序开机启动，待蒸发压力下降到略低于正常运行工况下的蒸发压力时，再打开供液阀，使机组投入正常运行。

五、活塞式冷水机组的常见故障原因及排除方法

活塞式冷水机组的常见故障原因及排除方法见表 8—1。

表 8—1　　活塞式冷水机组的常见故障原因及排除方法

故障现象	故障原因	排除方法
压缩机不运转	电源开路	断路器复位
	控制电路断路器开路	检查控制电路的接地是否短路，使断路器复位
	电源断路器跳闸	检查控制器，找出跳闸原因，使断路器复位
	接线端子松开	检查接头
	控制器接线不当	检查接线并重新接线
	线电压低	检查电压，确定压降位置并做纠正
	压缩机热敏开关开路	找出原因，使之复位
	压缩机电动机故障	检查电动机绕组是否开路或短路，必要时可更换压缩机
	压缩机卡住	更换压缩机
低压控制开关接通，压缩机关机	低压控制器动作不正常	升高压差整定值 检查毛细管是否褶皱 更换控制器
	阀位置不当	换阀板
	压缩机吸气截止阀部分闭合	打开阀
	制冷剂制冷量不足	加制冷剂
	压缩机吸气滤网堵塞	洗净滤网
高压控制开关接通，压缩机关机	高压控制开关动作不正常	检查毛细管是否褶皱，根据需要整定控制开关
	压缩机排气阀部分闭合	打开排气阀，若已坏，更换排气阀
	系统中有不凝性气体	排除不凝性气体
	冷凝器结垢	除垢
	储液器排放不当，制冷剂回到冷凝器	按需要重新布管，提供适当排放措施
	冷凝水泵或风扇不工作	启动泵，根据实际情况修理或更换

续表

故障现象	故障原因	排除方法
机组长时间工作或连续工作系统有噪声	制冷剂制冷量不足	加制冷剂
	控制器断开触点熔断	换控制器
	系统中有不凝性气体	排除不凝性气体
	膨胀阀或滤网堵塞	清洗或更换
	绝热层失效	更换或修补
	冷负载过大	关好门、窗
	压缩机效率不足	检查各阀，必要时做更换
	管道振动	正确支撑管道 检查管接头是否松开
	膨胀阀有“嘶嘶”声	加制冷剂 检查液体管路滤网是否堵塞
	压缩机有噪声	检查阀板是否有噪声 更换压缩机（轴承已磨损） 检查压缩机的螺栓是否松开
压缩机耗油多	系统漏油	补漏
	压缩机内堵塞或粘住	修补或更换
	油淤积在管路里	检查管路是否有油淤积
	关机时曲轴箱加热器未通电	更换加热器，检查接线或辅助接触器
吸气管路结霜或结露	膨胀阀调整不当	调节膨胀阀
液体管路发热	由于泄漏而缺少制冷剂	修补并重新填充制冷剂
	膨胀阀调节不当	调节膨胀阀
液体管路结霜	储液器截止阀部分关闭或受堵	打开阀，去除堵塞物
	干燥过滤器受堵	去除堵塞物或调换干燥过滤器

第三节　离心式机组的运行管理

一、离心式机组开机前的检查与准备

根据停机的时间及机组所处的状态不同，离心式冷水机组的开机分为日常开机和年度开机，这两种开机前期的检查和准备工作侧重点不同。这里以特灵 CVHE 型三级压缩离心式冷水机组为例，介绍离心式冷水机组开机前检查与准备、启动程序及停机等相关知识。

1. 日常开机前的检查与准备

离心式机组日常开机前的检查与准备工作包括下列内容：

（1）检查油箱中的油位和油温。油箱中的油位必须达到或超过低位油视镜，油温为60～63℃，油温过低应进行加热。

（2）检查导叶控制位。确认导叶的控制旋钮是在“自动”位置上，而导叶的指示是关闭的。

（3）检查油泵开关。确认油泵开关是在“自动”位置上，如果是在“开”的位置，机组将不能启动。

（4）检查抽气回收开关，确认抽气回收开关设置在“定时”上。

（5）检查各阀门，确保机组各相关阀门的开、关或阀位在规定位置。

（6）检查冷冻水供水温度设定值。冷冻水供水温度设定值通常为7℃，不符合要求可以进行调节，但一般不要随意改变该值。

（7）检查制冷剂压力。制冷剂的压力应在正常范围内。

（8）检查压缩机电动机电流限制设定值。通常压缩机电动机最大负荷的电流限制应设定在100%位置，除特殊情况下要求以低百分比电流限制机组运行外，不得任意改变设定值。

（9）检查电压和供电状态。三相电压均在（380±38）V范围内，冷水机组、水泵、冷却塔的电源开关、隔离开关、控制开关均在正常供电状态。

（10）如果是由于故障而停机检修的，在故障排除后要将因检修需要而关闭的阀门打开。

2. 年度开机前的检查与准备

离心式机组年度开机前要做好以下检查与准备工作：

（1）因冬季防冻而排空了水的冷凝器和蒸发器及相关管道要重新充满水，并排除空气。

（2）检查机组和水系统中的所有阀门是否操作灵活，无泄漏或卡死现象；各阀门的开、关位置是否符合系统的运行要求等。

（3）检查冷冻水泵、冷却水泵、冷却塔。

（4）检查电路中的随机熔断管是否完好无损，对压缩机电动机的相电压进行测定，其平均不稳定相电压应不超过额定电压的2%。

（5）检查压缩机电动机的旋转方向是否正确，各继电器的整定值是否在说明书规定的范围内。

（6）检查油泵旋转方向是否正确，油压差是否符合说明书的规定要求。

（7）检查制冷系统内的制冷剂是否达到规定的液面要求，是否有泄漏情况。

（8）检查润滑导叶调节装置外部的叶片控制连接装置。

完成上述各项检查与准备工作后，再接着做日常开机前的检查与准备工作。当全部检查与准备工作完成后，合上所有的隔离开关，即可进入冷水机组及其水系统的启动操作阶段。

二、离心式机组及其水系统的启动

当机组启动前的检查和准备（包括运行管理人员的检查和机组自控装置的自检及两个水系统工作循环的建立）已经完成后，可进入启动程序。

对于特灵CVHE型三级压缩式冷水机组来说，机组的启动是由机组控制柜按既定的逻辑顺序控制的，当给冷水机组送电并将机组控制显示屏上的冷水机组三位开关置于“等待/

复位”位置后，机组即开始自动顺序检查或启动相关装置。在此过程中，如果某一状态或动作达不到要求，就会有自锁故障诊断代码在显示屏上显示出来，并停止后续检查或启动相关装置的工作。此时，该故障不排除，机组就不能再启动。特灵 CVHE 型三级压缩式冷水机组的启动程序如下：

1. 启动冷冻水泵，将机组三位开关置于“等待/复位”位置，机组自动检查冷冻水流量，如果冷冻水流量达不到要求，机组停机，只有流量满足要求，才可以进行下一步操作。

2. 将机组三位开关转换到“自动/遥控”位置，机组自动启动抽气回收装置，然后机组自动检查压缩机电动机温度，当温度＜74℃时，机组延时 4 min；如果温度≥74℃，延时 15 min。机组自动检测蒸发器出水（冷冻水供水）温度，如果温度很低，则不需要制冷，此时，机组自动停机，检测温度需要制冷时，进行下一步检测。

3. 自动启动冷却水泵，进行流量检验，此时时间控制在 3.5 min 以内，如果流量达不到要求，机组也停机。流量满足要求才进行下一步检测。

4. 自动检查进口导叶位置并进行关闭检验，自动启动油泵，检查油压是否达到规定油压。如果达不到，机组也需停机检修。油压建立后，进行预润滑 15 s。

5. 自动检查压缩机电动机相序和三相电流，自动启动压缩机电动机，在 2 s 内完成星形-三角形转换，如未完成，停机检查，若完成即进行正常运转。

三、离心式机组正常运行的标志及运行调节

1. 离心式冷水机组的正常运行标志

由于制冷剂性质的不同，不同机组的运行参数和运行特性会有或多或少的差异，表 8—2～表 8—5 给出了几个常见品牌机组的正常运行参数范围。

表 8—2　　特灵 CVHE 型三级压缩式冷水机组的正常运行参数（R123）

运行参数	正常范围	备注
蒸发器压力	0.04～0.06 MPa	真空度
冷凝器压力	0.01～0.08 MPa	标准冷凝器
油箱温度	46～66℃	
净油压	0.08～0.12 MPa	

表 8—3　　开利 19XL 型单级压缩式冷水机组的正常运行参数（R22）

运行参数	正常范围
蒸发器压力	0.14～0.55 MPa
冷凝器压力	0.69～1.45 MPa
油温	43～74℃
油压差	0.1～0.21 MPa
轴承温度	60～74℃

表 8—4 约克 YK 型单级压缩式冷水机组的正常运行参数（R134a）

运行参数	正常范围
蒸发器压力	0.19～0.39 MPa
冷凝器压力	0.65～1.10 MPa
油温	22～76℃
油压差	0.17～0.41 MPa

表 8—5 麦克维尔 PEH 型单级压缩式冷水机组的正常运行参数（R134a）

运行参数	正常范围
蒸发器压力	0.22～0.41 MPa
冷凝器压力	0.59～0.9 MPa
油温	32～44℃
油压差	0.65～0.95 MPa

2. 运行调节

离心式制冷压缩机制冷量调节的方法主要有进气节流调节、进口导流叶片调节、改变压缩机转速的调节等。目前大多采用进口导流叶片调节法，即在叶轮进口前装有可转动的进口导流叶片，通过自动调节机构，改变导流叶片开度，调节机组的制冷量。这种调节方法被广泛应用在单级或双级离心式制冷机组的能量调节上，如特灵 CVHE 型机组的调节范围为20%～100%，开利 19XL 型机组的调节范围为 40%～100%，有的单级制冷机组的能量可减少到 10%。

进口导流叶片调节的原理是：当空调冷负荷减小时，蒸发器的冷冻水回水温度下降，导致蒸发器的冷冻水出水温度相应降低，当温度低于设定值时，感应调节系统会自动关小压缩机进口导叶的开度来进行减载，使冷水机组的制冷量减小，直到蒸发器冷冻水出水温度回升至设定值，机组制冷量与空调冷负荷达到新的平衡为止。反之，当空调冷负荷增加时，蒸发器的冷冻水进水温度上升，导致蒸发器的冷冻水温度高于设定值，则导叶开度自动增大，使机组的制冷量增加，直到蒸发器出水温度下降到设定值为止。这种调节方法优于进口节流法，略逊于变转速调节。

此外，离心式机组还可以通过改变压缩机电动机频率来实现制冷量与空调冷负荷相匹配，即改变电源频率来调节压缩机电动机转速，从而使离心式机组的压缩机叶轮转速发生变化来达到制冷量变化的目的。变频调速不仅能使压缩机在低负荷运行时效率提高，还可以避免产生喘振，同时机组可以低频启动，大大降低机组的启动电流，运行时噪声也会降低。

四、离心式机组及其水系统的停机

离心式机组及其水系统的停机可以手动操作完成，也可以自动完成。下面以特灵 CVHE 型三级压缩式冷水机组及其水系统的停机为例介绍其操作过程。

1. 手动停机

（1）将导叶控制开关的旋钮转向“减负荷”（或“关”）的位置，则导叶关闭，然后将机组的三位开关从“自动/遥控”转换为“等待/复位”（或按下压缩机电动机的“停止”按钮），使压缩机电动机断电。

（2）停止冷却水泵和冷却塔风机的运转。

（3）压缩机停机 15 min 后，停止冷冻水泵的运转。

（4）除了控制电源开关外，断开所有的隔离开关。

2. 自动停机

（1）当蒸发器的出水温度低于设定的冷冻水供水温度时，压缩机和冷却水泵立刻自动停止运转，但冷冻水系统仍保持运行状态。

（2）机组因发生故障而由安全保护装置动作引起的自动停机，一般均有报警信号出现或相应故障指示灯亮（代码显示）。对特灵 CVHE 型三级压缩式冷水机组来说，显示器窗口显示的故障码分为自锁型和非自锁型两类，前者在诊断的故障状态消除后需要手动再启动，而后者只要诊断的故障状态消除就可以自动地再启动。

3. 事故停机

（1）当压缩机停止运转后，油泵还会延时运行 1～2 min 后才会停止运转，以保证压缩机在完全停止运转之前的润滑。在此期间，“运转”状态指示灯仍然亮着，此时表示在进行延时润滑。

（2）对于冷冻水供水温度降低到设定温度而自动停机的情况，油泵延时 2 min 的润滑一结束，机组将回到自动启动的待命状态。由于冷冻水系统在机组停机期间仍保持循环流动状态，因此水温会逐渐升高，当蒸发器的出水温度回升到高于设定的冷冻水供水温度时，只要满足停机 20～30 min 的时间间隔要求，机组便会自动启动，再次投入运行。

（3）停机后油温调节系统会自动投入运行，油加热器在压缩机停机后 2 min 自动接通电源投入工作，以维持油温在 60～75℃，防止大量制冷剂溶入润滑油中。

4. 注意事项

事故停机分为故障停机和紧急停机两种情况。

（1）故障停机

故障停机是机组在运行过程中某部位出现故障，电气控制系统中保护装置动作，实现机组正常自动保护的停机。故障停机是由机组控制系统自动进行的，与正常停机的不同之处在于，主机停止指令是由计算机控制装置发出的，机组的停机顺序与正常停机过程相同。在故障停机时，机组控制装置会有报警显示，操作人员可按机组运行说明书中的提示进行故障排除。

（2）紧急停机

紧急停机指的是机组在运行过程中突然停电、冷却水突然中断、冷媒水突然中断和出现火警时突然停机。紧急停机的操作方法和注意事项与活塞式机组的紧急停机内容和方法相同。

五、离心式机组的维护保养

对于中央空调系统操作人员来说，每天都需要对机组的运行情况进行相关的记录并定期对机组进行维护保养。

1. 运行记录表

表 8—6 是离心式冷水机组的运行记录表。

表 8—6　　离心式冷水机组的运行记录表

机组编号：　　　　　　　　　　　　　　　　　　　　　　　日期：　年　月　日

<table>
<tr><th colspan="4">记录人</th><th></th><th></th><th></th></tr>
<tr><td colspan="4">时间</td><td></td><td></td><td></td></tr>
<tr><td colspan="4">运行时间（h）</td><td></td><td></td><td></td></tr>
<tr><td colspan="4">室外温度（℃）</td><td></td><td></td><td></td></tr>
<tr><td rowspan="5">压缩机</td><td colspan="3">导叶开度（%）</td><td></td><td></td><td></td></tr>
<tr><td colspan="3">轴承温度（℃）</td><td></td><td></td><td></td></tr>
<tr><td rowspan="3">润滑油</td><td colspan="2">油温（℃）</td><td></td><td></td><td></td></tr>
<tr><td colspan="2">油位（cm）</td><td></td><td></td><td></td></tr>
<tr><td colspan="2">油压差（MPa）</td><td></td><td></td><td></td></tr>
<tr><td rowspan="4">压缩机电动机</td><td colspan="3">百分比（%）</td><td></td><td></td><td></td></tr>
<tr><td rowspan="3">电流（A）</td><td colspan="2">A 相</td><td></td><td></td><td></td></tr>
<tr><td colspan="2">B 相</td><td></td><td></td><td></td></tr>
<tr><td colspan="2">C 相</td><td></td><td></td><td></td></tr>
<tr><td rowspan="6">蒸发器</td><td rowspan="4">冷冻水</td><td rowspan="2">温度（℃）</td><td>进水</td><td></td><td></td><td></td></tr>
<tr><td>出水</td><td></td><td></td><td></td></tr>
<tr><td rowspan="2">压力（MPa）</td><td>进水</td><td></td><td></td><td></td></tr>
<tr><td>出水</td><td></td><td></td><td></td></tr>
<tr><td rowspan="2">制冷剂</td><td colspan="2">压力（MPa）</td><td></td><td></td><td></td></tr>
<tr><td colspan="2">温度（℃）</td><td></td><td></td><td></td></tr>
<tr><td rowspan="6">冷凝器</td><td rowspan="4">冷却水</td><td rowspan="2">温度（℃）</td><td>进水</td><td></td><td></td><td></td></tr>
<tr><td>出水</td><td></td><td></td><td></td></tr>
<tr><td rowspan="2">压力（MPa）</td><td>进水</td><td></td><td></td><td></td></tr>
<tr><td>出水</td><td></td><td></td><td></td></tr>
<tr><td rowspan="2">制冷剂</td><td colspan="2">压力（MPa）</td><td></td><td></td><td></td></tr>
<tr><td colspan="2">温度（℃）</td><td></td><td></td><td></td></tr>
</table>

2. 离心式冷水机组的维护保养

根据运行时间的长短，离心式冷水机组的维护保养也有不同的侧重点。

（1）每天应对机组进行的维护保养内容有：认真填写日运行记录表格，检查压缩机导叶开度、轴承温度、润滑油油温、油位、电流、制冷剂压力和温度等参数，并与正常值进行对比，遇到异常情况及时处理。

（2）每一季度应清洗水路系统中的所有过滤器。

（3）每半年应进行的维护保养内容

1）检查导叶执行器处的连接轴承、球形接头和支点的润滑情况，如有必要，适量加注润滑油。

2）检查叶片操作柄处O形圈的润滑情况，并拧紧固定螺钉。

3）检查油过滤器截止阀O形圈处的润滑情况，如有必要，根据操作规范加注润滑油。

4）用真空容器抽取爆破片和排气装置通排系统集油管中的所有杂物。若排气装置运行太过频繁，则应经常执行该过程。给所有裸露的金属部件上油，以防止生锈。

（4）每年的维护保养内容

1）每年关闭冷水主机一次，检查年度检查清单中列出的各个项目。

2）参考排气装置的维护，执行年度维护程序。

3）使用冰水混合物验证蒸发器制冷剂温度传感器的精度仍处于公差范围内。若控制器显示的蒸发器制冷剂温度的读数超出公差范围，则更换传感器。若传感器一直暴露在超出其正常工作范围（－18～32℃）极限的环境中，则每隔六个月检查一下它的精度。

4）检查冷凝器管的污垢情况，根据结垢情况判断是否需要清洗。

5）将一份压缩机油样本提交给试验室进行综合分析，通过对润滑油的油质分析确定是否需要换油。

6）测量压缩机电动机绕组的接地电阻；应由合格的维修技术人员执行该测量，以确保测量结果正确。联系合格的维护机构对冷水主机进行泄漏试验；若系统需要频繁排气，则该过程尤为重要。

六、离心式机组的常见故障分析处理

表8—7给出了开利19XL型离心式冷水机组常见问题和故障与主要检查对象，表8—8给出了约克YEF型离心式冷水机组常见问题和故障的分析与解决方法，这些表格给出了一些常见故障、检查对象及处理方法，运行管理人员可根据实际情况排除故障。针对较为严重或自行解决没有把握的问题和故障，应请专业维修人员来解决和排除，以免造成不必要的损失。

表8—7　　开利19XL型离心式冷水机组常见问题和故障与主要检查对象

问题或故障	主要检查对象
电动机温度过高	（1）电动机冷却系统管路是否有异常现象 （2）短时间内开机次数是否太过频繁
轴承温度过高	（1）油加热器的动作是否正常 （2）油位是否太低 （3）供油管路上的阀是否全开
油温过低	（1）油加热器供电是否正常 （2）油加热器继电器是否有故障 （3）油位是否适当

续表

问题或故障	主要检查对象
排气温度过高	(1) 是否有启动太频繁的情况 (2) 冷却水量及水温是否有问题 (3) 冷凝器铜管是否有问题 (4) 系统内是否有空气
冷凝器压力过高	冷却水进水温度是否太高
油压太低	(1) 油箱出口阀是否关闭 (2) 油过滤器是否堵塞 (3) 油温是否太低
冷冻（却）水流量太小	(1) 水泵运行是否正常 (2) 所有水阀开启位置是否适当 (3) 泵体内是否有空气
冷却水出水温度太高	(1) 出水温度设定值是否太高 (2) 机组已满负荷运行，实际负荷是否大于机组容量 (3) 冷却水进水温度是否过高 (4) 制冷剂是否不足 (5) 蒸发器的分隔板和垫片是否有漏洞造成旁通

表 8—8　　约克 YEF 型离心式冷水机组常见问题和故障的分析与解决方法

问题描述		原因分析	解决方法
排气压力过高	冷却水的进出水温差超出正常范围，但蒸发压力正常	冷凝器传热管太脏或结垢	清洁冷凝器传热管，检查水质
		冷却水温度过高	降低冷却水的进水温度
		冷却水流量不够	增大冷却水流量
吸气压力过低	蒸发器的冷冻水出水温度与制冷剂进水温度的温差超出正常范围，同时排气温度过高	(1) 制冷剂充注不足 (2) 可变节流孔板流孔堵塞	(1) 对系统检漏，并添加制冷剂 (2) 清除堵塞
	蒸发器的冷冻水出水温度与制冷剂进水温度的温差超出正常范围，同时排气温度正常	蒸发器传热管太脏或堵塞	清除堵塞
	冷冻水温度过低，同时电动机电流过小	与系统容量相比负荷不足	检查导流叶片电动机的运行和低水温切断设定值
蒸发压力过高	冷冻水温度过高	(1) 导流叶片未能打开 (2) 系统过载	(1) 检查导流叶片电动机的定位电路 (2) 确保导流叶片全部打开（不要让电动机过载），直到负荷降低为止

续表

<table>
<tr><th colspan="2">问题描述</th><th>原因分析</th><th>解决方法</th></tr>
<tr><td>按下系统启动键后油压尚未建立</td><td>控制中心上显示的油压过低，压缩机不能启动</td><td>（1）油泵反转
（2）油泵不转</td><td>（1）改变油泵电路连接
（2）检查油泵的接线，按下油泵启动器（装在冷凝器筒体上）的手动复位</td></tr>
<tr><td colspan="2">压缩机启动，油压正常，但短时间内波动，然后压缩机因油压切断而停机（会显示出油压过低的信息）</td><td>（1）存在不正常的启动情况，因系统压力下降导致油槽和油管中出现泡沫
（2）油加热器烧毁</td><td>（1）将压缩机中的润滑油排掉，然后加新油
（2）更换</td></tr>
<tr><td colspan="2">当油泵运行时，按下油压显示键，被监控油压异常高</td><td>（1）高/低油压传感器失灵
（2）泄压阀失调</td><td>（1）更换
（2）调节外部泄压阀</td></tr>
<tr><td colspan="2">按下油压显示键时，油泵有时振动或发出异常噪声</td><td>缺油、油位不及泵的入口位置</td><td>检查供油和油路管的情况，补充润滑油</td></tr>
<tr><td colspan="2">按下油压显示键时，油压将至压缩机刚启动时的70%</td><td>（1）油过滤器太脏
（2）轴承磨损严重</td><td>（1）更换
（2）检查压缩机</td></tr>
<tr><td colspan="2">油/制冷剂不能返回</td><td>（1）回油系统的干燥过滤器太脏
（2）回油系统的喷射器堵塞</td><td>（1）更换
（2）检查压缩机</td></tr>
<tr><td colspan="2">当油泵运行时，按下油压显示键，无油压显示</td><td>（1）油压传感器失灵
（2）接线/连接器故障</td><td>（1）更换
（2）检查排除</td></tr>
<tr><td colspan="2">油泵功率下降</td><td>（1）油泵端隙过大，泵零件磨损
（2）油泵进口部分堵塞</td><td>（1）检查和更换磨损件
（2）清除</td></tr>
</table>

第四节　螺杆式机组的运行管理

螺杆式机组的运行管理与离心式机组和活塞式机组的运行管理有相同之处，也因压缩机的形式不同而有自身的特点。目前，市场上使用的螺杆式机组几乎都采用计算机控制，以及采用计算机进行故障判断，这给使用者带来了极大的方便。由于各生产厂商所采用的计算机不同、人机界面不同，所以操作人员必须仔细阅读机组操作与维修手册，熟悉通过键盘与计算机控制中心进行人机对话的方式和内容，严格按照要求操作设备并认真做好运行值班记录。

一、螺杆式机组开机前的检查与准备

螺杆式机组开机前的检查与准备分为日常开机前和年度开机前的检查与准备工作。

1. 日常开机前的检查与准备

下面以特灵 RTHA 型双螺杆冷水机组为例进行介绍。

(1) 启动冷冻水泵。

(2) 将冷水机组的三位开关拨到“等待/复位”的位置，此时，如果冷冻水通过的流量符合要求，则冷冻水流量的状态指示灯亮。

(3) 确认滑阀控制开关在“自动”位置上。

(4) 检查冷冻水供水温度的设定值。

(5) 检查主电动机电流极限设定值。

2. 年度开机前的检查与准备

年度开机前的检查与准备与离心式机组基本相同。需要注意的是螺杆式冷水机组运转前必须给油加热器先通电加热 12 h，对润滑油进行预热。

二、螺杆式机组及其水系统的启动

机组日常启动前的准备工作做好后，对特灵 RTHA 型双螺杆机组来说，启动时应将机组的三位开关从“等待/复位”调到“自动/遥控”或“自动/就地”的位置，计算机的微处理器便依次进行如下两项检查：

1. 检查压缩机电动机的温度。如果电动机绕组温度小于 74℃，则延时 2 min 进行下一项检查；如果电动机绕组温度大于或等于 74℃，则延时 5 min。

2. 检查蒸发器的出水温度，将此温度与冷冻水泵供水温度的设定值进行比较，如果两者的差小于设定的启动温差，说明不需要制冷，则机组不需要启动；如果大于启动温差，机组进入预备启动阶段，制冷需求指示灯亮。

当机组进入启动状态后，微处理器马上发出一个信号启动冷却水泵。在 3 min 内如果证实冷却水循环已经建立，微处理器又会发出一个信号至启动器并启动压缩机电动机，并断开主电磁阀，使润滑油流出加载电磁阀、卸载电磁阀以及轴承润滑油系统。在 15～45 s 内，润滑油流量建立，则压缩机电动机开始启动。压缩机的电动机星形-三角形启动转换必须在 2.5 s 之内完成，否则机组启动失败。如果压缩机电动机启动并加载，运转状态指示灯就会亮。

在上述过程中，机组微处理器会自动检查和控制每一个参数与步骤，达不到要求就会停止机组的启动。如果有故障，机组不能启动。

三、螺杆式机组正常运行的标志及运行调节

1. 常见螺杆式冷水机组的正常运行参数

表 8—9～表 8—12 是常见的螺杆式冷水机组的正常运行参数，操作人员应非常清楚这些数值，在运行记录中认真检测这些参数，发现问题按照操作规程进行处理或上报。

表 8—9　　麦克维尔 PFS 单螺杆冷水机组的正常运行参数 (R134a)

运行参数	正常范围
蒸发器压力	0.23～0.35 MPa
冷凝器压力	0.6～0.85 MPa
油压	比高压低 0.01～0.05 MPa
油温	40～55℃

表 8—10　　特灵 RTHA 型双螺杆冷水机组的正常运行参数（R22）

运行参数	正常范围
蒸发器压力	0.45～0.52 MPa
冷凝器压力	0.90～1.40 MPa
油温	小于 54.4℃

表 8—11　　麦克维尔 PFS 单螺杆冷水机组的正常运行参数（R22）

运行参数	正常范围
蒸发器压力	0.38～0.52 MPa
冷凝器压力	1.1～1.7 MPa
油温	40～55℃

表 8—12　　开利 30HXC 型双螺杆冷水机组的正常运行参数（R134a）

运行参数	正常范围
蒸发器压力	0.38～0.52 MPa
冷凝器压力	0.90～1.45 MPa
油温	小于 54℃

2. 螺杆式机组的运行调节

螺杆式机组的运行调节主要是指螺杆式制冷压缩机制冷量调节，其常用的方法主要有吸入节流调节、转速调节、滑阀调节、塞柱阀调节、变频调节等。目前使用较多的为滑阀调节、塞柱阀调节和变频调节。

滑阀调节是在双螺杆式制冷压缩机的机体上装一调节滑阀，成为压缩机机体的一部分。它位于机体高压侧两内圆的交点处，且能在与气缸轴线平行的方向上来回滑动。

随着滑阀向排气端移动，输气量继续降低。当滑阀向排气端移动至理论极限位置时，即当基元容积的齿面接触线刚刚通过回流孔，将要进行压缩时，该基元容积的压缩腔已与排气孔口连通，使压缩机不能进行内压缩，此时压缩机处于全卸载状态。如果滑阀越过这一理论极限位置，则排气端座上的轴向排气孔口与基元容积连通，使排气腔中的高压气体倒流。为了防止这种现象发生，实际上常把这一极限位置设置在输气量10%的位置上。因此，螺杆式制冷压缩机的制冷量调节范围一般为10%～100%内的无级调节。调节过程中，功率与输气量在50%以上负荷运行时几乎是成正比例关系，但在50%以下时由于压缩机的摩擦功率不变，性能系数则相应会大幅度下降，从而经济性较差。

滑阀在压缩机内左右移动或定于某一位置都由加载电磁阀和卸载电磁阀控制油流进或流出油缸来实现，而电磁阀的动作信号则由机组微处理器根据冷冻水的出水温度情况发出，从而达到自动调节机组制冷量的目的。

四、螺杆式机组及其水系统的停机

螺杆式冷水机组的停机操作与活塞式、离心式机组基本相同，这里不再赘述。

五、螺杆式机组的维护保养

螺杆式机组维护保养的内容，主要包括日常保养和定期维修保养。定期维修保养能保证机组长期正常运行，延长机组的使用寿命，同时也能节省制冷能耗。

约克 YS 系列螺杆式冷水机组操作与维修手册规定了以下维修保养项目。

1. 每周检查冷媒充注量。

2. 每季度进行润滑油的品质分析。

3. 每半年检视以下内容：

(1) 检视并且必要时更换压缩机油过滤器的部件。

(2) 检查回油系统，主要是清洗除污器和检查引射器的喷口是否有外来杂质。

4. 每年检视以下内容：

(1) 排放并更换油分离器油槽中的油。

(2) 检查蒸发器与冷凝器的结垢情况，必要时要清洗。

(3) 保养压缩机的驱动电动机，包括清洁空气通路和绕组，测量电动机绕组的绝缘性能，重新润滑电动机轴承等。

(4) 根据需要检查与维修电气部件。

(5) 对系统进行化学分析。

六、螺杆式机组的常见故障分析及处理

表 8—13 和表 8—14 分别给出了约克 Codepak 螺杆式冷水机组和日立 RCU 型螺杆式冷水机组的常见问题及故障的分析与解决方法。

表 8—13　　约克 Codepak 螺杆式冷水机组的常见问题及故障的分析与解决方法

问题或故障	原因分析	解决方法
排气压力过高	(1) 冷凝器中有空气 (2) 冷凝器中的管束过脏或结垢 (3) 冷却水量不足	(1) 排除空气 (2) 清洗冷凝器 (3) 检查并解决存在的问题，增加流量至适当值
吸气压力过低	(1) 制冷剂充灌量不足 (2) 孔板节流口有堵塞 (3) 蒸发器中的管束过脏或堵塞 (4) 负荷小于机组产冷量	(1) 检查制冷剂是否有泄漏，有则先解决泄漏问题，然后补充制冷剂到规定量 (2) 清除堵塞物 (3) 清洗蒸发器 (4) 检查滑阀工作情况和低水温短路的设定值
蒸发器压力过高	(1) 滑阀打不开 (2) 机组过载	(1) 检修滑阀的电磁阀 (2) 确保在负荷减小之前滑阀是上载的（电动机没有过载）
油压逐渐降低（根据查看每日运行记录表查得）	(1) 油过滤器过脏 (2) 轴承磨损过度	(1) 清洗或更换 (2) 检查原因并排除、更换
回油系统回不了油	(1) 回油系统的除污器过脏 (2) 回油系统的引射器口堵塞	(1) 更换除污器 (2) 清洗或更换引射器

续表

问题或故障	原因分析	解决方法
压缩机噪声与振动过大	（1）轴承损坏或磨损过度 （2）偶联装置在轴处松动 （3）电动机与压缩机不对中	（1）更换 （2）拧紧，如损坏需更换 （3）对中
滑阀不滑动	（1）滑阀密封已磨损或损坏 （2）卸载杆或滑阀卡住 （3）止滑指示器杆卡住	（1）更换 （2）检修 （3）检修
滑阀不能上载或不能卸载	（1）电磁线圈烧坏 （2）液压检修阀关闭 （3）电磁阀柱塞卡住或中心弹簧损坏	（1）更换 （2）开启 （3）检修
滑阀能上载但不能卸载或能卸载但不能上载	（1）侧面电磁阀烧坏 （2）电磁阀内脏污，阻碍阀门两向工作	（1）更换 （2）清洗
滑阀两个方向均不能止动	（1）电磁线圈烧坏 （2）电磁检修阀关闭	（1）更换 （2）开启

表 8—14　　日立 RCU 型螺杆式冷水机组的常见问题及故障的分析与解决方法

问题或故障	原因分析	解决方法
排气压力过高	（1）冷凝器进水温度过高或流量不够 （2）系统内有空气或不凝结气体 （3）冷凝器管道内结垢严重 （4）制冷剂充灌过多 （5）冷凝器上进气阀未完全打开 （6）吸气压力高于正常情况	（1）检查并解决冷却水过滤器及水阀存在的问题 （2）排除 （3）清洗 （4）排出多余量 （5）完全打开 （6）解决方法见“吸气压力过高”栏
排气压力过低	（1）通过冷凝器的水流量过大 （2）冷凝器的进水温度过低 （3）大量液体制冷剂进入压缩机 （4）制冷量充灌不足 （5）吸气压力低于标准	（1）关小阀门 （2）调节冷却塔风机转速或风机工作台数 （3）检查并解决膨胀阀及其感温包存在的问题 （4）充注制冷剂 （5）解决办法见“吸气压力过低”
吸气压力过高	（1）制冷剂充灌过多 （2）在满负荷时大量液体制冷剂流入压缩机	（1）排出多余量 （2）检查和调整膨胀阀及其感温包
吸气压力过低	（1）未完全打开冷凝器制冷剂液体出口阀门 （2）制冷剂过滤器有堵塞 （3）膨胀阀调整不当或故障 （4）制冷剂充灌不足 （5）过量润滑油在制冷系统中循环 （6）蒸发器的进水温度过低 （7）通过蒸发器的水量不足	（1）全打开 （2）更换过滤器 （3）调校正确或排除故障 （4）补充到规定量 （5）减少到合适值 （6）提高进水温度设定值 （7）检查并解决水泵、水阀存在的问题

续表

问题或故障	原因分析	解决方法
压缩机因高压保护停机	(1) 通过冷凝器的水量不足 (2) 冷凝器管道堵塞 (3) 制冷剂充灌过足 (4) 高压保护设定值不正确	(1) 检查并解决冷却塔、水泵、水阀存在的问题 (2) 清洗 (3) 排出多余量 (4) 正确设定
压缩机因电动机过载停机	(1) 电压过高或过低或相间不平衡 (2) 排气压力过高 (3) 回水温度过高 (4) 过载元件故障 (5) 电动机或接线座短路	(1) 查明原因，使电压值与额定值误差在 10‰ 以内或相间不平衡率在 3‰以内 (2) 解决方法见“排气压力过高”栏 (3) 查明原因，降低温度 (4) 检修或更换 (5) 检修

第五节　溴化锂吸收式机组的运行管理

一、溴化锂吸收式机组开机前的检查与准备工作

1. 机组的气密性检查，是通过向系统充注 0.08～0.1 MPa 氮气或干燥空气，保压 24 h，确认各连接处无泄漏。

2. 电气和仪表的检查，是主要检查电压、各种控制动作是否可靠，指示值是否符合要求等。

3. 检查水系统运转是否正常，各种风机、水泵、阀门等运转是否灵活、可靠。

4. 充注溴化锂溶液，一般用质量浓度在 50％左右的溶液进行充注，在机组运行中再进行调整。充注前溶液内要适量加入质量浓度为 0.15％～0.25％的缓蚀剂。

5. 充注冷剂水一般为蒸馏水或离子交换水。

6. 在机组运行过程中，如果产生的冷剂水量过多，就会影响机组的正常运行，因此，必须排出一部分冷剂水。其方法是：用软管将真空泵、机组的冷剂水取样阀以及存储瓶连接，抽空存储瓶，启动冷剂水泵运行 10～20 min 后，打开冷剂水取样阀，使冷剂水进入存储瓶中，直至符合要求为止。

二、溴化锂吸收式机组的启动

1. 启动冷却水泵、冷媒水泵，缓慢打开水泵的出口阀门，把水量调节到设计值。同时，根据冷却水温状况，启动冷却塔风机。

2. 合上电源开关。

3. 启动发生器泵，通过调节发生器出口的蝶阀，向高压发生器和低压发生器送液。发生器溶液液位要控制在一定位置。

4. 启动吸收泵。

5. 吸收器液位达到可抽真空时启动真空泵，对机组抽真空 10～15 min。

6. 打开凝水回热器前的疏水器阀。

7. 缓慢打开蒸汽阀门，向高压发生器送气，对机组预热使溶液的温度逐渐升高。同时调节高压发生器的液位，使其稳定在顶排铜管处。

8. 随着过程的进行，冷剂水不断由冷凝器进入蒸发器，当蒸发器液囊中的水位到达视液镜位置后，启动蒸发器泵，机组便逐渐投入正常运转。同时需调节发生泵蝶阀，保证泵不吸空气和冷却水的正常喷淋。

三、溴化锂吸收式机组的正常运行标志

1. 冷媒水的出口温度为 7℃左右，出口压力根据外接系统的情况为 0.2～0.6 MPa。冷媒水流量可根据冷媒水进出口温差为 4～5℃或按设定值来确定。

2. 冷却水进口温度在 25℃以上，进口压力根据机组和冷却塔的位置确定，为 0.2～0.4 MPa。

冷却水流量大约是冷媒水流量的 106～108 倍，出口温度不应高于 38℃。

3. 溴化锂溶液的质量浓度，高压发生器时为 62%左右，低压发生器时为 62.5%左右，稀溶液为 58%左右。

4. 高低压发生器以溶液循环量浸没传热管为合适，其他液面以处于液面计中间位置为宜。

5. 冷剂水相对密度不得大于 1.02，否则说明冷剂水已受污染。屏蔽泵泵壳温度不得高于 80℃；真空泵油的温度不超过 70℃。

四、溴化锂制冷机组的停机操作

1. 关闭蒸汽截止阀，停止向高压发生器供汽加热。

2. 停止冷剂水泵运转，溶液泵、发生泵、冷却水泵、冷媒水泵应继续运转 15～20 min，待稀溶液和浓溶液充分混合后再依次停止溶液泵、发生泵、冷却水泵、冷媒水泵和冷却塔风机的运行。

3. 为防止停机后溶液结晶，溶液必须保持适当的浓度。

4. 切断总电源，检查各阀门的严密性，记录蒸发器与吸收器液面的高度以及停机时间。

五、溴化锂吸收式机组正常运行中的操作和管理

1. 操作

（1）溶液浓度的测量和调整

通过对溶液浓度取样检测，从而保持适当的溶液浓度。

（2）冷剂水相对密度的测量

一般冷剂水的相对密度小于 1.04 属于正常。通过取样和再生处理使机组中的冷剂水相对密度达到规定值。

（3）溶液参数的调整

机组运行一段时间后，应取样分析铬酸锂的含量、pH 值以及铁、铜、氯离子等杂质的

含量。

当铬酸锂的含量低于0.1%时，应及时添加至0.3%左右；pH值应保持在9.0～10.5。若pH值过高，可用加入氢溴酸的方法进行调节。若pH值过低，可加入氢氧化锂。

（4）及时抽出不凝性气体

由于溴化锂吸收式制冷机组是处于高度真空中运行的，因此，外界空气很容易进入系统，不凝性气体进入系统会大大降低机组的制冷量，增加压缩机能耗。为了及时抽出进入系统的空气以及因腐蚀而产生的不凝性气体，机组均设有一套专门的自动抽气装置。

（5）防止结晶

由溴化锂溶液的性质可知，当溶液浓度过高或温度过低时，溶液就会产生结晶，堵塞管路，破坏机组的正常运行。在操作中要经常检查防结晶管的发热情况，判断机组性能下降是否由于结晶引起。

2. 管理

（1）真空泵的管理

正确使用真空泵，以保证机组安全有效运行。启动前必须向真空泵中加入真空泵油。真空泵运转时，油温不得超过70℃。抽真空时只有等到排气口无气体排出时才能打开抽气阀。

（2）屏蔽泵的管理

屏蔽泵是机组的“心脏”，因此，在运行过程中应使机组无论在什么情况下都必须保证屏蔽泵的吸入管段内有足够的溶液，避免屏蔽泵叶轮处于较长时间的“空吸”状态，引起叶轮的气蚀和损坏。

（3）水质的管理

冷却水、冷媒水的水质必须符合机组技术条件对水质管理的要求，水质差容易在管内形成水垢，影响机组的传热性能，因此，对水质也应做定期检查。

（4）运转记录

运转记录是机组运行的重要资料，在制冷机组运行过程中应做好记录，以便分析运转情况，提高运转管理水平。

六、溴化锂吸收式机组的维护和保养

1. 停机保养

（1）短期（时间不超过2周）

保证机组溶液充分稀释，防止结晶；随时注意系统真空度的保持，防止空气进入系统。

（2）长期

将蒸发器中的冷剂水全部旁通到吸收器中，与溶液充分混合，均匀稀释，并尽量将溶液排放至另设的储液器中。同时向系统中充入压力为0.02～0.03 MPa的氮气，防止空气进入系统。

2. 定期保养

定期保养的项目较多，归纳起来可分为日保养、小修保养、大修保养。

定期保养的内容是：检查油位、液位、连接部位，巡查水路，检查机组真空度、pH值及清洁度、各种仪表、阀门以及规定指示值等。大修保养还要检查水泵填料、水泵轴承、电动机同轴度，更换老化密封垫、润滑油以及各种泵、风机的检修等。

七、溴化锂吸收式机组常见故障的分析及排除方法

溴化锂吸收式机组常见故障的分析及排除方法见表 8—15。

表 8—15　　溴化锂吸收式机组常见故障的分析及排除方法

现象	原因分析	排除方法
运行参数不正常 （1）高（低）压发生器溶液浓度未达到或超过要求 （2）吸收器液位不正常 （3）浓溶液温度高 （4）冷剂水出口温度过低或过高	（1）高（低）压发生器稀溶液循环量过大或过小；蒸汽压力太小或太大 （2）溶液量不足或灌注溶液浓度太低；蒸汽凝水阀开度小 （3）蒸汽压力过高；溶液循环量小；空气进入系统 （4）冷媒水量不足或过量；蒸汽阀开度不合适	（1）关小或开大发生器出口阀；增大或减小蒸发压力；关小或开大溶液泵出口阀 （2）补充溶液，抽出一部分冷剂水；增大蒸汽压力 （3）调整减压阀，压力维持在给定值；加大溶液循环量；运转真空泵排出空气 （4）检查水系统；使阀开启度在合适位置
制冷量低于设计值	（1）稀溶液循环量太小 （2）空气进入系统 （3）蒸汽压力太小 （4）冷却水温高，冷却水量小 （5）冷剂水循环量少	（1）调节高、低压发生器阀，使循环量合乎要求 （2）运转真空泵排气 （3）增大蒸发压力 （4）降低冷却水温或适当增加冷却水量 （5）增加冷剂水循环量
结晶	（1）蒸汽压力大，溶液浓度高 （2）溶液循环量不足，浓溶液温度高 （3）运转结束后，稀释不充分 （4）安全保护继电器有故障	（1）减小蒸发压力 （2）加大溶液循环量 （3）延长稀释循环时间 （4）检查溶液高温、冷剂水防冻结等继电器，并调整至给定值
运转中突然停机	（1）断电 （2）溶液泵或冷剂泵出现故障 （3）冷却水或冷媒水断水 （4）防冻结的低温继电器动作	（1）检查电源，排除故障 （2）检查泵，排除故障 （3）检查冷却水和冷媒水系统，恢复供水 （4）调整低温继电器